中国白酒

品评与勾兑技术

ZHONGGUO BAIJIU

PINPING YU GOUDUI JISHU

主　编　薛正楷　吴冬梅　倪　斌

U0190750

重庆大学出版社

图书在版编目(CIP)数据

中国白酒品评与勾兑技术 / 薛正楷,吴冬梅,倪斌
主编. -- 重庆:重庆大学出版社,2021.6
ISBN 978-7-5689-2634-8

Ⅰ.①中… Ⅱ.①薛…②吴…③倪… Ⅲ.①白酒—
食品感官评价②白酒勾兑 Ⅳ.①TS262.3

中国版本图书馆 CIP 数据核字(2021)第 067399 号

中国白酒品评与勾兑技术

主 编 薛正楷 吴冬梅 倪 斌
策划编辑:顾丽萍

责任编辑:张红梅　　版式设计:顾丽萍
责任校对:邹 忌　　责任印制:张 策

*

重庆大学出版社出版发行
出版人:饶帮华
社址:重庆市沙坪坝区大学城西路 21 号
邮编:401331
电话:(023)88617190　88617185(中小学)
传真:(023)88617186　88617166
网址:http://www.cqup.com.cn
邮箱:fxk@ cqup.com.cn(营销中心)
全国新华书店经销
重庆华林天美印务有限公司印刷

*

开本:787mm×1092mm　1/16　印张:17　字数:406 千
2021 年 6 月第 1 版　　2021 年 6 月第 1 次印刷
印数:1—2 000
ISBN 978-7-5689-2634-8　定价:49.00 元

⚙ 前言

　　白酒是乙醇、水和微量风味物质组成的混合体系，其价值取决于关键风味物质的量及其组合特征。中国白酒中溶有千余种风味物质，其独特的酿酒工艺和蒸馏技术形成了自然微生物接种制曲、固态发酵、甑桶蒸馏、陶坛储存老熟、品评、调味与勾兑等特色工艺，促进了风味物质的产生及其组合特征的复杂性，为其香型的形成奠定了基础。

　　白酒品评、勾兑与调味工艺在白酒企业成品酒生产中起着至关重要的作用，三者是不可分割的提高产品质量的整体：品评是对酒质的甄别，勾兑和调味是品评工艺的延续，如果勾兑是基于品评的"画龙"，调味则是"点睛"。

　　白酒品评是白酒品评员，对白酒风味物质的感官特征及其在白酒中的组合特征形成规律性认识的方法。认识白酒风味物质及其组合特征在白酒混合体系中的感官特征是白酒品评的基础，也是白酒勾兑和调味的前提。基于此，本书展示了不同于其他同类教材的显著特征：科学认识白酒单体风味物质，理解不同发酵工艺、发酵原粮、发酵设备、贮存方式及勾兑方式对不同香型白酒风味物质及其组合特征的影响，进而从品评实践出发，通过感官认识不同香型的白酒在风味物质及其组合特征方面的差别。白酒品评的过程是科学与实践的融合过程，白酒品评的价值是生产而非饮酒所关注的个人体验。

　　本书可供高等院校酿酒技术专业、生物技术及应用专业的师生使用，也可作为酿酒企业职工的培训教材，还可供从事白酒生产、管理、营销等工作的人员参考。教材内容既有理论知识，也有操作实验，实现了理论与实践的结合，突出了技能训练，具有较强的实用性。

　　本书由薛正楷、吴冬梅和倪斌担任主编，具体编写分工如下：第一篇第一至四章及第二篇由薛正楷编写；第一篇第五至八章由吴冬梅编写；倪斌负责全书统稿及附录的编写。

　　由于编者水平有限，书中难免存在遗漏或谬误，望读者批评指正，以利再版勘正。

编者

2021 年 1 月

✿ 目 录

第一篇

理论篇

第一章 蒸馏酒

第一节 蒸馏酒概述

蒸馏酒(distilled liquor)又称烈性酒(strong alcoholic drink),是以粮谷、薯类、水果、乳类等为主要原料,经发酵、蒸馏、陈酿、勾兑而成的,乙醇浓度高于原发酵产物的酒精饮料。酿造蒸馏酒一般选用富含天然糖分或容易转化为糖的淀粉等的物质为原料,如蜂蜜、甘蔗、甜菜、水果、玉米、高粱、稻米、麦类、马铃薯等。糖和淀粉经酵母发酵后产生酒精,利用酒精的沸点(78.5 ℃)和水的沸点(100 ℃)不同,将原发酵液加热至两者沸点之间,就可从中蒸出和收集到酒精成分和香味物质。

用特制的蒸馏器将酒液、酒醪或酒醅加热,由于它们所含的各种物质的挥发性不同,因此在加热蒸馏时,蒸气和酒液中各种物质的相对含量就有所不同。酒精(乙醇)较易挥发,则加热后产生的蒸气中含有的酒精浓度增加,而酒液或酒醪中的酒精浓度就下降。收集蒸气并经过冷却,得到的酒液无色,气味辛辣浓烈,其酒度比原酒液的酒度要高得多,一般的酿造酒,酒度低于 20% vol,而蒸馏酒则可高达 60% vol 以上。我国的蒸馏酒主要是用谷物酿造后经蒸馏得到的。

蒸馏酒按原料、生产方式、个性特色可以分为七大类:以葡萄和其他水果为原料的白兰地;以大麦芽、谷物为原料的威士忌;以甘蔗糖蜜或甘蔗汁为原料的朗姆酒;以大麦、黑麦等谷物为原料配以杜松子调香的金酒;以谷物、薯类或糖蜜为原料的伏特加;以龙舌兰为原料的龙舌兰酒;以富含淀粉的粮谷类为原料的中国白酒。

第二节　世界著名七大蒸馏酒

一、白兰地

1.定义

白兰地(图1-1)是Brandy一词的音译,其用词由荷兰"烧酒"转化而来,有"可燃烧"的意思。白兰地最初专指用葡萄酒蒸馏而成的烈性酒,后来逐步扩展为以葡萄或其他水果为原料,经过发酵、蒸馏、贮存、调配而成的蒸馏酒。白兰地分为葡萄白兰地和水果白兰地。

图1-1　白兰地

2.主产地

白兰地主要产于法国科涅克(也称干邑)。

3.原料

白兰地以葡萄或其他水果为原料。

4.蒸馏设备

白兰地的蒸馏设备为夏朗德壶式蒸馏器。

5.贮存设备

白兰地的贮存设备是橡木桶。

6.工艺特点

①葡萄或其他水果经过发酵,得发酵液。

②将发酵液及其沉淀物放入大锅加热进行第一次蒸馏,经冷凝管冷却,得到酒度28% vol ~ 30% vol的混合液,这种白兰地叫"粗白兰地"。

③将"粗白兰地"进行第二次蒸馏,取得中段酒度在65% vol ~ 70% vol的新酒,在降度后装入橡木桶老熟。

④勾兑成型,酒度一般为38% vol ~ 44% vol。

⑤白兰地酒龄表示方法:

- 三星(包括 V.S):酒龄不低于 2 年。
- V.O:酒龄不低于 3 年。
- V.S.O.P:酒龄不低于 4 年。
- EXTRA、NAPOLEAN:酒龄不低于 5 年。
- X.O:酒龄不低于 6 年。

7.酒体风格要求

色泽金黄透明,具有和谐的果香、陈酿的橡木香与醇正的酒香,口味浓郁、醇和、甘洌、沁润、细腻、丰满、绵延,具有本品独特的风格。

8.香味特征

①白兰地的香味是由乙酸乙酯、乙醛、丙酮、甲醇、异戊醇等几种成分的含量比决定的。

②类萜化合物(来自原料和生化过程)含量最为丰富。

二、威士忌

1.定义

威士忌(图 1-2)是指以大麦芽、谷物为原料,经糖化、发酵、蒸馏、贮存、调配而成的蒸馏酒。威士忌的生产具有悠久的历史,按其所用原料与生产工艺分为麦芽威士忌、谷物威士忌和调配威士忌。

图 1-2　威士忌

2.主产地

威士忌主要产于英国苏格兰。

3.原料

威士忌以谷物及大麦芽为原料。

4.蒸馏设备

威士忌的蒸馏设备为壶式蒸馏锅。

5. 贮存设备

威士忌的贮存设备为橡木桶。

6. 工艺特点

①用苏格兰特有的泥炭烘干麦芽,使其带有特有的烟熏味。

②粉碎麦芽并用带草灰味的水浸渍,蒸煮后得麦芽汁。

③麦芽汁发酵后经两次蒸馏,取得中段酒度在63% vol～71% vol的新酒。

④将中段酒降度后入橡木桶老熟3年以上。

⑤勾兑成型,酒度一般为40% vol～44% vol。

7. 酒体风格要求

色泽金黄透明,具有威士忌酒特有的香气,酒体丰满、醇和、干爽,回味中带有泥炭烟熏大麦芽赋予的幽雅香味,具备威士忌酒的典型风格。

8. 香味特征

富含吡嗪、吡啶类杂环化合物。

三、朗姆酒

1. 定义

朗姆酒(图1-3),又称兰姆酒、糖酒,是指以甘蔗糖蜜或甘蔗汁为原料,经发酵、蒸馏,在橡木桶贮存陈酿至少两年的蒸馏酒。根据原料和酿制工艺的不同,朗姆酒可分为传统朗姆酒、芳香型朗姆酒和清淡型朗姆酒。

图1-3　朗姆酒

2. 主产地

朗姆酒主要产于西印度地区以及牙买加、古巴、美国等国家。

3. 原料

朗姆酒以甘蔗糖蜜或甘蔗汁为原料。

4. 蒸馏设备

朗姆酒的蒸馏设备为壶式蒸馏锅(图1-4)。

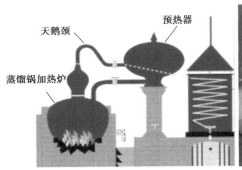

图 1-4　壶式蒸馏锅

图 1-5　橡木桶

5. 贮存设备

朗姆酒的贮存设备是橡木桶(图 1-5)。

6. 工艺特点

①甘蔗糖蜜或甘蔗汁经过稀释后,放到大桶中发酵。

②发酵完毕后,蒸馏,取得中段酒度在 65% vol ~ 70% vol 的新酒。

③用水稀释新酒,再贮存于橡木桶中。

④勾兑成型,酒度为 40% vol ~ 55% vol。

7. 酒体风格要求

色泽多呈琥珀色或棕色,清亮透明,酒香和糖蜜香浓郁,味醇和、泌润,有甘蔗特有的香气和回味,具备朗姆酒的典型风格。

8. 香味特征

乙缩醛类化合物含量高。

四、伏特加

1. 定义

伏特加(图 1-6)又名俄得克,是指以谷物、薯类或糖蜜等为原料,经发酵、蒸馏制成食用酒精,再经过特殊工艺精制加工而成的蒸馏酒。伏特加是俄语伏特(水)和卡(小或爱之意)合并而成的音译,是"可爱之水"的意思,起源于俄罗斯和波兰。伏特加除单独饮用外,也是调配鸡尾酒与软饮料的必备酒类。

2. 主产地

伏特加主要产于俄罗斯。

图 1-6　伏特加

3. 原料

伏特加以谷物为主要原料。

4. 蒸馏设备

伏特加的蒸馏设备是蒸馏塔(图 1-7)。

图 1-7　蒸馏塔　　　　　　　图 1-8　储酒罐

5. 贮存设备

伏特加一般不经贮存,或用不锈钢罐(图 1-8)等密闭容器短期贮存。

6. 工艺特点

①麦芽经过粉碎、蒸煮、糖化、发酵,制成发酵醪。

②蒸馏发酵醪成 40% vol ~ 70% vol 的烈性酒,再精馏至 85% vol 以上。

③反复过滤、脱臭,制成无色、无臭、无味的伏特加酒。

④降度至 38% vol ~ 40% vol。

7. 酒体风格要求

无色、清亮、透明、醇香,口感柔和干爽,无异味,具有本品特有的风格。

8. 香味特征

伏特加的要求是没有太多酯香味为好。伏特加标准中总酯限量很低。

五、金酒

1. 定义

金酒(图 1-9)又名杜松子酒,是指以粮谷等为原料,经发酵、蒸馏制得食用酒基,再加入杜松子配以芳香性植物,经科学工艺浸渍、蒸馏,馏出液分段接取,精心配制而成的低度蒸馏酒。

图 1-9　金酒

2. 主产地

金酒起源于荷兰,发展于英国。

3. 原料

金酒以粮谷等为原料。

4. 蒸馏设备

金酒的蒸馏设备是壶式蒸馏锅。

5. 贮存设备

金酒调制后即装瓶出售,一般不经贮存,或用密闭的橡木桶等容器短期贮存。

6. 工艺特点

①以大麦、燕麦、玉米等粮谷为原料,以麦芽为糖化剂,以酵母为发酵剂,发酵 2~3 d。

②发酵后,在第一次蒸馏所得的酒中添加杜松子及其他香料,用浸泡法提香。

③进行第二次蒸馏、除杂,稀释成 38% vol ~44% vol 即成。

7. 酒体风格要求

无色透明,具有杜松子主体芳香,味甘爽柔和,具有金酒的典型风格。

8. 香味特征

金酒的香气主要来自杜松子。杜松子含有以蒎烯为主的多种挥发油,是杜松子主体香气的成分。

六、龙舌兰酒

1. 定义

龙舌兰酒是墨西哥的特产名酒,是以龙舌兰为原料酿制而成的蒸馏酒。龙舌兰酒的酒精含量为 45% 左右。

2. 产地

龙舌兰酒主产于墨西哥。

3. 原料

龙舌兰酒以龙舌兰的枝干等为原料。

4. 蒸馏设备

龙舌兰酒的蒸馏设备为壶式蒸馏器或连续蒸馏器。

5. 贮存设备

龙舌兰酒的贮存设备为橡木桶或不经陈酿直接装瓶销售。

6. 工艺特点

①原料前处理:去除龙舌兰草心外部的蜡质或没有砍干净的叶根,枝干切成凤梨状四等份。

②蒸煮:蒸汽锅内加热,使凤梨状四等份枝干软化。

③发酵:取出软化后草心,经粉碎、压榨取汁、泵入发酵槽内发酵两天后,进行粗馏和精馏二次蒸馏。

7. 香味特征

时间较短的龙舌兰酒味道较呛,带有火辣、辛辣的特点,随着时间的增加,味道会变得滑润、丰满,带有焦糖和蜂蜜的味道。

七、中国白酒

中国白酒将在以下章节中具体讲述。

第三节　中国白酒

　　白酒是以富含淀粉质或糖质的粮谷类为原料,加入糖化发酵剂(富含糖质的原料无需糖化剂),经固态、半固态或液态发酵、蒸馏、贮存、勾兑而成的蒸馏酒。我国白酒(图 1-10)种类繁多,地方性强,工艺各有特点,产品各具特色,目前尚无统一的分类方法,现就常见的分类方法简述如下。

图 1-10　中国白酒

一、按糖化发酵剂分类

(一)大曲白酒

　　大曲白酒是以大曲为糖化发酵剂生产的白酒。大曲以小麦、大麦、豌豆等为原料踩制而成,因其块形大,故得名。大曲为自然发酵,网罗多种有益的微生物群,含有形成白酒香味成分的多酶系统和前驱物质,属"多微"糖化发酵。在同生产条件下,大曲白酒质量较好,但生产成本高。

(二)小曲白酒

　　小曲白酒是以小曲为糖化发酵剂生产的白酒。小曲中的主要微生物为根霉、拟内孢霉、乳酸菌和酵母菌等。其微生物种类虽不及大曲多,但仍属"多微"糖化和"多微"发酵的曲种。

(三)麸曲白酒

　　麸曲白酒是以麸皮为载体培养的纯种曲霉菌,加纯种酵母生产的白酒。其工艺操作与大曲白酒大体相同。

二、按使用的原料分类

(一)粮食酒

　　粮食酒是用粮谷原料生产的酒。粮食酒的常见原料有高粱、玉米、大米、小麦、糯米、青稃等。一般高粱酿制的白酒质量较佳。

（二）代用原料白酒

代用原料白酒是指以非粮谷类(含淀粉质或糖质)为原料酿制的白酒。代用原料白酒的常用代用原料有薯类(甘薯、木薯等)、粉渣、高粱糠、甜菜、椰枣等。

三、按生产工艺分类

（一）固态法白酒

固态法白酒即采用固态糖化、固态发酵及固态蒸馏的传统工艺酿制而成的白酒。此类白酒包括大曲酒、小曲酒、麸曲酒、混曲酒(以大曲、小曲或麸曲等为糖化发酵剂酿制而成的白酒)和其他糖化剂生产的酒(以糖化酶为糖化剂,加酿酒活性干酵母或生香酵母酿制而成的白酒)。

（二）半固态法白酒

半固态法白酒即采用固态培菌、糖化,加水后,于半固态下发酵或始终在半固态下发酵后蒸馏的传统工艺制成的白酒,如桂林三花酒和广东玉冰烧等。

（三）液态法白酒

液态法白酒即采用液态发酵、液态蒸馏工艺制成的白酒。此类白酒包括一步法液态发酵白酒、串香白酒、固液勾兑白酒和调香白酒。现在的液态法白酒已是广泛意义的白酒,包括用食用酒精勾调而成的白酒。

四、按酒度高低分类

（一）高度白酒

酒度在 51% vol 以上的白酒称为高度白酒。

（二）降度白酒

酒度为 41% vol ~ 50% vol 的白酒称为降度白酒,又称中度酒。

（三）低度白酒

酒度在 40% vol 以下的白酒称为低度白酒。

五、按香型分类

中国白酒按香型分为浓香型、酱香型、清香型、米香型、凤香型、董(药)香型、特香型、馥郁香型、兼香型、老白干香型、豉香型、芝麻香型十二种。

◎复习思考题

1.参观本地酒庄,认识七大蒸馏酒。

2.比较世界七大蒸馏酒的工艺特点。

3.中国白酒在世界七大蒸馏酒中的地位如何? 与国外烈性酒相比哪个酒度更高?

第二章　中国白酒的香型

第一节　中国白酒的起源

中国白酒与白兰地、伏特加、威士忌、朗姆酒、金酒、龙舌兰酒一起,被称为世界七大蒸馏酒。中国酿酒工艺和中国白酒的历史最久远,在世界蒸馏酒史上有着不可动摇的地位。就蒸馏技术而言,早在秦汉时期就随着炼丹术产生了,经过长期的摸索,积累了不少物质分离、提炼的方法,创造了包括蒸馏器在内的各种设备,因此中国是世界上第一个发明蒸馏技术和蒸馏酒的国家,但是蒸馏酒起源于何时,说法不一。

一、起源于东汉

1981 年,马承源撰文《汉代青铜蒸馏器的考古考察和实验》,介绍了上海博物馆收藏的一件青铜蒸馏器。这件青铜蒸馏器由甑和釜两部分组成,通高 53.9 cm,凝露室容积 7 500 mL,贮料室容积 1 900 mL,釜体下部可容水 10 500 mL,在甑内壁的下部有一圈穿形的斜隔层,可积累蒸馏液,而且有导管向外导流。经鉴定,这件青铜器为东汉初至中期之器物。在四川彭县、新都先后两次出土东汉的"酿酒"画像砖,砖上图形为生产蒸馏酒作坊的画像,该图与四川传统蒸馏酒设备"天锅小甑"极为相似。

二、起源于唐代

明代李时珍在《本草纲目》中就葡萄酒写道:"葡萄酒有两样,酿成者味佳,有如烧酒法者有大毒。酿者取汁同麴酿酢,取入甑蒸之,以器承其滴露,红色可爱,古者西域造之,唐时破高昌始得其法。"

唐破高昌当在贞观十四年(公元 640 年)。那时我国新疆地区的人们便会制作蒸馏酒了,故"唐时破高昌始得其法",就是说,我国在公元 7 世纪时便有了液态蒸馏酒。

关于这个问题,中国科学院院士方心芳在《曲蘗酿酒的起源与发展》一文中指出唐代可能出现了蒸馏酒。这个判断不仅与前述的"唐破高昌始得其法"互相印证,而且大量的唐代文献也说明了这一点。唐代大诗人白居易诗云:"荔枝新熟鸡冠色,烧酒初开琥珀香。"雍陶亦有"自到成都烧酒熟,不思身更入长安"之名句。李肇的《唐国史补》也载有"剑南之烧酒",等等。

以上是从蒸馏酒的名称来看的。从蒸馏工艺来看,唐开元年间(公元713—741年),陈藏器《本草拾遗》中有"甑(蒸)气水""以器承取"的记载。此外,近年来出土的隋唐文物中,还出现了只有15~20 mL的小酒杯,如果没有烧酒,肯定不会制作这么小的酒杯。这些都充分说明,唐代不仅出现了蒸馏酒,而且比较普及。贵州少数民族彝族文献《西南彝志》第十五卷《播勒土司·论雄伟的九重宫殿》载有:"酿成醇美酒,如露水下降。"这就是简单的蒸馏酒工艺的记载。

三、起源于宋代

北宋田锡在《麴本草》中记载了一种经过二至三次蒸馏而得到的美酒,其度数较高,饮少量便醉。1975年河北承德青龙县出土了一套金代铜烧酒锅青龙蒸馏器。与现代甑桶相比,它只是将原来的天锅改为了冷凝器,桶身部分与烧酒锅基本相同,距今已有800多年。河北青龙蒸馏器与唐宋时期有关文献或图录记载的丹药蒸馏器基本相同,总体特点是:多由金属(主要是金、银、铜、锡等)制成;器内蒸馏的流程路线多表现为上下垂直走向,和同时代蒸馏流程路线表现为左翼斜行走向的阿拉伯式玻璃蒸馏器有着很大的不同——这也说明我国的蒸馏酒器不是从阿拉伯地区传入的。这些根本性的差别说明,金元时期,我国已拥有臻于完善的自制蒸馏器。青龙蒸馏器是一个加箅式的蒸馏器,加箅是区别蒸酒用器和蒸丹药花露用器的重要依据之一。从该蒸馏器遗留的使用痕迹看,甑锅内壁明显地分成三层。下面一层,从锅底高出约6 cm,呈浅灰色。从下层到锅口厚应是20 cm,蒸酒时,坯料蒸熟后落实下降一半,故中层厚仅约10 cm,这一层呈浅灰色,应是经常接触坯料的缘故。中层到锅口,厚约10 cm,壁上附着一层薄薄的青铜锈,这是这层锅壁经常受蒸气的熏蒸,直接接触空气的机会多而被锈蚀生成铜绿(碳酸铜)所致,箅的位置应在下层上面,和锅里水的水面保持一定的距离。这三层痕迹的层位关系,在加箅蒸酒的试验中得到了证实。这种加箅蒸酒的技术,仍为今天所采用。

公元1163年,南宋的吴悮大在《丹房须知》中记载了多种类型的蒸馏器,同期的张世南在《游宦纪闻》卷五中也记载了蒸馏器在日常生活中的应用情况。此外,《宋史》第八十一卷也记载道:"太平兴国七年,泸州自春至秋,酤成鬻,谓之小酒,其价自五钱至卅钱,有二十三等。凡酤用秫、糯、粟、黍、麦及曲法酒式,皆从水土所宜。"这就充分说明从北宋起我国就有蒸馏法酿酒了。《宋史》中所指的"腊酒蒸鬻,候夏而出"正是今日大曲酒的传统方法。

四、起源于元代

白酒始于元代依据的是李时珍的《本草纲目》。《本草纲目》写道:"烧酒非古法也,自元时始创其法,其法用浓酒和糟入甑,蒸令气上,用器承滴露","凡酸坏之酒,皆可蒸烧","近时惟以糯米或粳米,或黍或秫,或大麦,蒸熟,和曲酿瓮中七日,以甑蒸取,其清如水,味极浓烈,盖酒露也"。但在这里需要注意的是在记述元代以前的蒸馏方法时,都是以酿造酒为原料的液态蒸馏,而李时珍所描述的"用浓酒和糟入甑,蒸令气上"的蒸馏方法显然与现在的甑桶蒸馏相似。"近时惟以糯米或粳米,或黍或秫,或大麦,蒸熟,和曲酿瓮中七日,以甑蒸取",说明这是典型的固态发酵工艺。固态蒸馏所得的酒的酒度就要比液态蒸馏高得多,白酒生产从液态发酵与蒸馏到固态发酵与蒸馏,是我国白酒科技发展史上的一次飞跃。这也许就是《本草纲目》中白酒出现年代较晚的原因。这一特殊的蒸馏方式在世界蒸馏酒史上是独无二的,是我国古代劳动人民的创举。

蒸馏酒起源和固态蒸馏酒起源的研究还需要不断丰富和发展,可以说这项研究才刚刚开始。我们还需不断收集更加完整和权威的史料来研究蒸馏酒和固态蒸馏酒的起源及发展,还需不断进行科学论证。

第二节　中国白酒香型划定的背景及意义

从国际饮料酒视角出发,中国白酒是一个大的类型,具有鲜明的民族特色,但其中又不乏不同的流派和个性特征。中国白酒香型的划定是白酒科技进步的产物,是我国白酒科学研究、技术开发,以及标准制定的理论基础。随着科学技术的不断进步,白酒行业出现了由专家评酒到消费者评酒的转变,由注重香气到注重口味的转变,由喜欢某一香型到忠实某一品牌的转变。

一、白酒香型划定的背景

在我国第二届评酒会时,对白酒的感官认识还不够深刻,当时的白酒评选标准是哪个酒香就评为好酒,其评选结果曾引起一些不小的风波。之后,中华人民共和国轻工业部组织专家设置了茅台和汾酒两个试点,并于20世纪70年代中期采用气相色谱分析法检测了不同类型白酒的香气成分,对白酒进行了深入的研究。经过此次研究,人们开始认识到白酒的感官香味是不一样的,其香气成分也是不一样的,这些都取胜决于其工艺。就这样酱香、清香、浓香三大主体香型得到确定,应该说这在当时是意义深远的。1979年,为了便于第三届全国评酒会的评选,首次提出了分香型、分组评比,并且在第三届全国评酒会上提出了香型划定的原则:具有悠久的历史文化;具有独特的生产工艺和特征香味成分;具有相应的检测设备、产品香型的检测报告和研究报告;具有一定的经济效益;具有一定的消费群体和产品覆盖面。依据这五大原则,白酒正式划分为五大香型:浓香型、清香型、酱香型、米香型及其他香型。此后,白酒的生产进入发展顶峰,又由其他香型中细分成六小香型:凤香型、特香型、兼香型、芝麻香型、董(药)香型、老白干香型,这些香型都有各自的典型代表产品。

二、香型划定的意义

为确立香型,人们对不同地域不同流派的白酒进行了广泛的研究,诸如对原料、糖化发酵剂、发酵容器、酿造工艺、储存方式、调配方法、特征香味成分等进行系统研究,都取得了良好效果。香型的确立推动了白酒的发展。"白酒的香型"一词,正好是我国拉开改革开放序幕时提出的,在第三届全国评酒会上进行了分香型评尝实践并得出各名优信息(表2-1),收到了提高白酒的感官质量和推广相应技术措施等积极效果。同时,增强了香味不同、风格各异的白酒的对比性,让评酒活动更加科学合理,也更利于行业的管理。白酒香型的提出,使白酒产品的质量标准也更加细化,更便于标准化的实施,给中国白酒行业的发展带来了正面影响,主要表现在市场细分了消费群体,使某一香型在技术上更细致、更专业,从而得到更好的提升。香型的出现使白酒企业的规模、产量、产品质量得到了提升,使科研工作的开展发生了极大的变化,对提高生产技术、科学化管理、统一与实施产品标准、增加企业的经济效益、培养评酒人才起到了积极的推动作用。香型在20世纪是促进白酒生产发展的催化剂,也是白酒发展历史进程中的里程碑。同时我们应该历史地看待白酒香型,白酒香型是客观存在的,它是千百年来人们对白酒生产工艺不断总结和提高的结果,是中国广阔地域、气候、原料、水质等诸多因素影响的结果,也是各类香型不断融合和相互借鉴的产物,它体现了中国白酒的独特性,显示了中国白酒丰富多彩、群芳争艳的局面。白酒香型发展到目前,国家认可的香型有12个,这么多香型的出现,就是白酒行业不断创新的结果。

表2-1　第三届全国评酒会名优白酒信息

白酒名称	评选级别	香型	糖化剂	产地
茅台酒	国家名白酒	酱香	大曲	贵州仁怀
汾酒	国家名白酒	清香	大曲	山西汾阳
五粮液	国家名白酒	浓香	大曲	四川宜宾
剑南春	国家名白酒	浓香	大曲	四川绵竹
古井贡酒	国家名白酒	浓香	大曲	安徽亳州
洋河大曲	国家名白酒	浓香	大曲	江苏宿迁
董酒	国家名白酒	其他香型	大曲、小曲	贵州遵义
泸州老窖特曲	国家名白酒	浓香	大曲	四川泸州
西凤酒	国家优质白酒	清香	大曲	陕西凤翔
宝丰酒	国家优质白酒	清香	大曲	河南宝丰
郎酒	国家优质白酒	酱香	大曲	四川古蔺
武陵酒	国家优质白酒	酱香	大曲	湖南常德
双沟大曲	国家优质白酒	浓香	大曲	江苏泗洪
口子窖酒	国家优质白酒	浓香	大曲	安徽淮北
丛台酒	国家优质白酒	浓香	大曲	河北邯郸
白云边酒	国家优质白酒	其他香型	大曲	湖北荆州
湘山酒	国家优质白酒	米香	小曲	广西全州
三花酒	国家优质白酒	米香	小曲	广西桂林

白酒名称	评选级别	香型	糖化剂	产地
长乐烧酒	国家优质白酒	米香	小曲	广东五华
迎春酒	国家优质白酒	酱香	麸曲	河北廊坊
六曲香酒	国家优质白酒	清香	麸曲	山西祁县
哈尔滨老白干	国家优质白酒	清香	麸曲	黑龙江哈尔滨
燕潮酩酒	国家优质白酒	浓香	麸曲	河北三河
金州曲酒	国家优质白酒	浓香	麸曲	辽宁大连
坊子白酒	国家优质白酒	薯干液态发酵	—	山东潍坊

第三节　白酒各香型的工艺特点及感官特征

目前,白酒的香型分为 12 种,分别为酱香型、浓香型、清香型、凤香型、米香型、董(药)香型、馥郁香型、特香型、老白干香型、豉香型、芝麻香型、兼香型。每种香型的工艺和风味物质含量都有相应的国家标准。

一、酱香型白酒

酱香型白酒以茅台酒(图 2-1)为代表,其主要特征是:酱香突出,幽雅细腻,酒体丰满醇厚,回味悠长。另外,茅台酒还有一个显著的特点就是隔夜尚留香,饮后空杯香气犹存,以"低而不淡""香而不艳"著称。茅台酒的生产是一年一个周期,每个周期进行 9 次蒸煮,8 轮次发酵,7 次取酒,每轮次发酵期 30 天左右,多轮次晾堂固态堆积培菌,石壁泥底窖发酵。另外,郎酒也是典型的酱香型白酒。

图 2-1　茅台酒

二、浓香型白酒

浓香型白酒的特点是窖香浓郁、口味丰满、入口绵甜、干净醇正。浓香型白酒可分为川派、江淮派和北方派三大派系，即以泸州老窖特曲、五粮液、剑南春、全兴大曲、沱牌曲酒为代表的川派；以洋河大曲、双沟大曲、古井贡酒、宋河粮液为代表的江淮派；以河套王酒、伊力特酒为代表的北方派。

（一）川派浓香型白酒

川派浓香型白酒（图2-2）以泸州老窖特曲、五粮液、剑南春、全兴大曲、沱牌曲酒等为代表。川派浓香型白酒在口感上"浓中带有陈味或酱味"，其主要特点为：窖香浓郁、绵甜甘洌、丰满醇厚、香味谐调、余味悠长。

图2-2　川派浓香型白酒

①泸州老窖的陈香是窖陈、老陈、糟香的综合香气，以醇厚浓郁、清洌甘爽及饮后余香为主要特点。

②五粮液突出了陈味（曲香和粮香），以喷香、丰满、谐调及酒味全面著称。

③剑南春带木香的陈，略带窖陈和粮香的综合香气。

④全兴大曲是醇陈和略带窖陈的综合香气，以浓而不酽、雅而不淡、醇甜尾净著称。

⑤沱牌曲酒是醇陈加曲香、粮香并略带窖陈的综合香气，以绵甜醇厚、尾净余长，尤其以甜净著称。

川派浓香型酒企通常采用原窖分层堆糟法工艺。这个名词不仅看起来很复杂，事实上操作起来也非常复杂。它指的是在糟醅发酵完毕后，出窖时分层堆放、分层使用。这样做的好处在于——因为窖池内上中下层发酵特征不均匀，从而分层次取糟"好中选好，优中取优"。

六种浓香型白酒感官指标和理化指标的比较见表2-2。

表2-2 六种浓香型白酒感官指标和理化指标的比较

<table>
<tr><td colspan="2" rowspan="2">香型
编号</td><td>浓香型
（泸州老窖）
（GB/T 10781.1
—2006）</td><td>五粮液
（GB/T 22211
—2008）</td><td>洋河大曲
（GB/T 22046
—2008）</td><td>剑南春
（GB/T 19961
—2005）</td><td>水井坊
（GB/T 18624
—2007）</td><td>沱牌
大曲
（GB/T 21822
—2008）</td></tr>
<tr></tr>
<tr><td rowspan="4">感官
指标</td><td>色</td><td>无色或微黄，清亮透明，无悬浮物，无沉淀</td><td>无色，清澈透明，无悬浮物，无沉淀</td><td>无色或微黄，透明，无悬浮物，无沉淀</td><td>无色透明，无悬浮物，无沉淀</td><td>无色透明，无悬浮物，无沉淀</td><td>无色透明，无悬浮物，无沉淀</td></tr>
<tr><td>香</td><td>己酸乙酯</td><td>己酸乙酯</td><td>窖香秀雅，醇香浓厚</td><td>芳香浓郁，醇正典雅</td><td>窖香幽雅，陈香飘逸</td><td>香气幽雅，粮香、陈香浓郁</td></tr>
<tr><td>味</td><td>醇和谐调，绵甜爽净，余味悠长</td><td>味醇厚，入口爽净，香味谐调</td><td>尾味净爽，绵甜柔顺</td><td>醇厚绵柔，余味悠长，酒体丰满</td><td>醇和柔软，余味悠长</td><td>醇厚绵柔，细腻圆润，柔和悠长</td></tr>
<tr><td>风格</td><td>具有本品类型的风格</td><td>具有本品突出的风格</td><td>具有低而不淡、柔而不辛的风格</td><td>具有浓郁的浓香型白酒风格</td><td>具有本品独特风格</td><td>具有本品独特的幽雅风格</td></tr>
<tr><td rowspan="10">理化
指标</td><td rowspan="5">高度
酒</td><td>酒精度/
（%vol）</td><td>41～68</td><td>61.0～73.0</td><td>41.0～60.0</td><td>≥40</td><td>≥50</td><td>41～70</td></tr>
<tr><td>总酸（以乙酸计）/
（g·L⁻¹）</td><td>≥0.40</td><td>≥0.64</td><td>≥0.40</td><td>≥4.0</td><td>≥0.80</td><td>≥0.50</td></tr>
<tr><td>总酯（以乙酸乙酯计）/
（g·L⁻¹）</td><td>≥2.00</td><td>≥2.80</td><td>≥1.50</td><td>≥2.00</td><td>≥3.40</td><td>≥1.20</td></tr>
<tr><td>己酸乙酯/
（g·L⁻¹）</td><td>1.20～2.80</td><td>2.00～4.50</td><td>0.80～2.60</td><td>≤1.20～3.0</td><td>1.70～2.80</td><td>≥0.90</td></tr>
<tr><td>固形物/
（g·L⁻¹）</td><td>≤0.40</td><td>≤0.7</td><td>≤0.70</td><td>≤0.5</td><td>≤0.50</td><td>≤0.80</td></tr>
<tr><td rowspan="5">低度
酒</td><td>酒精度/
（%vol）</td><td>25.4</td><td>25.0～34.0</td><td>25.0～40.0</td><td>≤39.0</td><td>≥39.0</td><td>18～40</td></tr>
<tr><td>总酸（以乙酸计）/
（g·L⁻¹）</td><td>≥0.30</td><td>≥0.20</td><td>≥0.25</td><td>≥0.30</td><td>≥0.45</td><td>≥1.50</td></tr>
<tr><td>总酯（以乙酸乙酯计）/
（g·L⁻¹）</td><td>≥1.50</td><td>≥1.20</td><td>≥0.80</td><td>≥1.5</td><td>≥2.00</td><td>≥0.80</td></tr>
<tr><td>己酸乙酯/
（g·L⁻¹）</td><td>0.70～2.20</td><td>0.50～2.00</td><td>0.25～2.00</td><td>～2</td><td>0.70～2.00</td><td>≥0.500</td></tr>
<tr><td>固形物/
（g·L⁻¹）</td><td>≤0.70</td><td>≤0.70</td><td>≤0.70</td><td>≤0.70</td><td>≤0.80</td><td>≤1.00</td></tr>
</table>

（二）江淮派浓香型白酒

江淮派浓香型白酒（图2-3）以洋河大曲、古井贡酒、双沟大曲、宋河粮液等为代表。这个流派又被称为"纯浓派"或"淡雅浓香派"。顾名思义，它并不像川派浓香型白酒那样带有"酱味"或"陈味"，其窖香、曲香、粮香不如川酒，但油陈（豌豆发酵味）比较突出。江淮派浓香型白酒的主要特征为窖香幽雅、绵甜柔和、醇和谐调、爽净。

图2-3　江淮派浓香型白酒

①洋河大曲绵甜醇净，带氨基酸鲜味。

②古井贡酒前香好，香浓，味长。

③双沟大曲香稍大，有窖陈香气，味长。

④宋河粮液味清雅，有窖陈香。

江淮派主要采用混烧老五甑法工艺。浓香型酒正常生产时，每个窖中一般有五甑物料，最上面一甑回糟（面糟），下面四甑粮糟。目前，不少浓香型酒厂也常采用老五甑法工艺，窖内存放四甑物料，出窖时加入新原料分成五甑进行蒸馏，其中四甑入窖发酵，另一甑则成为丢糟。

（三）北方派浓香型白酒

北方派浓香型白酒（图2-4）以河套王酒、伊力特酒、蒙古王酒为代表。北方派的特点介于川派和江淮派之间。它的窖香味要强于江淮派，又弱于川派。北方派浓香型白酒的主要特征为窖香舒适、绵甜爽净、酒体丰满、后味余长。

图2-4　北方派浓香型白酒

三、清香型白酒

由于地域和工艺的不同,清香型白酒(图2-5)又可分为大曲清香型白酒、麸曲清香型白酒和小曲清香型白酒三种类型。山西汾酒为大曲清香型的典型代表,它的主要特征是清香醇正、诸味谐调、醇甜柔和、余味爽净。乙酸乙酯和乳酸乙酯的结合为主体香。工艺采用清蒸二次清,地缸发酵,发酵期28天。

图2-5 清香型白酒

麸曲清香型白酒以北京红星二锅头为主要代表,小曲清香型白酒产区主要集中在四川、重庆和云南等地区。

四、米香型白酒

米香型白酒(图2-6)以桂林三花酒、全州湘山酒、广东长乐烧酒为代表。该类型白酒以清、甜、爽、净见长,主要特征是蜜香清雅、入口柔绵、落口爽洌、回味怡畅。闻香像黄酒酿与乳酸乙酯混合组成的蜜香,β-苯乙醇和乙酸乙酯结合成为主体香。工艺采用小曲糖化,半固态发酵。

图2-6 米香型白酒

五、其他香型白酒

1.董(药)香型白酒

董(药)香型白酒(图2-7)以贵州董酒为代表,是混曲酒的典型,而且曲中加入多味中药材,故风格独特。其特点是:略带药香、酸味适中、香味谐调、尾净味长。特征成分"三高一低":"三高"是丁酸乙酯含量高、高级醇含量高、总酸含量高;"一低"是乳酸乙酯含量低。董香型白酒既有大曲酒的浓郁芳香,又有小曲酒的柔绵、醇和、回甜。工艺采用小曲制酒,大曲生香,串蒸取酒。

图 2-7　董(药)香型白酒

2. 兼香型白酒

兼香型白酒(图 2-8)以湖北的白云边酒(酱兼浓)、黑龙江的玉泉酒(浓兼酱)为代表,其浓、酱兼而有之。风格特点是芳香幽雅、酒体丰满、回味绵甜、爽净味长。

图 2-8　兼香型白酒

3. 凤香型白酒

凤香型白酒(图 2-9)以陕西西凤酒和太白酒为代表。因其发酵周期短,工艺和贮酒容器特殊而自成一格,主要特点是:醇香秀雅,具有以乙酸乙酯为主、一定量己酸乙酯为辅的复合香气,醇厚丰满,甘润挺爽,诸味谐调,尾净悠长。凤香型白酒的工艺特点有:

①开水适量、"热拥"法操作,利于杀菌、润醅,发酵平缓,回酒增香。

②土窖池发酵,一年一度换新泥,发酵周期短,酒中的浓香成分己酸乙酯含而不露。

③偏高温入池,发酵期短,酯含量稍低,醇含量较高。

④中高温培曲,具有清芳、浓郁的曲香。

⑤贮酒容器独特,以柳条编成"酒海",内涂血料,储酒 1～3 年。

图 2-9　凤香型白酒

4. 豉香型白酒

豉香型白酒(图 2-10)以广东玉冰烧为代表。它以大米为原料,经蒸煮后,用大酒饼作糖化发酵剂,采用边糖化边发酵工艺,釜式蒸馏,陈化处理的肥猪肉酝浸、勾兑而成。该酒豉香醇正、清雅、醇和甘洌,酒体谐调,余味爽净。二元酸(庚二酸、辛二酸、壬二酸)二乙酯是本香型白酒的特征组分。β-苯乙醇含量也高于其他香型白酒。

图 2-10　豉香型白酒

5. 特香型白酒

特香型白酒(图 2-11)以江西四特酒为代表,富含奇数碳脂肪酸乙酯(包括丙酸乙酯、戊酸乙酯、庚酸乙酯和壬酸乙酯),含有多量的正丙醇,因以大米为原料,工艺和设备特殊而独树一帜。特香型白酒的风格特点是:幽雅舒适、诸香谐调、富含奇数碳脂肪酸乙酯的复合香气、绵柔醇和、余味悠长。

图 2-11　特香型白酒

6. 芝麻香型白酒

芝麻香型白酒(图 2-12)以山东景芝白干为代表,3-甲硫基丙醇为其特征成分。其特点是:香气清洌、醇厚回甜、尾净余香,具芝麻香风格。

图 2-12　芝麻香型白酒

我国 12 种香型白酒的工艺特点及感官特征见表 2-3。

表 2-3　我国 12 种香型白酒的工艺特点及感官特征

香型及代表	糖化发酵剂	发酵设备	工艺特点	感官特征
浓香型 泸州老窖	中高温大曲	泥窖	泥窖固态发酵、续糟配料 混蒸混烧,一年为一个配料 循环周期,单轮发酵期 90 天以上	清澈透明,窖香浓郁,陈香幽雅, 绵甜甘洌,香味谐调,尾净爽口, 风格典型
酱香型 茅台酒	高温大曲	条石窖	固态多轮次堆积后发酵,8 轮次发酵,每轮次为 30 天 左右	微黄透明,酱香突出,幽雅细腻, 醇厚丰满,回味悠长,空杯留香 持久
清香型之大 曲清香 汾酒	低温大曲	地缸	清蒸清烧,固态发酵 28 天 左右	无色透明,清香醇正,醇甜柔和, 自然谐调,余味净爽
清香型之麸 曲清香 红星二锅头	麸曲酒母(大 曲、麸曲结合)	砖窖	清蒸清烧,固态短期发酵 7 天左右	无色透明,清香醇正(以乙酸乙酯 为主体的复合香气明显),口味醇 和,绵甜爽净
清香型之小 曲清香 江津老白干	小曲	砖窖或小 坛、小罐	清蒸清烧,固态短期发酵: 四川小曲清香为 7 天;云南 小曲清香为 30 天	无色透明,清香醇正,具有粮食小 曲酒特有的清香和糟香,口味醇 和回甜
米香型 三花酒	小曲	不锈钢大 罐或陶缸	半固态短期发酵 7 天	无色透明,蜜香清雅,入口绵柔, 落口爽净,回味怡畅
凤香型 西凤酒	中偏高温大曲	新泥窖	混蒸混烧,续糟,老五甑工 艺,发酵期 28～30 天	无色透明,醇香秀雅,醇厚丰满, 甘润挺爽,诸味谐调,尾净悠长
董香型 董酒	大小曲并用	大小、材质 不同的窖 并用	大小曲酒醅串蒸工艺,固态 发酵,大曲酒、小曲酒分别 发酵。发酵期:小曲 7 天, 大曲香醅 8 个月左右	清澈透明,药香舒适,香气典雅, 酸味适中,香味谐调,尾净味长
豉香型 玉冰烧	小曲	地缸、罐 发酵	经陈化处理的肥猪肉酝浸, 液态发酵 20 天	豉香独特,醇和甘润,余味爽净
芝麻香型 景芝白干、扳 倒井	以麸曲为主, 高、中温曲,强 化菌曲混合 使用	砖窖	清蒸混入,固态发酵 30～ 45 天	清澈(微黄)透明,芝麻香突出,幽 雅醇厚,甘爽谐调,尾净,具有芝 麻香型白酒特有风格
特香型 四特酒	大曲(制曲用 面粉麸皮及酒 糟)	红褚条 石窖	混蒸混烧,老五甑工艺,固 态发酵 45 天	酒色清亮,酒香芬芳,酒味醇正, 酒体柔和,诸味谐调,香味悠长

续表

香型及代表	糖化发酵剂	发酵设备	工艺特点	感官特征
兼香型之酱兼浓 白云边酒	高温大曲	砖窖	固态9轮次发酵,1—7轮次为酱香工艺;8—9轮次为混蒸混烧浓香工艺,每轮发酵30天	清亮(微黄)透明,芳香,幽雅,舒适细腻,丰满,酱浓谐调,余味爽净,回味悠长
兼香型之浓兼酱 口子窖酒	大曲	砖窖、泥窖并用	采用酱香、浓香分型发酵产酒,分型储存,勾调(按比例)而成,浓香型酒发酵60天;酱香型酒发酵30天	清亮(微黄)透明,浓香带酱香,诸味谐调,口味细腻,余味爽净
老白干香型 衡水老白干	中温大曲	地缸	混蒸混烧,续糟,老五甑工艺,固态短期发酵15天左右	清澈透明,醇香清雅,甘洌挺爽,丰满柔顺,回味悠长,风格典型
馥郁香型 酒鬼酒	小曲培菌糖化,大曲配糟发酵	泥窖	整粒原料,大小曲并用,泥窖发酵,清蒸清烧,固态发酵30～60天	清亮透明,芳香秀雅,绵柔甘洌,醇厚细腻,后味怡畅,香味馥郁,酒体净爽

◎复习思考题

1.列表比较川派浓香型白酒、江淮派浓香型白酒和北方派浓香型白酒的工艺特点和感官特征。

2.列表比较川派小曲白酒、汾酒、衡水老白干、牛栏山二锅头的工艺特点和感官特征。

第三章　中国白酒的风味物质

第一节　中国白酒风味物质概述

一、中国白酒微量成分

白酒是多种化学成分的混合物,乙醇和水是其主要成分,占98% ~99%,除此之外,还含有众多的微量成分,占1% ~2%。这些微量成分可分为酸、酯、醛、醇,是构成白酒香味的重要成分,也是影响白酒风格质量的关键因素,种类多而含量少。这些成分是形成白酒独特风格的若干种色谱骨架成分和微量香味成分,共同构成了白酒典型性的物质基础。但是,白酒中的微量成分不能与白酒中的微量香味成分等同,因为白酒中尚含有极少量的微量杂味成分。从现有各香型白酒的检出结果可知,微量成分种类已有10 000多种,但常规仪器测出的不过60余种。

绝大多数微量成分属于呈香呈味的物质,一般都带有呈香呈味的原子团。它们的呈香呈味功能有强有弱,大致顺序是:醇基(—OH) > 羰基(—CO—) > 羧基(—COOH) > 酯基(—COOR) > 苯基(C_6H_5—) > 氨基(—NH_2)等。

根据微量成分的化学性质,可将白酒中的微量风味物质分为酸类(主要为有机酸)、酯类、醇类(不含乙醇)、酚类(芳香族化合物)、羰基化合物(含醛、酮和缩醛类)、含氮化合物(主要为吡嗪类)、含硫化合物、呋喃类化合物和醚类化合物等九大类。有的将胺类的缩醛类列为一类。类似的分类方法则简化为三大类:①结构已知的微量成分;②结构不确定的成分;③结构未知的成分,主要为机械杂质、高分子物质和水中带入的微量成分等。

到目前为止,在白酒中发现的风味化合物有1 737种,其中醇类216种,酯类431种,醛类95种,酮类126种,酸类109种,缩醛类54种,芳香族化合物167种,内酯类19种,呋喃类76种,萜烯类68种,烃类81种,含氮化合物115种,含硫化合物55种,其他125种。中国白酒主要的微量成分见表3-1。

表 3-1 中国白酒微量成分

种类	挥发性化合物名称	检测方法	种类	挥发性化合物名称	检测方法
醇类	甲醇	A,B	酯类	庚酸甲酯	C
	正丙醇	A,B,C		庚酸乙酯	A,B,C
	3-丁醇	C		异庚酸乙酯	C
	仲丁醇(2-丁醇)	A,B		2,4-二甲基戊酸乙酯	C
	异丁醇	A,B,C		乳酸乙酯	A,B,C
	正丁醇	A,B,C		辛酸乙酯	A,B,C
	2-戊醇	A,B,C		壬酸乙酯	A,B
	2-甲基丁醇	B,C		癸酸乙酯	A,C
	异戊醇(3-甲基丁醇)	A,B,C		月桂酸乙酯(十二酸乙酯)	A
	叔戊醇	B		肉豆蔻酸乙酯(十四酸乙酯)	A
	正戊醇	A,B,C		棕榈酸乙酯(十六酸乙酯)	A
	正己醇	A,B		硬脂酸乙酯(十八酸乙酯)	A,C
	正庚醇	B		油酸乙酯	A
	异庚醇	C		亚油酸乙酯	A
	2,3-丁二醇(左旋)	A		丁二酸二乙酯	A
	2,3-丁二醇(内消旋)	A,B	酸类	乙酸	A
	1,2-丙二醇	A		丙酸	A
酯类	甲酸乙酯	A,B		异丁酸	A
	甲酸己酯	C		丁酸	A,B
	乙酸乙酯	B,C		异戊酸	A,B,D
	乙酸丙酯	C		戊酸	A,B,D
	乙酸丁酯	B,C		异己酸	A,B,D
	乙酸异丁酯	C		己酸	A,B,D
	乙酸-2-甲基丁酯	C		庚酸	A,B,D
	乙酸异戊酯	A,B,C		辛酸	A,D
	乙酸己酯	C		壬酸	D
	丙酸乙酯	C		癸酸	D
	丁酸乙酯	A,B,C		月桂酸(十二酸)	A
	丁酸-2-甲基丁酯	C		十三酸	D
	丁酸异戊酯	C		肉豆蔻酸(十四酸)	D
	异丁酸乙酯	C		十五酸	D
	2-甲基丁酸乙酯	C		棕榈酸	D
	戊酸乙酯	A,B,C		棕榈油酸	D
	异戊酸乙酯	C		硬脂酸	D
	2-甲基戊酸乙酯	C		油酸	D
	己酸甲酯	C		亚油酸	D
	己酸乙酯	A,B,C	醛类	乙醛	A,B,C
	己酸丙酯	C		正丙醛	A
	己酸丁酯	A,B,C		异丁醛	B,C
	己酸-2-丁酯	C		2-甲基丁醛	C
	己酸异丁酯	C		异戊醛	A,B,C
	己酸-2-甲基丁酯	C		壬醛	C
	己酸戊酯	C	缩醛类	二乙氧基甲烷	A,C
	己酸异戊酯	A,B,C		乙缩醛	B,C
	己酸己酯	C		1,1-二乙氧基丙烷	C
	异己酸乙酯	C		1,1-二乙氧基-2-甲基丙烷	C
	己烯酸乙酯	C		1,1-二乙氧基-2-甲基丁烷	A

续表

种类	挥发性化合物名称	检测方法	种类	挥发性化合物名称	检测方法
缩醛类	1,1-二乙氧基异戊烷	A,B,C	吡嗪类化合物	3-异丁基-2,5,6-三甲基吡嗪	F
	1,1-二乙氧基己烷	C		3-异戊基-2,5-二甲基吡嗪	F
	1,1-二乙氧基辛烷	C		3-丙基-5-乙基-2,6-二甲基吡嗪	F
	1,1-二乙氧基壬烷	C			
	1-乙氧基-1-丙氧基乙烷	C		3,6-二丙基-5-甲基吡嗪	F
	1-乙氧基-1-异戊氧基乙烷	C			
酮类	2-丁酮	C		3-异丁基-5-乙基-2,6-二甲基吡嗪	F
	2-戊酮	A,B,C			
	2-己酮	C	呋喃类化合物	糠醛	A,B,C
	2-庚酮	C			
	2-辛酮	C		2-乙酰基呋喃	A
	3-羟基-2-丁酮	A,B	噻醛类化合物	噻醛	F
吡嗪类化合物	吡嗪	F		苯丙噻醛	F
	2-甲基吡嗪	F	吡啶类化合物	吡啶	F
	2,3-二甲基吡嗪	F		3-异丁基吡啶	F
	2,5-二甲基吡嗪	F	噁醛类化合物	三甲基噁醛	F
	2,6-二甲基吡嗪	F			
	乙基吡嗪	F	硫化物	二甲基硫	E
	2-乙基-3-甲基吡嗪	F		二甲基二硫	E
	2-乙基-5-甲基吡嗪	F		二甲基三硫	E
	2-乙基-6-甲基吡嗪	F		3-甲硫基丙醛	E
	三甲基吡嗪	A,F		3-甲硫基-1-丙醇	E
	2,6-二乙基吡嗪	F		3-甲硫基丙酸乙酯	E
	3-乙基-2,5-二甲基吡嗪	F	芳香族化合物	苯甲醛	A,B,C
	2-乙基-3,5-二甲基吡嗪	F		苯甲酸乙酯	C
	四甲基吡嗪	A,F		苯乙酸乙酯	A,B
	2-乙烯基-5-甲基吡嗪	F		β-苯乙醇	A,B
	2-甲基-3,5-二乙基吡嗪	F		苯甲酸	D
	3-异丁基-2,5-二甲基吡嗪	F		苯乙酸	D
	3-异丁基-2,6-二甲基吡嗪	F		苯丙酸	D
	3-异丁基-5,6-二甲基吡嗪	F		甲基萘	C
	2-甲基-3-异丁基-5-乙基吡嗪	F			
	3-乙基-3-异丁基-6-甲基吡嗪	F			

注:A 是指用 FFAP 交联色谱柱检测白酒中的挥发性物质;B 是指用 PEG 20M 色谱柱定量白酒中的物质;C 是指用动态顶空进样技术检测白酒中的挥发性化合物;D 是指用真空浓缩、液液萃取法检测白酒中的物质;E 是指用 Tekmar LSC 2000 型吹出-吸附装置,采用 FPD 检测器并带有 FID 监控器的气相色谱仪分析白酒中的硫化物;F 是指样品预处理后,用 PEG 20M 毛细管柱进行 GC-MS 和 GC-FID 分析。

　　醇类化合物是白酒中醇甜和助香剂的主要物质,也是形成香味物质的前驱物质,醇和酸作用生成各种酯,从而构成白酒的特殊芳香。其总含量必须适中,过少则失去白酒固有风味,过多则易产生苦涩味,其中异戊醇、异丁醇、正丁醇和丙醇等带苦涩味,丙三醇(甘油)和2,3-丁二醇可改善白酒的甜度和自然感。

　　羰基化合物对形成白酒的主体香较为重要,其中酒香与醛类化合物的含量及种类有密切关系。白酒中的主要醛类是乙醛和乙缩醛,似果香,味甜带涩。白酒中的总醛含量不能过高,否则不仅白酒风味不好,而且会影响消费者的健康。

酸类化合物是酒体香味的主要物质,也是形成酯的必要条件。白酒中有机酸主要组分为乙酸、己酸、乳酸、丁酸等,其和为总酸的 90% ~98%。

酯类化合物是具有芳香性气味的挥发性化合物,是白酒中的主要组成部分,对形成各种酒的典型性起决定性、关键性作用。白酒中酯类以乙酸乙酯、己酸乙酯、丁酸乙酯、乳酸乙酯为主,其和为总酯含量的 80% 以上。

芳香族化合物是各种蒸馏酒的重要香味组分,其在白酒中含量少、香味特点突出、阈值很低、强度大、味幽雅、保留时间长,赋予名优酒幽雅、醇厚等风味特征;其主要由原料中的单宁、木质素、蛋白质等的分解物参与生成。目前可定性检测的芳香族化合物有 4-乙基愈创木酚、苯乙醛、香草醛等。

含氮化合物是含有 1,4-二氮杂苯母环的一类化合物的总称,这类化合物具有强烈的香气,而且其香气透散性好,极限浓度极低,它们的衍生物广泛存在于天然和发酵食品中,它们具有极低的风味阈值,对白酒风味有重要作用。白酒中的含氮化合物有噻唑、噻吩、吡啶、吡嗪及其他的衍生物等,其中吡嗪类化合物占绝大多数。

根据微量成分对白酒的香味贡献,可把白酒中的微量成分细分为以下 12 种:

1. 主体香成分

主体香成分即主体香气(或香味)成分,指在白酒的香味成分中起主导作用的成分,或是决定白酒的典型性和风味的香气成分。一般它在相对应的香型白酒中含量较多。主体香成分为主体成分或特征性成分的组成部分之一。但是,主体香成分不等于典型香成分,因为白酒的主体香成分结合助香成分才可能形成典型香成分。白酒的主体香成分一般为酯类物质,尤其是三大酯类,乙酸乙酯、己酸乙酯和乳酸乙酯是其物质基础。

2. 助香成分

助香成分即非主体香成分,指主体香以外的其他成分。如醇类是白酒中重要的助香成分,此外,呋喃酮、麦芽酚、乙基麦芽酮等均有明显的助香作用。

3. 定香成分

定香成分即白酒中起定香作用的成分,其具有香气持久性较强,使白酒的香气得以延长的特征。如乳酸、乳酸乙酯有溶解其他香气成分的定香作用;乙缩醛有保持香气均匀、持久和调和香气的定香功能。

4. 矫香成分

矫香成分又称修饰成分、暗香成分或变调成分,是一种用量少、见效快、可使酒的香味更好的成分。如乙酸乙酯,在芝麻香型白酒中因受到焦香气味的影响不能表现自身的感官气味,但可起到一种修饰香气的作用。

5. 放香成分

放香成分指有助于白酒放香的成分,如某些醛类或酮类物质。

6. 前香和后香成分

酱香型白酒因香味成分复杂,常划分为前香和后香两种成分,其中酸、酯、醇、醛、酮类等物质属于前香成分,而呋喃类、吡嗪类、氨基酸类,以及酸、酯或醇类中沸点较高的化合物均属于后香成分。

7. 提香成分

提香成分一般指对其他香型组分起到"提香"作用的成分,如酱香调味酒中有较多的醇类时会呈现出提香作用;酚类在白酒中的含量适当时也有提香作用。

8. 谐调成分

谐调成分是起到调整、平衡和谐调白酒对外(香)、对内(味)以及内外(香味)之间作用的成分。一般以醛类和酸类为主,其中对香气有较强谐调作用的成分有乙缩醛和乙醛等,对口味有很强谐调功能的成分有乙酸、乳酸、己酸和丁酸等。

9. 特征性成分

特征性成分又叫特征香味成分,为具有某香味物质特征的成分,或与某香型白酒风格特征相关的成分。有的资料提到的"突出的组分"也可归属此类。如乙酸羟胺和丙酸羟胺为凤香型白酒的特征性成分。

10. 主体成分

主体成分是形成白酒酒体和赋予白酒特征香气和口味不可缺少的成分,如酸类物质是白酒口味的主体成分。

11. 调和成分

调和成分是一种具有调和效果的成分,有时它可使酒的香味更加浓郁。醇类通常可起到调和白酒的香和味的作用。

12. 骨架成分

骨架成分有时称骨架香味成分或色谱骨架成分,但不等于色谱成分。它们是一些沸点较低、含量大于 $2 \sim 3$ mg/100 mL、构成白酒香味骨架的成分,约占微量成分总量的 95% 以上,在白酒中占优势地位,是白酒中的主干成分。它们又是常规色谱分析谱图上大峰物质的成分,为白酒的色谱常规分析指标。所以骨架成分是组成中国白酒骨架的优势成分。骨架成分中主要是酯类,尤其是乙酯类,它们属于主体香成分,醛酮类属于有助于白酒放香的成分。然而骨架成分到底包括哪些有机化合物,报道不一,众说纷纭。

二、不同香型中国白酒的风味物质

中国白酒的酒香十分丰富,因为呈香成分中含有清雅香气的乙酸乙酯、丁酸乙酯、庚酸乙酯、辛酸乙酯、异丁醇、异戊醇等,有些成分虽香味不大,但有溶解其他香气成分的定香作用,如乳酸、乳酸乙酯等。它们的含量和相互之间的配比不同,构成了名优白酒的不同风格。中国白酒概括起来可以分五大类香型,即酱香型、浓香型、清香型、米香型和其他香型。

1. 酱香型

酱香型又称为茅香型,以贵州茅台酒为代表。酱香型酒的香味成分尚无定论,比较一致的认识是:4-乙基愈创木酚(4-EG)、糠醛(呋喃甲醛)、高含量多种类的有机酸、高含量的多元醇和己酸乙酯等成分。从成分上分析,酱香型酒的各种芳香物质含量都较高,而且种类多,香味丰富,是多种香味的复合体。根据国内研究资料和仪器分析测定,酱香型酒的香气中含有 100 多种微量化学成分。

2. 浓香型

浓香型又称为泸香型,以四川泸州老窖特曲为代表。浓香型酒的香味成分主要由有机酸、酯类、高级醇和羰基化合物等组成。酯类以己酸乙酯为主,己酸乙酯、乳酸乙酯、乙酸乙酯、丁酸乙酯的比例为 $1:(0.6 \sim 0.8):(0.5 \sim 0.6):0.1$。酸类以己酸、乳酸为主,其含量占总酯含量的 1/4 为宜。高级醇中异戊醇含量最高,醇类占总酯含量的 1/5 为宜。羰基化合物中乙醛、异戊醛含量较高,占香味组分的 6% ~8%,它们与酯类香气作用,使香气丰满而带有特殊性,能提高浓香型白酒的香气品质。

3. 清香型

清香型又称为汾香型,以山西杏花村汾酒为主要代表。清香型酒的香味成分主要是由以乙酸乙酯为主的酯类、以乙醛和乙缩醛为主的醛类、以异丁醇为主的高级醇类、以乙酸和乳酸为主的酸类等香味成分组成。

4. 米香型

米香型酒是以桂林三花酒为代表的一类小曲米液,是我国历史悠久的传统酒种。米香型酒的香味成分以乳酸乙酯、乙酸乙酯、β-苯乙醇为主体香成分,构成米香型酒的固有风格。香味组分总含量较少,总醇含量大于总酯含量,乳酸乙酯含量大于乙酸乙酯含量,羰基化合物含量较低。

以上几种香型只是中国白酒中比较明显的香型,但有时即使是同一香型的白酒,其香气也不一定完全一样,因为白酒的独特风味除取决于其主体香含量的多寡外,还受各种香味成分的相互烘托、缓冲和平衡。表3-2 列出了我国十二种香型白酒的风格。

表 3-2 中国十二种香型白酒的风格

香型	代表酒	主体香成分	香型	代表酒	主体香成分
酱香型	茅台酒	未定	董香型	董酒	丁酸乙酯、高级醇、乳酸乙酯
浓香型	泸州老窖特曲酒	己酸乙酯	凤香型	西凤酒	乙酸乙酯 己酸乙酯
清香型	汾酒	乙酸乙酯 乳酸乙酯	特香型	四特酒	乳酸乙酯 乙酸乙酯 己酸乙酯 正丙醇
米香型	桂林三花酒	β-苯乙醇 乳酸乙酯 乙酸乙酯	芝麻香型	山东景芝酒	己酸乙酯 β-苯乙醇 丙酸乙酯
兼香型	白云边酒 玉泉酒	乳酸乙酯 丁酸乙酯	豉香型	广东玉冰烧酒	壬二酸二乙酯 辛二酸二乙酯
馥郁香型	酒鬼酒	乙酸乙酯 己酸乙酯	老白干香型	衡水老白干	乙酸乙酯 乳酸乙酯

第二节　白酒中酸类风味物质

一、白酒中酸类风味物质概述

有机酸类化合物是白酒中重要的呈香呈味物质,也是形成其相应酯类的前驱物质。它与其对应酯的种类及含量决定了白酒的香型与风格,其含量的高低直接影响酒质的好坏。通常认为,酸含量高则酒味粗糙,呈现邪杂味;酸含量低则酒味寡淡,香味短;酸含量适中则增加酒香,酒体后味悠长。

白酒中的有机酸类化合物大部分都为挥发性酸,主要有甲酸、乙酸、丙酸、丁酸、己酸、辛酸等。甲酸刺激性最强,乙酸闻有刺激感,爽口带甜,从丙酸开始有脂肪味出现,丁酸有汗臭味,戊酸、己酸、庚酸也均有强烈脂肪味,但气味随着碳原子数的增加逐渐减弱,辛酸呈弱香味。还有一类为非挥发性酸,包括乳酸、酒石酸、苹果酸、柠檬酸等,主要为乳酸。乳酸较柔和,能增加酒体的醇厚感,但过量则出现涩味。

目前,白酒中通过色谱定性定量的酸有42种。有机酸类化合物在白酒组分中除水和乙醇外,占其他组分总量的14%～16%。白酒中的有机酸种类较多,大多是含碳链的脂肪酸化合物,根据其在酒体中的含量及自身的特性,可将它们分为三大类:

①含量较高、较易挥发的有机酸。在白酒中除乳酸外,乙酸、己酸和丁酸等都属较易挥发的有机酸,这类酸在白酒中含量较高,是较低碳链的有机酸,其和为总酸的90%～98%。

②含量中等的有机酸。这类有机酸种类较多,一般是3个碳、5个碳和7个碳的脂肪酸。

③含量较少的有机酸。这类有机酸种类较多,大部分是沸点高、水溶性差、易凝固的有机酸,碳链一般在10个或10个以上的脂肪酸。例如,油酸、癸酸、亚油酸、棕榈酸、月桂酸等。

表3-3列出了白酒中常见酸类风味物质及其风味特征。

表 3-3　白酒中常见酸类风味物质及其风味特征

名称	沸点/℃	风味特征
甲酸	100.8	闻有酸味,进口刺激、带涩感,刺激感极强
乙酸	117.9	醋酸气味,爽口带甜,醋酸刺激感
丙酸	141.1	闻有酸味,进口柔和、微涩醋酸刺激感,但较乙酸淡薄
丁酸	163.5	轻的黄油气味、奶酪腐败味及汗味,似大曲酒气味,能增加窖香
戊酸	185	脂肪气味,似丁酸样气味

续表

名称	沸点/℃	风味特征
己酸	202~203	较强的脂肪气味,有刺激感,同丁酸,但较淡薄,似大曲酒气味,稀时能增加香气
庚酸	223	强的脂肪气味,有刺激感,同丁酸,但较淡薄
辛酸	239.7	脂肪气味,有刺激感,放置后浑浊同丁酸,但较淡薄
壬酸	254.5	特有脂肪气息及气味
月桂酸	299	月桂油气味,微甜,有刺激感,置后浑浊
乳酸	122	有酸味,酸中带涩,适量有浓厚感,能增加白酒的醇厚性,比较柔和,带给白酒以良好的风味,但过浓时则呈涩味,使酒呈馊酸味
苯甲酸	249.2	几乎无气味或呈微香(酯),有甜酸的辛辣味
肉桂酸	300	几乎无气味,有辣味,后变成甜的和杏仁样味
琥珀酸	236.1	酸味低,有鲜味
柠檬酸	175	柔和,带有爽快的酸味
酒石酸	399	酸味中带有微苦
富马酸	355.5	同酒石酸
氨基酸	200~300	呈谷物的鲜美味,是非蒸馏酒的重要成分

二、白酒中酸的生成机理

白酒中的各种有机酸在发酵过程中虽是糖的不完全氧化物,但糖并不是形成有机酸的唯一原始物质,因为其他非糖化合物也能形成有机酸。发酵过程是一个极其复杂的生化过程,有机酸既要产生又要消耗,同时不同种类的有机酸之间还不断转化。

白酒醅(醪)中形成的有机酸种类很多,酸产生的途径也很多。如酵母菌在发酵过程中产生多种有机酸,根霉等霉菌产乳酸等有机酸,但大多有机酸是由细菌产生的。

(一)甲酸的生成

甲酸是酒精发酵的中间产物之一。

$$CH_3COCOOH + H_2O \longrightarrow CH_3COOH + HCOOH$$
$$\qquad 丙酮酸 \qquad\qquad\qquad 乙酸 \qquad\quad 甲酸$$

(二)乙酸(醋酸)的生成

1. 酵母菌酒精发酵产乙酸

$$2CH_6H_{12}O_6 + H_2O \longrightarrow C_2H_5OH + CH_3COOH + 2CH_2OHCHOHCH_2OH + 2CO_2$$
$$\quad 葡萄糖 \qquad\qquad\qquad 乙醇 \qquad 乙酸 \qquad\qquad 甘油$$

2. 醋酸菌将酒精氧化为乙酸

$$C_2H_5OH \xrightarrow{[O_2]} CH_3COOH + H_2O$$
$$\quad 乙醇 \qquad\qquad 乙酸$$

3. 糖经发酵生成乙醛,再经歧化作用生成乙酸

$$2CH_3CHO + H_2O \longrightarrow CH_3COOH + C_2H_5OH$$

乙醛　　　　　　　乙酸　　　乙醇

因歧化作用,乙酸和酒精同时形成。当糖分发酵 50% 时,酒醅中乙酸含量最高;在发酵后期,酒醅中酒精含量较多时,则乙酸生成量少。通常,在酵母菌的生长及发酵条件较好时,乙酸生成量较少。若酒醅中进入枯草芽孢杆菌,则乙酸含量较多。

4. 异型乳酸菌也产乙酸

具体如后文所述。

（三）乳酸的生成

乳酸是含有羟基的有机酸,它可由多种微生物产生。

1. 由乳酸菌发酵生成乳酸

①正常型乳酸菌发酵,又称同型乳酸发酵或纯乳酸发酵,即发酵产物全为乳酸。

$$C_6H_{12}O_6 \longrightarrow 2CH_3CHOHCOOH$$

葡萄糖　　　　　　乳酸

②异常型乳酸发酵,或称异型乳酸发酵,其发酵产物因菌种而异,除产生乳酸外,还同时生成乙酸、乙醇、甘露醇等。大体有以下 3 条反应途径。

$$C_6H_{12}O_6 \longrightarrow CH_3CHOHCOOH + C_2H_5OH + CO_2 \uparrow$$

葡萄糖　　　　　　乳酸　　　　　乙醇

$$2C_6H_{12}O_6 + H_2O \longrightarrow 2CH_3CHOHCOOH + CH_3COOH + C_2H_5OH + 2CO_2 \uparrow + 2H_2 \uparrow$$

葡萄糖　　　　　　　　乳酸　　　乙酸　　　乙醇

$$3C_6H_{12}O_6 + H_2O \longrightarrow 2C_6H_{14}O_6 + CH_3CHOHCOOH + CH_3COOH + CO_2 \uparrow$$

葡萄糖　　　　　甘露醇　　　　乳酸　　　乙酸

2. 由霉菌产生乳酸

毛霉、根霉等也能产 L-型乳酸。

（四）琥珀酸的生成

琥珀酸又名丁二酸,主要由酵母菌产生于发酵的后期,通常延长发酵期可增加合成自身的菌体蛋白。

1. 由氨基酸生成琥珀酸

琥珀酸可由氨基酸通过去氨基作用产生。

$$C_6H_{12}O_6 + COOHCH_2CH_2CHNH_2COOH + 2H_2O \longrightarrow COOHCH_2CH_2COOH + NH_3 + CO_2 +$$

葡萄糖　　　　　谷氨酸　　　　　　　　　　　　　琥珀酸

$$2CH_2OHCHOHCH_2OH$$

甘油

2. 由乙酸转化为琥珀酸

$$2CH_3COOH + NAD + ATP \longrightarrow COOHCH_2CH_2COOH + NADH_2 + AMP$$

乙酸　　　　　　　　　　　　琥珀酸

其中,NAD 为烟酰胺腺嘌呤二核苷酸,是脱氢酶的辅酶;$NADH_2$ 为还原型 NAD;ATP 为三磷酸腺苷;AMP 为一磷酸腺苷。

红曲霉等霉菌也能生成极微量的琥珀酸。

(五)丁酸(酪酸)的生成

1. 由丁酸菌将葡萄糖、氨基酸、乙酸和酒精生成丁酸

(1) $C_6H_{12}O_6 \longrightarrow CH_3CH_2CH_2COOH + 2CO_2 \uparrow + 2H_2 \uparrow$

  葡萄糖   丁酸

(2) $RCHNH_2COOH \xrightarrow{[H]} CH_3CH_2CH_2COOH + NH_3 \uparrow + CO_2 \uparrow$

  氨基酸   丁酸

(3) $CH_3COOH + C_2H_5OH \xrightarrow{[H]} CH_3CH_2CH_2COOH + H_2O$

  乙酸   丁酸

2. 丁酸菌将乳酸发酵为丁酸

丁酸菌将乳酸发酵为丁酸有如下两条途径:

(1) $CH_3CHOHCOOH + CH_3COOH \longrightarrow CH_3CH_2CH_2COOH + H_2O + CO_2 \uparrow$

   乳酸   乙酸   丁酸

(2) $CH_3CHOHCOOH + 2H_2O \xrightarrow{-2H_2} CH_3COOH + CO_2 \uparrow$

   乳酸   乙酸

再由乙酸变为丁酸:

$2CH_3COOH + 2H_2 \longrightarrow CH_3CH_2CH_2COOH + 2H_2O$

 乙酸   丁酸

(六)己酸的生成

1936 年,巴克(Barker)等在研究甲烷菌时偶然发现了产己酸的细菌。该菌与奥氏甲烷菌共栖,能将低级脂肪酸合成较高级的脂肪酸,被命名为克拉瓦氏梭菌。它可将乙酸和酒精合成丁酸和己酸,也可由丁酸和酒精结合成己酸,还可以将丙酸和酒精合成戊酸,进而合成庚酸。

1. 由酒精和乙酸合成丁酸或己酸

(1)当醅中乙酸多于酒精时,主要产物为丁酸

$CH_3CH_2OH + CH_3COOH \longrightarrow CH_3CH_2CH_2COOH + H_2O$

乙醇   乙酸   丁酸

(2)当醅中乙醇多于乙酸时,主要产物为己酸

$2CH_3CH_2OH + CH_3COOH \longrightarrow CH_3CH_2CH_2CH_2CH_2COOH + 2H_2O$

乙醇   乙酸   己酸

这一过程实际上极为复杂。学者们经过长期的研究,普遍认为克拉瓦氏梭菌等在合成己酸时,必须经过如下 11 步反应。

①由酒精、乙酸或丙酮酸等转化为乙酰辅酶 A。

②由 2 分子乙酰辅酶 A 缩合成乙酰乙酰辅酶 A。

③由乙酰乙酰辅酶 A 还原为 β-羟丁酰辅酶 A。

④由 β-羟丁酰辅酶 A 脱水成巴豆酰辅酶 A。

⑤由巴豆酰辅酶 A 还原为丁酰辅酶 A。

⑥由乙酸接受丁酰辅酶 A 中的辅酶 A,生成乙酰辅酶 A,并释放出丁酸。

⑦与⑥同时,部分丁酰辅酶 A 与乙酰辅酶 A 缩合成 β-酮己酰辅酶 A。

⑧由 β-酮己酰辅酶 A 还原为由 β-羟己酰辅酶 A。

⑨由 β-羟己酰辅酶 A 脱水为 α,β-烯己酰辅酶 A。

⑩由 α,β-烯己酰辅酶 A 还原为己酰辅酶 A。

⑪由己酰辅酶 A 水解生成己酸,并释放出辅酶 A。

上述 11 步反应,可用图 3-1 示意。

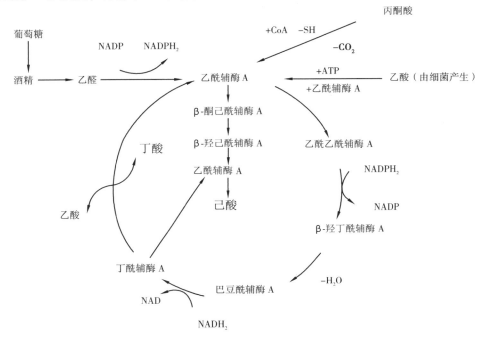

图 3-1 克拉瓦氏梭菌等合成乙酸的示意图

2. 由酒精和丁酸合成己酸

巴克等认为,己酸菌用酒精和丁酸合成己酸时,必须先由丁酸菌将酒精与乙酸合成丁酸。

$$C_3H_7COOH + CH_3CH_2OH \longrightarrow C_6H_{11}COOH + H_2O$$

　丁酸　　　　酒精　　　　　　　己酸

3. 由葡萄糖合成乙酸

葡萄糖先生成丙酮酸,丙酮酸再变为丁酸,丁酸再与乙酸合成己酸。各反应式如下:

$$C_6H_{12}O_6 \longrightarrow 2CH_3COCOOH + 2H_2 \uparrow$$

　葡萄糖　　　　　　　丙酮酸

$$2CH_3COCOOH + 2H_2O \longrightarrow CH_3CH_2CH_2COOH + CH_3COOH + 2O_2 \uparrow$$

丙酮酸 　　　　　　　　　　丁酸 　　　　　乙酸

$$CH_3CH_2CH_2COOH + 2CH_3COOH + 2H_2 \longrightarrow C_6H_{11}COOH + CH_3COOH + 2H_2O$$

丁酸 　　　　　　乙酸 　　　　　　　　己酸 　　　　乙酸

（七）戊酸及庚酸的生成

戊酸及庚酸的合成路径为:先由丙酸菌将丙酮酸羧化为草酰乙酸,再还原成苹果酸后,进一步脱水、还原为琥珀酸,然后脱羧成丙酸,最后,由梭状芽孢杆菌经类似丁酸、己酸的合成路线,将丙酸合成戊酸和庚酸。

$$CH_3COCOOH \xrightarrow{CO_2} \underset{CH_2COOH}{COCOOH} \xrightarrow{+2H} \underset{CH_2COOH}{\overset{COOH}{CHOH}} \xrightarrow{H_2O+2H} \underset{CH_2COOH}{CH_2COOH} \xrightarrow{CO_2} CH_3CH_2COOH$$

丙酮酸 　　　　草酰乙酸 　　　苹果酸 　　　　　琥珀酸 　　　　　丙酸

$$\xrightarrow{CoASHCO_2} CH_3CH_2CO \sim SCoA \longrightarrow CH_3(CH_2)_3COOH \longrightarrow CH_3(CH_2)_5COOH$$

丙酰辅酶 A 　　　　　　　戊酸 　　　　　　　庚酸

（八）酸类物质在酒体风味特征中所起的作用

酸类物质是形成酯(香)的主要前驱物质,也是感官反应中主要的呈味呈香物质。从单一的香味成分的感官反应结果看,每种有机酸都有不同的气味,因其刺激域值和离解度的差异,所以又引起香气和口味的变化与差异。酸可以调节口味使酒体醇和可口,更主要的是酸类物质可形成相对应的酯类。酸还可以构成其他香味物质。

三、白酒中酸的作用原理

（一）酸对味觉有极强的作用力

1. 酸的腐蚀性

白酒中的酸虽都是弱酸,但是它们都有腐蚀性。白酒中的四大酸对人体的皮肤有很强的腐蚀性和伤害作用,可造成化学烧伤。其腐蚀性主要表现为它能凝固蛋白质,能与蛋白质发生复杂的多种反应,可部分改变或破坏蛋白质。

2. 酸以分子和离子两种形态作用于味觉

白酒中的羧酸在乙醇水液中要发生解离,因而它有羧酸分子、羧酸负离子和 H^+ 这三种物质共同作用于人的味觉器官。

3. 酸的极性最强

白酒中,羧酸的极性最强。各组分的极性强弱顺序为:羧酸 > 水 > 乙醇 > 杂醇 > 酯。

4. 酸的沸点高、热容大

酸沸点高、热容大的特性决定了酸在常温下的蒸气压不大,从而导致了它对白酒香气的贡献不可能太大。

5. 羧酸有较强的附着力

附着力大,意味着羧酸与口腔的味觉器官作用时间长,即刺激作用持续时间长,这是酸能增长味道的原因之一。

(二)酸与一些物质的相互作用

1. 驱赶作用

白酒中四大酸的酸性相对较强,当它们与酸性比其弱的物质,如硫化氢、甲硫醇和乙硫醇共存时,能驱赶这些物质,能使这些臭味物质较快消失。

2. 抑制作用

白酒中有机酸比酚类物质酸性强很多,能抑制酚类化合物解离。羧酸的存在使得酚类化合物在白酒中主要以酚分子形态存在,从而影响白酒的口味。

3. 酸与碱性物质间的化学反应

酸能与氨基酸和其他碱性物质起化学反应,生成盐。

4. 与悬浮物之间的作用

因为酸能解离出带正电荷的离子,所以它对胶体的破坏作用和机械杂质的絮凝作用较强。

(三)酸的催化作用

酸具有催化作用,能催化羧酸和醇的酯化反应、酯交换反应,能影响缩醛反应。

四、白酒中酸的功能

酸与白酒中的酯、醇、醛等物质相比,其作用力强,功能相当丰富,影响面广。

(一)消除酒的苦味

酒中有苦味是白酒的通病。酒的苦味多种多样,以口和舌的感觉而言,有前苦、后苦、舌苦、舌面苦;就苦持续时间的长短,有的苦味重,有的苦味轻,有的苦中带甜,有的甜中带苦;另外还有苦辣、焦苦、杂苦;等等。在正常生产的情况下,苦味物质大体相同,但是某些批次的酒却不苦。不苦的酒中苦味物质依然存在,它们不可能消失,之所以不苦,是因为苦味物质和酒中的某些物质发生了相互作用,这些物质就是酸类。

(二)酸是新酒老熟的有效催化剂

白酒中的酸本身就是很好的老熟催化剂,它们的含量多少和组成情况以及酒本身的谐调性,对加速酒老熟的能力均有影响。控制入库新酒的酸量,把握好其他一些必要的谐调因素,可对加速酒的老熟起到事半功倍的效果。

(三)酸是白酒最重要的味感剂

白酒对味觉刺激的综合反应就是口味。对口味的描述尽管多种多样,但都有共识,如讲究白酒入口的后味、余味、回味等。酸的作用主要表现为对味的贡献,是白酒重要的味感物质,主要表现在:增长后味,增加味道,减少或消除杂味,可出现甜味和回甜感,消除燥辣感,可适当减轻中、低度酒的水味。

（四）对白酒香气有抑制和掩盖作用

勾兑实践中往往碰到这种情况,含酸量高的酒加到含酸量正常的酒中,正常酒的香气受到明显的压抑作用,俗称"压香"。白酒酸量不足时,普遍存在的问题是酯香突出、香气复合程度不高等,在用含酸量较高的酒去作适当调整后,酯香突出、香气复合程度不高等弊病在相当大的程度上得以解决。酸在解决酒中各类物质之间的融合程度、改变香气复合性方面,显示出它特殊的作用。

（五）酒中酸控制不当可使酒质变坏

酸的控制应主要注意以下两个方面:

①酸量要控制在合理范围内。白酒中的酸量首先应符合国家标准或行业、企业标准的规定。针对不同的酒体来说,总酸量为多少较好或最好是一个不定值,主要由勾兑人员的经验和口感决定。酸量严重不足或超量太多,势必影响酒质甚至改变风格。

②含量较多的四大酸构成比例要合理,若四大酸的比例关系不当,则将给酒质带来不良后果。

实践证明,酸量不足,酒发苦,邪杂味露头,酒味不净,单调,不谐调;酸量过多,酒质粗糙,放香差,闻香不正,带涩等。

（六）酸的恰当运用可以产生新风格

国家名酒董酒的特点之一是酸含量特别高,比我国任何一种香型的白酒都高。董酒中的丁酸含量是其他香型白酒的 2 ~ 3 倍,但它与其他成分谐调并具有爽口的特点,因此在特定条件下,酸的恰当运用可以产生新的酒体和风格。

五、不同香型白酒的总酸含量

1. 董酒、四特酒的总酸含量特征

董酒、四特酒总酸含量最高,达 290 mg/100 mL 以上。董酒总酸含量是其他名酒的 2 ~ 3 倍,突出的是丁酸、乙酸、己酸,丁酸为 46 mg/100 mL,乙酸为 125 mg/100 mL,己酸为 75 mg/100 mL。一般名酒是酯大于酸,比值一般为(2.5 ~ 4.5):1,而董酒是酸大于酯,比值一般为(1:0.8) ~ 1,丁酸是董酒的特征成分之一。四特酒以乳酸、乙酸、丁酸、丙酸为主,其中乳酸含量最高,一般为 100 mg/100 mL 以上,占总酸的 35%,位于自身有机酸含量之首。

2. 酱香型白酒的总酸含量特征

酱香型白酒的总酸含量达 170 mg/100 mL 以上,明显高于浓香型和清香型,以甲酸、乙酸、乳酸、己酸、丁酸最多。其中己酸、乙酸的绝对含量高,是各白酒相应含量之冠。在品尝茅台酒时,能明显感觉到酸味,这与它的总酸含量高、乙酸和乳酸的绝对含量高有直接的关系。

3. 浓香型白酒的总酸含量特征

浓香型白酒的总酸含量在 150 mg/100 mL 左右,主要成分是己酸、乙酸、乳酸、丁酸,它们之和占总酸的 93% 以上,其中己酸最多,约占总酸的 35% 以上。

浓香型白酒中酸的含量占浓香型酒微量芳香成分的第二位,占成分总量的 14% ~16%。以泸州曲酒为例,有机酸含量大体是:特曲 > 头曲 > 二曲 > 三曲。但有时因乙酸含量偏高致使总量变高。可见有机酸含量的高低是酒质好坏的一个标志,在一定比例范围内,酸含量高的酒质好,反之,酒质差。在其他浓香型白酒中也是同样的结果,苦涩、异杂味酒的有机酸含量普遍较低。

用气相色谱定量检测泸州曲酒中的 25 种有机酸,按含量多少可分为 3 种情况。

①含量在 100 mg/100 mL 以上的有乙酸、己酸、乳酸、丁酸 4 种。

②含量为 0.1 ~4.0 mg/100 mL 的有甲酸、戊酸、棕榈酸、亚油酸、油酸、辛酸、异丁酸、丙酸、异戊酸、庚酸共 10 种。

③含量在 1 mg/100 mL 以下的有壬酸、十八酸、癸酸、肉桂酸、肉豆蔻酸、异丁烯二酸等 11 种。

主要有机酸在优质浓香型白酒中的含量排列顺序为:乙酸 > 己酸 > 乳酸 > 丁酸 > 甲酸 > 戊酸 > 棕榈酸 > 亚油酸 > 辛酸 > 异丁酸;在比较差的酒中,乙酸 > 乳酸 > 己酸 > 丁酸 > 甲酸。

结合感官尝评发现,己酸含量高的酒质好。一些好的调味酒中,己酸含量更高,而苦涩异杂味酒的己酸含量都低。

4.清香型白酒的总酸含量特征

清香型白酒的总酸含量较低,以乳酸、乙酸为主,其中乙酸占 70% 以上,乙酸占总酸的百分比为其他香型酒之首。

5.米香型白酒的总酸含量特征

米香型白酒的总酸含量低,以乙酸、乳酸为主。其中,乳酸占总酸的百分比(80%)为其他各酒之最,而且其他有机酸数量少,这是米香型酒的特征。

6.凤香型白酒的总酸含量特征

凤香型白酒中酸的含量和种类都较少,其总酸含量明显低于浓香型白酒,略低于清香型白酒。

7.兼香型白酒的总酸含量特征

兼香型白酒分两种:一种是浓大于酱,一种是酱大于浓。其中,很多香味成分介于酱香型和浓香型白酒之间。其中,庚酸、异丁酸、丁酸含量较高。

8.豉香型白酒的总酸含量特征

豉香型白酒的总酸含量最低,为 40 ~50 mg/100 mL,其主要特征成分为二元酸、壬二酸、辛二酸。

9.芝麻香型白酒的总酸含量特征

芝麻香型白酒的总酸含量介于浓香型、清香型和酱香型相应组分之间。

综上,不同香型白酒中,有机酸含量大致见表 3-4。

表 3-4　不同香型白酒中有机酸的含量　　　　　（单位：g/L）

组分	茅台酒	五粮液	剑南春	古井贡酒	四特酒	景芝白干
醋酸	1 442.0	563.8	373.6	521.1	816.6	689.3
丙酸	171.1	22.9	16.8	20.7	130.4	29.8
异丁酸	22.8	9.5	11.4	13.5	4.7	11.1
丁酸	100.6	101.5	117.2	149.6	54.9	95.1
异戊酸	23.4	10.4	10.1	8.8	5.9	8.5
戊酸	29.1	24.0	17.6	21.4	31.5	9.5
异己酸	1.2	1.4	0.7	0.7	0.9	1.1
己酸	115.2	483.0	366.5	425.8	80.42	56.5
庚酸	4.7	8.9	4.5	8.0	6.9	0.9
辛酸	3.5	7.2	5.2	13.5	6.0	1.4
壬酸	0.3	0.2	0.2	0.2	0.6	0.1
癸酸	0.5	0.6	0.1	4.6	0.8	0.5
十三酸	微量	0.2	ND	0.1	0.2	0.1
肉豆蔻酸	0.7	1.2	0.2	0.2	2.5	0.2
十五酸	0.5	0.4	0.07	0.09	0.2	0.1
棕榈酸	19.0	15.2	3.1	5.1	23.5	7.4
棕榈油酸	0.5	0.2	0.09	0.1	0.4	0.2
硬脂酸	0.3	0.4	ND	ND	0.5	0.01
油酸	5.6	4.7	1.0	1.9	4.5	2.6
亚油酸	10.8	7.30	1.5	2.4	6.6	4.4
苯甲酸	2.0	0.2	ND [*]	0.3	1.0	0.1
苯乙酸	2.7	0.5	ND	0.3	0.8	0.2
苯丙酸	0.4	0.4	0.1	0.2	0.7	0.3

＊ND 表示确定未检出。

六、白酒中酸类风味物质的理化特性及风味特征

白酒中酸类风味物质的理化特性及风味特征见表 3-5。

表 3-5　白酒中酸类风味物质的理化特性及风味特征

名称	理化特性	浓度 /[mg·(500 mL)⁻¹]	风味特征
乙酸	分子式:CH₃COOH;分子量:60.05;沸点(℃):117.9;凝固点(℃):16.6;相对密度:1.050;黏度(mPa.s):1.22;蒸气压(kPa):1.5;外观及气味:无色液体,有刺鼻的醋酸味;溶解性:能溶于水、乙醇等有机溶剂	500	有醋的气味和刺激感,爽口,带甜,有酸味
		50	有醋的气味和刺激感,爽口,带甜,有酸味
		5	接近极限值
丙酸	分子式 CH₃CH₂COOH;分子量:74;熔点(℃):-21.5;沸点(℃):141.1;溶解性:与水混溶,可混溶于乙醇、乙醚、氯仿;相对密度:0.99;外观及气味:无色油状液体,有刺激性气味	500	有酸味,进口柔和,稍涩,微酸
		50	无酸味,进口柔和,稍涩,微酸
		5	接近极限值
丁酸	分子式:C₄H₈O₂;分子量:88.11,熔点(℃):-7.9;沸点(℃):163.5;相对密度:0.96;相对蒸气密度:3.04,饱和蒸气压(kPa):0.10(25℃);燃烧热(kJ/mol)2 181.4;临界温度(℃):355;临界压力(MPa):5.27;闪点(℃):71.7;引燃温度(℃):452;外观及气味:无色油状液体,具有刺激性及难闻的气味;溶解性:与水混溶,可混溶于乙醇、乙醚	500	似大曲酒的糟香和窖泥香味,进口有酸甜味,爽口
		50	有轻微的似大曲酒的糟香和窖泥香味,进口有酸甜味,爽口
		5	接近极限值
戊酸	分子式:C₄H₉COOH;分子质量:102.13;沸点(℃):186.05(100 kPa),96(3.07 kPa);熔点(℃):-33.83;性状:无色透明液体,有特殊的气味;相对密度:0.939 1(20/4℃);折射率:1.408 5;溶解性:能溶于30份水中,易溶于乙醇、乙醚;结构特点:三类同分异构体,分别是位置异构、碳链异构和官能团异构,与酯和羟醛官能团异构	500	有脂肪气味和不愉快感
		50	有轻微的脂肪气味,进口微酸涩
		5	无脂肪气味,进口微酸甜
		0.5	无脂肪气味,进口微酸甜,醇和
		0	接近极限值
乳酸	分子式:C₃H₆O₃;分子量:90.08;相对密度:1.200,熔点(℃):18;密度:1.209;沸点(℃):122;解离常数:pK_a=4.14(22.5℃);闪点(℃):大于110℃;燃烧热:15.13 kJ/kg;溶解度:与乙醇(95%)、乙醚、水混溶,不溶于氯仿,比热:2.11 kJ/kg	500	微酸,微甜
		50	微酸,微甜,微涩,略带浓厚感
		5	微酸,微甜,微涩
		0.5	接近极限值

续表

名称	理化特性	浓度 /[mg·(500 mL)$^{-1}$]	风味特征
己酸	分子式:$C_6H_{12}O_2$;分子量:116.16;外观与性状:油状液体;熔点(℃):-3.9;沸点(℃):205.4;相对密度:0.93;相对蒸气密度:4.0;饱和蒸气压(kPa):0.13(72 ℃);闪点(℃):104;引燃温度(℃):300;溶解性:微溶于水,溶于乙醇	500	似大曲酒气味,进口柔和,带甜,爽口
		50	似大曲酒气味,味甜爽口
		5	微有大曲酒气味,稍带甜味
		0.5	接近极限值

说明:表中的"相对密度"均指相对于水的密度;"相对蒸气密度"均指相对于空气的密度。

第三节 醇类风味物质

一、醇类风味物质概述

白酒中醇类风味物质是指白酒中除乙醇外,带有羟基官能团的化合物(ROH),其中对白酒质量影响最大的是甲醇(CH_3OH)和杂醇油。杂醇油是一种高级醇(高分子饱和一元醇)的混合物,所谓高级醇是指分子量比乙醇大的醇类,也就是碳原子多于乙醇的醇类,它们在酒精发酵中不可避免地会形成微量的高级醇,由于很像油状物质故称为"杂醇油"。高级醇是助香物质,呈苦涩味和辛辣味。据研究,白酒香味中需要有一定的高级醇,但含量超过一定的限度就会使酒味不正,并会导致苦涩辣味增大,给酒体带来不良影响,且它们在人体内的氧化速度比乙醇慢,对神经中枢系统有抑制作用,能引起神经系统充血、头痛等症状,因此高级醇含量必须控制在一定的范围之内,一般不得超过 0.15 g/100 mL(以戊醇计)。

据分析,我国白酒中的高级醇有十多种,对白酒品质影响较大的是丙醇、异丙醇、异丁醇、正戊醇、己醇和庚醇,它们构成了白酒中高级醇的主体。酒中高级醇是白酒在固态发酵过程中霉菌、酵母菌、细菌等微生物将原料中的蛋白质水解为氨基酸,氨基酸进一步分解(即在酵母作用下脱氨基酸和脱羟基)而得到的。各种白酒原料由于所含的蛋白质和氨基酸品种和数量各不相同,高级醇产生的途径和方式也不同。高级醇是影响酒香的成分,也就是造成不同品种的酒,甚至同一品种酒,或同一酒厂的各批酒的品质有差异的原因之一。

白酒中还含有一些多元醇类,被认为在白酒中有甜味和助甜的作用(表3-6),几种多元醇的甜味强度顺序是:己六醇>戊五醇>丁四醇>丙三醇>乙二醇>乙醇。多元醇为黏稠体,还可以给酒带来丰满、醇厚、稠和(即绵软)的口味,可以改善酒体。此外白酒中含有2,3-丁二醇,它被认为是影响白酒质量的重要成分,在白酒中起着缓冲、平衡的作用,能使酒产生优良的酒香和绵甜的口味。

甲醇能无限溶于酒精和水中,有刺鼻的气味,比乙醇好上口,但不如乙醇刺激性大,白酒中的甲醇是酿酒原料中含有的果胶质经过水解及发酵而来的,如用纯净的甘蔗发酵则成品中没有甲醇,而用含有果胶质较多的原料或含有果胶质较多的辅料,如用甘薯和甘薯蔓等酿的成品酒中甲醇含量就会较高,用一般原料酿酒也会产生一定量的甲醇。

甲醇具有毒性,对人体的神经系统和视神经中的盲点有毒害作用,因此,在酒的检测中要特别注意甲醇的含量,我国白酒标准规定了甲醇的限量,即以粮谷类为原料酿造的白酒中甲醇含量不得超过 0.6 g/L,以薯类及代用品为原料酿造的白酒中甲醇含量不得高于 2.0 g/L。

表 3-6　白酒中各种醇的沸点及风味特征

醇类	沸点/℃	风味特征
甲醇	64.7	有温和的酒精气味,具有烧灼感,淡薄时柔和有毒性,对人体有害
乙醇	78	酒精香气,稀释带甜,有温和的烧灼感
β-苯乙醇	219.8	似蔷薇、玫瑰香气,持久性强,微带苦涩
乙二醇	197.3	具有醇甜味,次于丙三醇
己六醇	290～295	具有浓厚的甜味,是多元醇中最甜的醇
正丙醇	97.1	同酒精香气但香味比酒精重,似醚味,有风信子香味,微苦
丙三醇(甘油)	290	味甜柔和,有浓厚感
正丁醇	117.4	有刺激气味,香气极淡,稍有茉莉香,主要是杂醇油香,带苦涩味,而不苦,味极淡薄
异丁醇	107	如同丙醇香气,微弱的戊醇气味,带有脂肪香,具苦味感,似葡萄香味
仲丁醇	99.5～100	具有较强的芳香,爽口,味短
叔丁醇	82.4	似酒精香气,有燥辣感
丁四醇(赤藓醇)	329～331	具有浓厚的醇甜感
2,3-丁二醇	179～182	有甜味,可使酒发甜,稍带苦味,具有小甘油之称,有调和后味的作用,同时可增香
正戊醇	137	微具刺激气味,似酒精气味
异戊醇	132	有杂醇油气味,刺舌,稍带苦味,具典型杂醇油气味,酒头香
叔戊醇	101.8	有特殊刺激性气味
戊五醇(阿拉伯醇)	194.6	有浓厚的甜味感
活性戊醇	127～128	有浓厚的杂醇油香
旋光性异戊醇	128	类似杂醇油气味,稍有芳香,味甜
己醇	140	呈汗气味
正己醇	155	强烈的芳香,味持久,有浓厚感
己六醇(甘露醇)	290～295	具有浓厚的醇甜感
酪醇(羟基苯乙醇)	117.7	具有愉快、优雅的香气,也是一种重要的呈香物质,但在酒中含量稍时饮之有苦味,持久性强

续表

醇类	沸点/℃	风味特征
双乙酰(联乙酰)	282.1	有蜂蜜状的浓厚香味,也是奶酪及饼干的重要香气,可增加酒的香气,特别是进口香,有调和诸香的作用。嗅之有馊味,浓时有酸馊气味,黄酒、清酒有腐败气味
醋酚(3-羟丁酮)	148	有刺激性气味,但可增香也有调和味觉的作用
乙硫醇	36.2	极稀时呈现水煮萝卜的气味

二、甲醇

(一)概述

甲醇(CH_3OH)是结构最简单的饱和一元醇,CAS 号为 67-56-1 或 170082-17-4,分子量为 32.04,沸点为 64.7 ℃,因在干馏木材中首次发现,故又称"木醇"或"木精",是无色、有酒精气味、易挥发的液体。甲醇对人体的毒性作用很大,4～10 g 即可引起严重中毒,尤其是甲醇的氧化物甲酸和甲醛,毒性更大,甲酸毒性比甲醇大 6 倍,而甲醛的毒性比甲醇大 30 倍,白酒饮用过多,甲醇在体内有积累作用,不易排出,它在体内的代谢产物是甲酸和甲醛,所以,极少量的甲醇也能引起慢性中毒。

(二)白酒酿造过程中甲醇的生成及控制

1. 甲醇的生成

酿酒原料中含有的果胶质是甲醇生成的基础。特别是块根作物薯类原料,其含果胶质较多。据测定,薯干含果胶质 3.36%,薯蔓中含 5.81%,马铃薯皮中含 4.15%,麸皮中含 1.22%,谷糠中含 1.07%,另外腐败的水果以及野生植物如橡子、土茯苓等原料中果胶质的含量也很高。果胶质为链状结构,链的环基是半乳糖醛酸,在热、酸、碱和酶的作用下,果胶质水解生成作为甲醇主要来源的甲氧基(—OCH_3),还原形成甲醇。

$$(R—COOCH_3)_n + (H_2O)_n \longrightarrow (R—COOH)_n + (CH_3OH)_n$$
$$\text{果胶质} \qquad\qquad\qquad \text{果胶酸} \qquad \text{甲醇}$$

在白酒生产过程中,甲醇的生成途径有四条:

(1)原料蒸煮糊化过程中形成

原料在高温高压蒸煮条件下,果胶质分解生成甲醇。蒸煮持续时间越长,压力、温度越高,生成的甲醇越多。

(2)糖化过程中生成

原料淀粉在糖化过程中,由于糖化剂(曲子)果胶酶系的作用,继续分解果胶质生成甲醇。

(3)发酵过程中生成

发酵剂中果胶酶在发酵过程中,仍然作用,继续生成甲醇。

（4）蒸馏过程中生成

蒸馏过程中,在热和酸的有利条件下,残存的果胶质还可继续分解,前几个工序生成的甲醇也同时被蒸馏出来。

2.甲醇的控制

在白酒生产过程中,降低白酒中甲醇含量的措施有:

①选用含果胶质少的原料酿酒。

②在原料蒸煮过程中,蒸煮压力不宜过高,以减少果胶质的分解;增加放蒸汽的次数和时间,使甲醇等随汽排出,即所谓"低压蒸煮,细汽长排"。

③固态法白酒蒸馏中采取掐头去尾的方法。

三、杂醇油

（一）杂醇油的风味特征及危害

杂醇油是一类高沸点的混合物,是淡黄色至棕褐色的透明液体,是3个碳以上的一元醇类物质的总称,其主要成分是正丙醇、正丁醇、异丁醇、仲丁醇、戊醇、异戊醇、活性戊醇、辛醇、苯乙醇、色醇、酪醇等高级醇。杂醇油在白酒中的含量较高,是最重要的三大芳香组分之一（包括脂肪族酸类、脂肪族酯类、高级醇类）,但是白酒中如果杂醇油含量过高则会对人体有毒害作用,它对人体的毒害和麻醉作用比乙醇强,能使神经系统充血,使人感觉头痛。其毒性随分子量增大而加剧。杂醇油在人体内的氧化速度比乙醇慢,在人体内停留时间更长。杂醇油的主要成分中异戊醇、异丁醇毒性较高,不仅对人体有害,而且还给酒带来邪杂味。它还是白酒苦味或涩味的主要来源之一,同时杂醇油也是降低白酒酒度时出现白色浑浊的原因之一。

白酒中杂醇油含量最大的是异戊醇、异丁醇、正丙醇等,含量最小的是高沸点醇类,如庚醇、环己醇等,下面是几种主要的对人体有危害的杂醇油。

（1）异戊醇

异戊醇通常是杂醇油中含量最多,也是研究得最多的一种成分,一般占杂醇油总量的45%以上,甚至高达65%。当酒中异戊醇含量过高时,可刺激饮用者的眼睛和呼吸道,使人头疼、眩晕、恶心、呕吐、腹泻等,是醉酒上头的主要原因之一。

（2）异丁醇

异丁醇是杂醇油中含量仅次于异戊醇的一种高级醇类。酒中异丁醇过多可产生苦味,对人体的眼、鼻有刺激作用,但毒性较异戊醇小。

（3）正丙醇

正丙醇在酱香型白酒中的含量高于异戊醇和异丁醇,它对人体的生理作用近似乙醇,对黏膜有刺激作用。正丙醇在饮料酒中含量过多呈苦味和乙醚味。

（二）杂醇油的生成

杂醇油主要是在酒精发酵过程中产生的,关于其形成机理,德国化学家伊里氏在20世纪初最早提出了由氨基酸生成高级醇的途径;在其后的50年中,该途径被不断地修改完善;到1935年,哈里斯提出了高级醇由糖代谢通过丙酮酸合成的途径;1958年苏克(Thoukia)提出高级醇亦能由葡萄糖直接形成,即合成代谢途径。至此,杂醇油的生成主要有降解代谢途径和合成代谢途径。其后盖蒙(Guymon)、山田正一等人提出:正丙醇和带分支的醇是由苏氨酸、缬氨酸、亮氨酸和异亮氨酸生成,而 α-丁酮酸是正丙醇形成的中间体。近年来艾拉达(Ayradaa)又提出:高级醇可通过分解代谢途径由氨基酸生成,也可通过合成代谢途径由糖生成,并且证明了两种途径对杂醇油的生成同等重要。

1. 降解代谢途径

降解代谢途径,又名伊里氏代谢途径,在此代谢途径中,杂醇油由氨基酸形成,其代谢过程包括:①氨基酸被转氨为 α-酮酸;②α-酮酸脱羧成醛(失去一个碳原子);③醛还原为醇。以上过程可表示为:

$$R_1CH(NH_2)COOH(氨基酸) + R_2COCOOH(酮酸) \xrightarrow[\substack{\searrow R_2CH(NH_2)COOH}]{转氨酶} R_1COCOOH(酮酸)$$

$$\xrightarrow[\substack{\searrow CO_2}]{酮酸脱羧酶} R_1CHO(醛) \xrightarrow[\substack{NHDH+H^+ \searrow NHD^+}]{脱氢酶} R_1CH_2OH(高级醇)$$

特定的氨基酸可以形成特定的高级醇,如 α-氨基正丁酸生成正丙醇,缬氨酸生成异丁醇,亮氨酸生成异戊醇,异亮氨酸生成活性戊醇,酪氨酸生成酪醇(对羟基苯乙醇),苯丙氨酸生成 β-苯乙醇等。

2. 合成代谢途径

合成代谢途径,即哈里斯路线,由糖类提供生物合成氨基酸的碳骨架,在其合成中间阶段,形成了 α-酮酸中间体,由此脱羧和还原,就可形成相应的高级醇,其代谢过程如下所示:

$$RCH(NH_2)COOH(氨基酸)$$

$$NH_3 \Big\uparrow 转氨酶$$

$$RCOCOOH(酮酸) \xrightarrow[\substack{\searrow CO_2}]{酮酸脱羧酶} RCHO(醛) \xrightarrow[\substack{NHDH+H^+ \searrow NHD^+}]{脱氢酶} RCH_2OH(高级醇)$$

$$\Big\uparrow$$

糖代谢生物合成氨基酸

3. 杂醇油生成途径总述

图 3-2 显示了生成杂醇油的两种途径,并说明了它们之间的联系。表 3-7 中列举了生成几种杂醇油的前体物质和中间体。

表 3-7　几种杂醇油的前体及中间体

杂醇油种类	前体物质	中间体
异戊醇	亮氨酸	α-异己酸
活性戊醇	异亮氨酸	α-酮基-β-甲基戊酸
异丁醇	缬氨酸	α-酮基异戊酸
丙醇	苏氨酸	α-酮基丁酸
酪醇	酪氨酸	3-(4-羟基苯基)-2-酮基丙酸
苯丙醇	苯丙氨酸	3-苯基-2-酮基丙酸

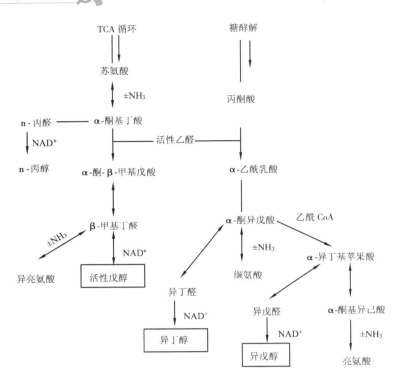

图 3-2　生成杂醇油的两种途径

　　两条途径对杂醇油形成的贡献是不同的,受培养基中可同化氮源的组成和含量的影响。在可同化氮源缺乏时,细胞内会走生化合成途径合成氨基酸,此时会形成高浓度的杂醇油;随着可同化氮源浓度的升高,高水平的氨基酸会反馈抑制氨基酸生化合成途径中酶的活性,从而降低杂醇油在合成途径中的形成量,同时从分解代谢途径形成的杂醇油量增加。因此,杂醇油最终的生成量是两条代谢途径随着培养基中可同化氮源的增加而逐渐平衡的结果。除了以上这种调节模式外,有人认为两条途径对杂醇油形成的贡献量还随杂醇油种类的不同而不同,随着杂醇油的碳原子数的增加,合成途径对其生成量的影响也会逐渐减少。

　　1961 年,格罗沃(Growall)通过计算得出酒类杂醇油中的异戊醇、异丁醇和活性戊醇,来自糖代谢,来自相应的亮氨酸、缬氨酸、异亮氨酸的埃尔利希路线。后来,吉泽淑通过进一步实验得出酵母以氨基酸为基质的降解代谢路径,常发生在发酵物料中氨基酸氮充足时;而酵母以糖为基质的合成代谢路径,常发生在发酵物料中氨基酸氮过低时,这些都伴随着杂醇油的形成。

　　4.杂醇油生产控制

　　通过前人对啤酒、果酒和少量白酒的研究,我们发现影响杂醇油生成的因素很多,主要集中在以下几个方面。

　　(1)酵母菌种的影响

　　不同种类的酵母中,杂醇油的生成量以葡萄酒酵母最高,其次为酒精酵母和啤酒酵母。研究表明,酵母产高级醇的能力与相应的高级醇脱氢酶活力有关,酵母的高级醇脱氢酶(ADH)活力与其高级醇产量成正比关系。因此,在酵母菌种的选择上,应选出产杂醇油适中的生产菌株。但是,在传统固态发酵白酒的生产过程中,应用的不是单一菌种的简单发酵,而是使用专门的曲药进行发酵。大曲中含有大量的微生物,种类很多,单酵母菌目前已知有1 000余种。如果对白酒的研究重点放在单个菌种的针对性研究上,那么过程必将极其复杂,白酒的研究最终也会面临困境。

（2）接种量和酵母增殖倍数的影响

在啤酒和葡萄酒的生产工艺中,接种量指的是酵母的用量,其对应的工艺指标是发酵力的大小,而在白酒的固态发酵过程中,接种量指的是酒母,也就是酒曲的用量,其对应的工艺指标是发酵力、糖化力、蛋白分解力等的大小,同时白酒中乙醇的生成同样也主要是酵母的作用。杂醇油是酵母合成细胞蛋白质的副产物,因此从理论上讲,酵母增殖倍数越大,生成的杂醇油越多。即使在酵母接种量少时,由于酵母增殖倍数高,酵母代谢旺盛,形成的杂醇油也较多。

但关于酵母接种量对杂醇油生成量影响程度的说法不一,在对啤酒的研究中,多数专家认为接种量对杂醇油生成量的影响较小,只有接种量加大一倍时,杂醇油生成量才明显降低。葡萄酒中,马特奥（J. J. Mateo）等认为接种量对高级醇生成量影响较大。对于白酒来说,曲是"酒之骨",白酒中各种风味成分的产生都需要酒母来完成。增加酵母菌的用量只是增强了乙醇生成的能力,即增强了发酵力,如果要增加整体的接种量,即酒母的用量,那么改变的将是整个发酵体系。

酵母的增殖不仅受接种量的影响,同时也受到发酵物料中含氧量的影响。研究中发现,麦汁中含氧量高,则可明显增加啤酒中杂醇油的含量;葡萄汁在半通氧条件下比在无氧条件下产生的杂醇油多。

（3）发酵物料 α-氨基氮含量的影响

杂醇油生成机理显示,酵母代谢过程中当氨基氮的含量高于或过低于相应值时都会有杂醇油的生成。在啤酒的研究中,当控制麦汁 α-氨基氮含量在 160 ~ 180 mg/L 时,可以有效减少杂醇油的生成。同样,在果酒研究中也发现各种主要杂醇油的生成与 α-氨基氮含量密切相关。但是在白酒中,没有就 α-氨基氮含量对杂醇油生成量的关系进行过直接的研究。在啤酒等液态发酵中,α-氨基氮在发酵过程中不会再生成,只会减少。而在传统的固态发酵法白酒中,α-氨基氮是动态存在的,在发酵的同时会生成新的 α-氨基氮。在白酒的发酵过程中,我们检测到的 α-氨基氮含量只是一个时间点的含量,不能代表整个过程,对整个研究没有太大的意义。

（4）发酵温度的影响

杂醇油的形成与发酵温度有关,这一点在啤酒、果酒和液态白酒的研究中都有所证实。通过对啤酒和果酒的研究发现,提高发酵温度会增加杂醇油的含量。而陈海昌等在做液态白酒发酵试验时发现,在试验范围内,高于 30 ℃时,杂醇油含量随发酵温度升高而明显降低。当温度由 35 ℃升到 40 ℃时,杂醇油降低幅度最大,降低率为 53%,30 ~ 35 ℃时降幅次之,降低率为 27%,25 ~ 30 ℃降低幅度最小,降低率为 10%。从试验中还得知发酵温度的变化仅改变杂醇油中异戊醇的形成量,对异丁醇和正丙醇无显著影响。

在传统的固态白酒发酵中,发酵温度是动态变化的,这个变化由酒醅中的微生物控制,

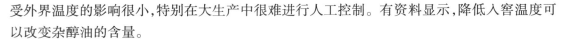

受外界温度的影响很小,特别在大生产中很难进行人工控制。有资料显示,降低入窖温度可以改变杂醇油的含量。

（5）蛋白质含量的影响

有人通过检验445件不同原料的蒸馏白酒发现,不同原料的杂醇油超标率有极其显著的差异,这种差异的产生被认为与原料中蛋白质的含量有关。杂醇油的超标率随蛋白质含量的增加而变大。超标率最高的是玉米,为40.54%;其次是稻谷,为18.75%;排第三位的是高粱,为14.24%。

（6）适量添加酸性蛋白酶降低白酒中杂醇油含量

有研究发现,适量添加酸性蛋白酶能使白酒中杂醇油的含量显著低于对照,而添加酸性蛋白酶过多时又会使杂醇油的含量增加。

（7）各种后处理降低白酒中杂醇油含量

截留:利用白酒中杂醇油各分子直径与白酒中其他主要成分分子直径的不同,通过一定的手段尽可能多地将杂醇油分离。目前主要的方法有:树脂吸附、淀粉吸附、活性炭过滤、分子筛过滤等。

氧化:通过一定的理化手段,如热处理、通风处理等,加速杂醇油中各主要成分的成酸成醋反应,从而降低杂醇油的含量,并且改善白酒的风味。

滤膜装置:一般用于截留分子量为150～1 000 D的物质,而最新型的滤膜最小可截留分子量为60 D的物质。杂醇油的主要成分正丙醇、异丁醇、异戊醇的分子量分别是60,74,88 D,因此可以尝试用不同孔径的滤膜将其分离出来。

纳米对撞技术:利用新兴科技成果纳米对撞机,通过高压泵加压,使物料以高速流进特殊设计的振荡通道中,相向对撞,使被加工物料瞬间粉碎、分散。同时,超高压力的施加及物料高速的对撞,给物料增加巨大能量,加速物质的理化反应,因此可以尝试通过此项技术将杂醇油分子打碎或者加速杂醇油的成酸成酯反应。

高电压脉冲电场:将高电压脉冲电场引入白酒催化老熟中,可以加速氧化反应和酯化反应,提高白酒陈酿速度,改善酒质。

综上所述,白酒中杂醇油含量的控制可以从两个大的方面入手,即从固态白酒的发酵工艺和对白酒的后处理上入手。

（三）不同香型白酒中杂醇油的含量

不同香型白酒中醇类物质的含量见表3-8。

表3-8　不同香型白酒中醇类物质的含量　　　　　　　（单位:mg/L）

香型	甲醇	仲丁醇	正丙醇	异丁醇	正丁醇	异戊醇	正戊醇
浓香型	187.92	29.80	213.27	119.79	85.54	294.18	1.63
酱香型	338.80	57.10	1 009.31	157.97	96.85	353.44	2.14
清香型	225.40	26.87	108.89	58.67	11.39	205.86	/
米香型	169.76	/	144.04	348.41	6.72	279.08	/
芝麻香型	233.24	20.48	232.96	349.35	155.12	599.51	0.63

续表

香型	甲醇	仲丁醇	正丙醇	异丁醇	正丁醇	异戊醇	正戊醇
兼香型	290.02	35.30	572.35	95.24	64.64	238.22	1.38
凤香型	309.36	45.50	526.23	192.99	182.23	436.88	0.49
特香型	111.15	128.66	679.07	110.31	101.51	246.40	1.43
豉香型	132.51	/	84.34	229.20	5.64	207.41	0.90
老白干型	222.48	24.41	289.43	111.40	18.71	277.65	/
药香型	25.36	136.66	161.15	82.95	89.36	165.75	2.43
馥郁香型	233.51	66.25	125.34	374.55	7.68	354.54	/

注:"/"表示未检出。

四、多元醇的生成

多元醇是指羟基数多于 1 个的醇类,是白酒甜味及醇厚感的重要成分。如丙三醇(甘油)、己六醇(甘露醇)、2,3-丁二醇、丁四醇(赤藓醇)、戊五醇(阿拉伯醇)、环己六醇(肌醇)等。其中甘油和甘露醇在白酒中含量较多。

(一)甘油的生成

酵母在产乙醇的同时,还生成部分甘油。酒醅中的蛋白质含量越多,温度及 pH 值越高,甘油的生成量也越多。甘油主要产于发酵后期。某些细菌在有氧条件下也产甘油。

(二)甘露醇的生成

许多霉菌能产甘露醇,故大曲中含量较多。甘露醇在大曲名酒、麸曲酒及小曲酒中都有检出。某些混合型乳酸菌也能利用葡萄糖生成甘露醇,并生成2,3-丁二醇、乳酸及乙酸。

(三)2,3-丁二醇的生成

细菌在好氧条件下,可产生2,3-丁二醇和甘油,途径如下:

(1)由双乙酰生成

首先双乙酰生成醋�⿰酉翁及乙酸,再由醋�⿰酉翁生成2,3-丁二醇。

$$CH_3COCHOHCH_3 + AH_2 \longrightarrow CH_3CHOHCHOHCH_3 + 辅酶 A$$

醋�⿰酉翁　　　　还原型辅酶 A　　　　2,3-丁二醇

(2)由多黏菌及产气杆菌生成

$$C_6H_{12}O_6 \longrightarrow CH_3CHOHCHOHCH_3 + 2CO_2 + H_2$$

葡萄糖　　　　　　2,3-丁二醇

(3)由赛氏杆菌生成

$$C_6H_{12}O_6 \longrightarrow CH_3CHOHCHOHCH_3 + 2CO_2 + H_2$$

葡萄糖　　　　　　2,3-丁二醇

(4)由枯草芽孢杆菌生成

$$3C_6H_{12}O_6 \longrightarrow 2CH_3CHOHCHOHCH_3 + 2CH_2OHCHOHCH_2OH + 4CO_2$$

葡萄糖　　　　　2,3-丁二醇　　　　　　　　甘油

第四节　酯类的生成及对酒体风味特征形成的作用

一、酯类概述

酯类化合物是白酒中最重要的呈香呈味物质,具有芳香性气味,是形成酒体风格典型性的关键物质,在发酵过程中,由汉逊酵母、假丝酵母等微生物经一定的生化反应生成。白酒中酯类化合物以乙酸乙酯、己酸乙酯、乳酸乙酯、丁酸乙酯为主,称为白酒中的四大酯类,此外还含有甲酸乙酯、乙酸异戊酯、异戊酸乙酯、丙酸己酯、戊酸己酯、庚酸乙酯、辛酸乙酯、壬酸乙酯、癸酸乙酯、丁二酸二乙酯、月桂酸乙酯、苯乙酸乙酯、棕榈酸乙酯、油酸乙酯、亚油酸乙酯等。酯类单体香味成分与结构中含碳原子数的多少有关,含 1~2 个碳的酯香气弱,含 3~5 个碳的酯有脂肪气味,含 6~12 个碳的酯香气浓,持续时间长,含 13 个碳以上的酯几乎没有香气。它们在酒体中的含量必须适宜,否则会影响白酒的品质和风格。比如乳酸乙酯在呈香中起着重要作用,但含量过多则和多种成分发生亲和作用使酒体产生涩味;丁酸乙酯有菠萝的水果香味,但浓度高时会带来脂肪气味。

二、酯类的形成

酯类的形成途径有二:一是通过醇与酸的酯化作用生成,但酯化作用在常温条件下极为缓慢,往往需几年时间才能使酯化反应达到平衡,且反应速度随碳原子数的增加而下降;二是由微生物的生化反应生成,这是白酒生产中产酯的主要途径,存在于酒醅中的汉逊酵母、假丝酵母等微生物均有较强的产酯能力。

20 世纪 50 年代初期,皮尔(Peel)等人曾研究汉逊酵母将乙醇和乙酸合成乙酸乙酯的条件。20 世纪 60 年代初,诺德斯特龙(Nordstron)利用啤酒酵母探究酯化机理,发现乙酸需先活化成乙酰辅酶 A,才能与乙醇在酵母细胞内合成乙酸乙酯,否定了酸与醇可直接结合为酯的观点。

$$ROC \sim SCoA + R'OH \longrightarrow RCOOR' + CoASH$$
酰基辅酶　　　醇　　　酯　　　辅酶 A

催化这一反应的酶被称为酯化酶。威尔(Wheele)和罗斯(Rose)确认啤酒酵母的酯化酶存在或靠近于细胞外膜,或存在于液泡,故为胞内酶。他们还分离得到两个呈酯化酶活力的蛋白质,并测定其相对分子质量分别为 67 000 和 130 000。

(一)乙酸乙酯的产生

乙酸乙酯的生成大体分为两步:①由丙酮酸脱羧为乙醛,乙醛再氧化成乙酸,乙酸在转酰基酶的作用下生成乙酰辅酶 A;或由丙酮酸氧化脱羧为乙酰辅酶 A。②乙酰辅酶 A 在酯化酶作用下与乙醇合成乙酸乙酯。

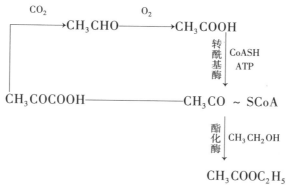

（二）乳酸乙酯的产生

乳酸乙酯的合成,符合一般脂肪酸乙酯的共通途径,即乳酸经转酰基酶活化成乳酰辅酶 A,再在酯化酶作用下与乙醇合成乳酸乙酯。

$$CH_3CHOHCOOH \xrightarrow[\text{转酰基酶}]{\text{CoASH、ATP}} CH_3CHOHCO \sim SCoA \xrightarrow[\text{酯化酶}]{C_2H_5OH} CH_3CHOHCOOC_2H_5$$

（三）丁酸乙酯和己酸乙酯的产生

诺德斯特龙(Nordstrom)在含有丁酸和己酸的麦芽汁培养基中接入啤酒酵母进行发酵后,用气相色谱检测发酵液,发现有丁酸乙酯和己酸乙酯生成。由此,他提出了关于脂肪酸与醇生化酯化为脂肪酸酯的通式:

$$RCOOH + ATP + CoASH \longrightarrow RCO \sim SCoA + AMP + PPi$$
$$RCO \sim SCoA + R'OH \longrightarrow RCOOR' + CoASH$$

这在前面已提到过,据此理论,丁酸乙酯及己酸乙酯的合成可表示为:

$$C_3H_7COOH \xrightarrow[\text{转酰基酶}]{\text{CoASH、ATP}} C_3H_7CO \sim SCoA \xrightarrow[\text{酯化酶}]{C_2H_5OH} C_3H_7COOC_2H_5$$
丁酸乙酯

$$C_5H_{11}COOH \xrightarrow[\text{转酰基酶}]{\text{CoASH、ATP}} C_5H_{11}CO \sim SCoA \xrightarrow[\text{酯化酶}]{C_2H_5OH} C_5H_{11}COOC_2H_5$$
己酸乙酯

另外,克雷布斯(Krebes)还提出了由氨基酸生成酯的途径为:

$$RCH(NH_2)COOH \longrightarrow RCOCOOH \longrightarrow RCHO \longrightarrow RCH_2OH$$
$$\downarrow \qquad\qquad \downarrow \qquad\qquad \downarrow$$
$$RCHOHCOOH \qquad RCHOHCOOR \qquad RCOOH$$
$$\downarrow \qquad\qquad\qquad\qquad\qquad\qquad \downarrow$$
$$RCHOHCOOR \qquad\qquad\qquad\qquad RCOOR$$

三、酯类化合物的感官特征

酯类化合物是指有机酸与有机醇分子间脱水生成的一类化合物。它们的分子通式可表示为 R—COO—R′,白酒中酯类化合物多数是具有果实气味的挥发性化合物,是构成白酒香味的主要成分,其总含量为 200～400 mg/100 mL。表3-9列出了白酒中的主要酯类化合物及其感官特征。

表 3-9　白酒中的主要酯类化合物及其感官特征

名称	分子式	沸点/℃	阈值/(mg·L^{-1})	感官特征
甲酸乙酯	$HCOOC_2H_5$	54	150	似桃样果香气味,味刺激带涩
乙酸乙酯	$CH_3COOC_2H_5$	77	17.00	带苹果气味,味刺激带涩
乙酸异戊酯	$CH_3COO(CH_2)_2CH(CH_3)_2$	116.5	0.23	似梨、苹果样香气,味微甜带涩
丙酸乙酯	$CH_3CH_2COOC_2H_5$	99	>4.00	微带脂肪气味,有果香,味略涩
丁酸乙酯	$CH_3(CH_2)_2COOC_2H_5$	120	0.15	脂肪气味明显,有似菠萝样果香气味,味涩爽口
戊酸乙酯	$CH_3(CH_2)_3COOC_2H_5$	146	—	较明显的脂肪气味,有果香气味,味浓厚刺舌
己酸乙酯	$CH_3(CH_2)_4COOC_2H_5$	167	0.076	有菠萝样果香气味,味甜爽口,味刺激带涩
庚酸乙酯	$CH_3(CH_2)_5COOC_2H_5$	187	0.4	似果香气味,带有脂肪气味
辛酸乙酯	$CH_3(CH_2)_6COOC_2H_5$	206	0.24	水果样气味,带有脂肪气味
葵酸乙酯	$CH_3(CH_2)_8COOC_2H_5$	243	1.10	明显的脂肪气味,微弱的果香气味
月桂酸乙酯	$CH_3(CH_2)_{10}COOC_2H_5$	269	<0.10	明显的脂肪气味,微弱的果香气味,不溶于水,有油味
棕榈酸乙酯	$CH_3(CH_2)_{14}COOC_2H_5$	185.5 (1.33 kPa)	>14	白色结晶,微有油味,脂肪气味不明显
油酸乙酯	$CH_3(CH_2)_7CH=CH(CH_2)_7COOC_2H_5$	205	<0.1	脂肪气味,有油味
乳酸乙酯	$CH_3CHOHCOOC_2H_5$	154.5	14	香气弱,微有脂肪气味,微刺激,味带涩、苦
丁二酸二乙酯	$C_2H_5COOCCH_2CH_2COOC_2H_5$	216	<2.0	微弱的果香气味,味微甜带涩,苦
苯乙酸乙酯	$PhCH_2COOC_2H_5$	213	<1.0	微弱果香气味,带药草气味
异戊酸乙酯	$(CH_3)_2CHCH_2COOC_2H_5$	134	<1.0	苹果样香气,味微甜,带涩

酯类化合物的呈味作用会因为它的呈香作用非常突出和重要而被忽略。实际上,由于酯类化合物在酒体中的绝对浓度与其组分相比高出许多,而且阈值较低,因此其呈味作用也

是相当重要的。在白酒中,酯类化合物在其特定浓度下一般表现为微甜、带涩,并带有一定的刺激感,有些酯类还表现出一定的苦味。例如己酸乙酯在浓香型白酒中的含量一般为150～200 mg/100 mL,它呈现出甜味和一定的刺激感,若其含量降低,则甜味也会随之降低;乳酸乙酯在酒中含量过多,则会使酒体发涩带苦,而且由于乳酸乙酯沸点较高,比其他组分挥发速度慢,因此若其含量超过一定范围,则酒体香气会不突出。再例如油酸乙酯及月桂酸乙酯,它们在酒体中含量甚微,但它们的感觉阈值也较小,它们属高沸点酯,当在白酒中含有一定的量时,它们可以改变体系香味的挥发速度,起到保持、稳定香气的作用,且不呈现出它们原有的气味特征;当它们的含量超过一定的限度时,虽然体系的香气持久了,但它们各自原有的气味特征也表现出来了,使酒体带有明显的脂肪气味和油味,损害了酒体的品质。

四、酯类物质在白酒中的作用

(一)酯与呈香显味作用的关系

酯类多数是具有芳香气味的挥发性化合物,是浓香型白酒香气味的主要成分。酯类的单体香味成分,以其结构式中含碳原子数的多少而呈现出强弱不同的气味,含1～2个碳的香气弱,持续时间短;含3～5个碳的具有脂肪气味,酒中含量不宜过多;含6～12个碳的香气浓,持续时间较长;含13个碳以上的酯类几乎没有香气。

(二)酯与酒质的关系

白酒微量物质中,含量最多、对白酒影响最大的是酯类。一般优质的白酒,酯类含量相对较高,平均在0.2%～0.6%,普通白酒不足0.1%,因此优质白酒比普通白酒香气浓郁。酯类是组成香味的重要物质,是白酒发酵后期酸和醇在酿酒微生物作用下的产物,是一类具有芳香性气味的化合物,多呈现果香。酯类在白酒中主要起呈香作用,可在不同程度上增加酒的香气,是酒体香气浓郁的主要因素。在白酒中,起主要呈香作用的酯类有己酸乙酯、乳酸乙酯和乙酸乙酯,三者之和占总酯含量的85%以上。酯类是白酒质量鉴定中很重要的指标,如浓香型白酒中检测总酯和己酸乙酯,清香型白酒中检测总酯和乙酸乙酯等。酒中己酸乙酯含量及与其他酯类的比值是否协调决定着浓香型白酒的优劣。研究发现,浓香型白酒中,总酯与己酸乙酯之间的比例关系与酒质有一定的关系:己酸乙酯与总酯含量的比值越低,酒质越好;比值越高,酒质越差。

1. 己酸乙酯对酒质的影响

己酸乙酯是构成浓香型白酒主体香的主要物质,起增加主体香的作用,使浓香型白酒具有窖香浓郁、甜绵爽净、余味悠长的典型特点。己酸乙酯的含量需要绝对控制,否则会直接影响浓香型白酒的整体质量,如己酸乙酯与乙酸乙酯的比例在1:(0.6～0.8),与乳酸乙酯的比例在1:(0.5～0.6),与丁酸乙酯的比例不大于1:0.1。己酸乙酯的水溶性较差,在10 ℃以下含量为160 mg/100 mL,能引起低度酒出现浑浊。其他三大酯类并无此现象。

2. 乳酸乙酯对酒质的影响

乳酸乙酯是各种香型白酒香味物质的主要成分,在各香型白酒中的含量相差不大,但均很重要。在浓香型白酒中,乳酸乙酯含量必须低于己酸乙酯,否则会使酒产生涩味,抑制主体香的性能,从而影响酒的风格;在米香型酒中,乳酸乙酯的含量在总酯中占较大比值;在酱香型白酒中,乳酸乙酯的含量又必须高于己酸乙酯,低于乙酸乙酯。乳酸乙酯既能溶于乙醇又能溶于水。因此,它是生产低度酒不可或缺的一种成分,具有助溶的作用,能提高乙酯与水的互溶性,因此可克服水味,增加酒的醇厚感。

3. 乙酸乙酯对酒质的影响

乙酸乙酯是清香型白酒的主体香气成分,其他酯类含量低于乙酸乙酯,乙酸乙酯与乳酸乙酯的绝对含量的比值约为1:0.8,这使清香型白酒具有典型的清香幽雅的特点,但浓度高、香气浓郁时具有刺鼻感。通常人们说陈酒好喝,就是因为酒中少量的乙酸跟乙醇经漫长的反应,生成了乙酸乙酯。

4. 丁酸乙酯对酒质的影响

丁酸乙酯在浓香型、兼香型和董型白酒中较多,含量少时也呈果香味,味涩,爽口,一般体现窖泥香,所以其含量不能过多,否则会呈脂肪气味,影响酒的质量。如在浓香型白酒中其含量为己酸乙酯的1/15～1/10,可使酒香浓郁,酒体丰满,若其含量过低,香味喷不出来,过高则有臭味。

5. 其他酯类对酒质的影响

除乙酸乙酯、乳酸乙酯、己酸乙酯和丁酸乙酯4种主要的呈香物质外,还有其他一些重要的酯类,如戊酸乙酯、乙酸异戊酯和高级脂肪酸乙酯等,它们在呈香的过程中起着烘托的作用,在酒内以不同的强度释放香气,形成白酒的复合香气,衬托主体香韵,形成白酒的独特风格。如戊酸乙酯在酒中含量极低,为3.5～6 mg/100 mL,占总酯比例不高,但其带有陈年老酒的底窖香,味较长,能起到丰满酒体的作用。乙酸异戊酯存在于个别优质酒中,呈果香味,入口刺激较大,单调,缺浓郁感,尾味较长,在白酒中含量很低,在酱香型白酒中的含量仅为0.026 g/L左右,清香型基本不含。高级脂肪酸乙酯是高沸点物质,在酒中起助香和呈味的作用,可增加酒体的丰满感,延长酒的后味,但它不溶于水,只溶于乙醇,因此会因酒的浓度和温度的降低,影响酒的品质和稳定性。

五、不同香型白酒中酯类物质的浓度

各种酯的含量和比例关系是构成各种酒的风格和香型的主要因素。各种香型白酒中总酯含量差别较大,浓香型最高,达600 mg/100 mL,然后依次为清香型、酱香型、其他香型白酒,米香型白酒最低,约120 mg/100 mL。在白酒香味成分中,含量较高的有乙酸乙酯、乳酸乙酯、己酸乙酯、丁酸乙酯等,另外还有含量虽少、但香味较好的乙酸异戊酯、戊酸乙酯等。

酯类在酒中的含量因酒的种类、香型不同而有显著差异。名优白酒含酯量比较高,为200～600 mg/100 mL,一般大曲酒为200～300 mg/100 mL,普通白酒为100 mg/100 mL左右,液态发酵法白酒为30～40 mg/100 mL。

己酸乙酯是浓香型白酒的主体香气成分,其含量在浓香型白酒中一般为200 mg/100 mL以上,居各微量成分之首,占该香型酒总酯含量的40%左右,随着己酸乙酯含量的逐渐下降,浓香型酒的质量逐渐变差。己酸乙酯含量特别高的酒(例如双轮底酒、窖底香酒)可作调味酒,具有浓郁、爽口、回甜、味长等典型特点。其他香型的董酒己酸乙酯的含量虽为54.58%,但其绝对数不如浓香型的高,只有171.5 mg/100 mL;酱香型白酒的己酸乙酯含量较低,占总酯的11%;清香型的更少,低到1%以下,例如汾酒只有0.38%,若己酸乙酯含量高于1%,清香型白酒便有破格之势;米香型己酸乙酯基本上不含有。从以上分析可以看出,己酸乙酯的含量在各香型白酒中差异悬殊,它的多少对香型的区分及风格的形成起着重要的作用,见表3.10。

乙酸乙酯在清香型白酒中含量最高,达305.9 mg/100 mL,占汾酒总酯的53.15%,是清香型酒的特征,以它为主体构成该酒的香型和风格。其次是酱香型、浓香型白酒,这些酒含乙酸乙酯量为100~170 mg/100 mL,占各总酯的20.38%,米香型含乙酸乙酯较低,只有20 mg/100 mL,占总酯的17%,最低为其他香型的董酒,乙酸乙酯为26 mg/100 mL,占总酯的8%。乙酸乙酯在一般白酒中的含量为50 mg/100 mL,液态发酵法白酒只含有30 mg/100 mL左右。

丁酸乙酯在酒中的含量,比在己酸乙酯、乙酸乙酯、乳酸乙酯中都少,在浓香型、酱香型、其他香型白酒中含量为13~27 mg/100 mL,清香型白酒的汾酒、米香型的三花酒,基本上未检出丁酸乙酯。丁酸乙酯的特殊功能,对形成浓香型酒的风味具有重要作用。

戊酸乙酯在酒中含量甚少,在浓香型、酱香型、兼香型白酒中已检出,含量为3.5~6 mg/100 mL,在清香型白酒的汾酒、米香型白酒的三花酒中还未检出;乙酸异戊酯,只有浓香型、酱香型白酒中含有,含量为2.5~4.7 mg/100 mL。在感官品评时,它们具有幽雅的香气,对浓香型酒的"窖香浓郁"有着微妙的作用。庚酸乙酯、辛酸乙酯等酯类只在某些香型酒中存在,它们可以在以己酸乙酯、乳酸乙酯、乙酸乙酯为骨架形成酒体的基础上,起衬托、补充作用,使酒体更加丰满细腻,风格更加突出。

表3-10 不同香型的酯类物质浓度　　　　　　　　　　（单位:%）

酯类	酱香型	浓香型			清香型	米香型	其他香型
	茅台酒	泸州特曲	五粮液	全兴大曲	汾酒	三花酒	董酒
甲酸乙酯	5.52	1.76	1.56	1.01	/	0.84	/
乙酸乙酯	38.26	27.04	20.76	20.71	53.15	17.36	8.27
丁酸乙酯	6.80	2.19	5.05	4.16	/	/	4.84
戊酸乙酯	1.38	0.86	1.10	1.64	/	/	1.24
乙酸异戊酯	0.65	0.74	0.57	/	/	/	/
己酸乙酯	11.04	40.26	40.63	49.11	0.38	/	54.58
庚酸乙酯	0.13	0.67	/	/	/	/	/
辛酸乙酯	0.31	0.33	0.81	1.89	/	/	/
乳酸乙酯	35.89	26.15	29.54	22.49	45.46	82.64	30.59

注:"/"表示未检出。

第五节　羰基化合物的生成及其对酒体风味特征形成的作用

一、羰基化合物概述

醛类化合物及酮类化合物均含有羰基,故统称为羰基化合物。羰基化合物在酒类饮料的风味方面起着重要作用,并已在啤酒、葡萄酒、伏特加、白兰地以及中国白酒中发现。其中有些源于原料,有些是酒精发酵过程中通过一系列化学反应,例如酯类氧化反应、美拉德反应等产生的。通常情况下羰基化合物的阈值都比较低,对酒体风味有重要影响。

白酒中羰基化合物种类较多,主要包括醛类、酮类和缩醛类,对形成白酒的主体香味起着重要的作用,主要经醇氧化、酮酸脱羧、氨基酸脱氨脱羧等反应生成。白酒中羰基化合物主要有乙醛、乙缩醛、1,1-二乙氧基异丁烷、1,1-二乙氧基异戊烷、丙醛、异丁醛、糠醛、丁二酮、己酮、2,3-丁二酮、3-羟基丁酮等化合物。乙醛由乙醇氧化而来,其含量的高低与酒体的燥辣味相关;乙缩醛、1,1-二乙氧基异丁烷、1,1-二乙氧基异戊烷等缩醛类化合物具有果香味,是白酒老熟的重要标志;丙醛、异丁醛、异戊醛含量较少,糠醛有强烈的谷物香气,在酱香型白酒中含量较高。但要严格控制成品酒中总醛的含量,过高不仅影响白酒风味,而且对消费者健康也会造成一定的危害。2,3-丁二酮、3-羟基丁二酮等物质香气柔和,使酒体更加丰满愉悦,对白酒的香气有极大的协调和烘托作用。

二、醛类的生成

以下简述白酒发酵中几种主要羰基化合物的生成机理。

(一)乙醛的形成

乙醛可通过以下4条途径生成。

1. 由葡萄糖酵解生成的丙酮酸脱羧而成

$$C_6H_{12}O_6 \xrightarrow{-2H_2} 2CH_3COCOOH \xrightarrow{-2CO_2} 2CH_3CHO$$

葡萄糖　　　　　丙酮酸　　　　　乙醛

2. 由乙醇氧化而成

$$2C_2H_5OH + O_2 \longrightarrow 2CH_3CHO + H_2O$$

乙醇　　　　　乙醛

3. 由丙氨酸脱氨、氧化而成的丙酮酸脱羧而成

$$CH_3CH(NH_2)COOH \xrightarrow[{[O]}]{-NH_3} CH_3COCOOH \xrightarrow{-CO_2} CH_3CHO$$

丙氨酸　　　　　　　丙酮酸　　　　　乙醛

4. 由氨基酸水解、脱氧、脱羧生成的乙醇氧化而成

$$CH_3CH(NH_2)COOH \xrightarrow[-NH_3,\ -CO_2]{+H_2O} C_2H_5OH \xrightarrow{-2H} CH_3CHO$$

　　　　丙氨酸　　　　　　　　　　乙醇　　　　　乙醛

（二）丙烯醛的形成

丙烯醛又名甘油醛。酒醅中含有甘油,当酒醅或醪感染大量杂菌时,则可生产大量的丙烯醛。其反应途径为:

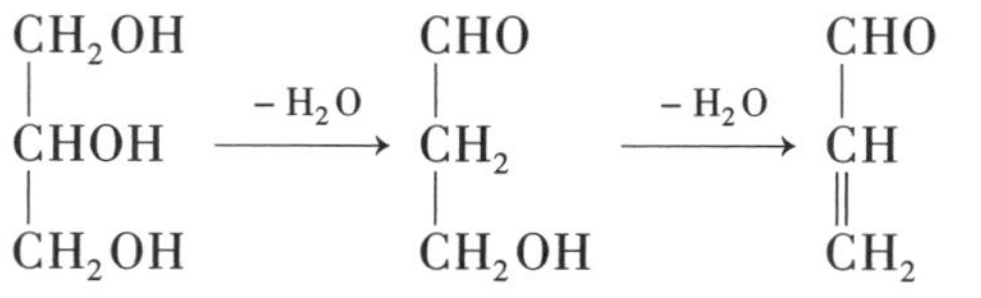

$$
\begin{array}{ccc}
CH_2OH & CHO & CHO \\
| & | & | \\
CHOH \xrightarrow{-H_2O} & CH_2 \xrightarrow{-H_2O} & CH \\
| & | & \| \\
CH_2OH & CH_2OH & CH_2
\end{array}
$$

　　　甘油　　　　　　丙烯醇　　　　　丙烯醛

（三）糠醛、缩醛、高级醛（酮）的形成

1. 糠醛的形成

半纤维素经半纤维素酶分解成的戊糖由微生物发酵生成糠醛。

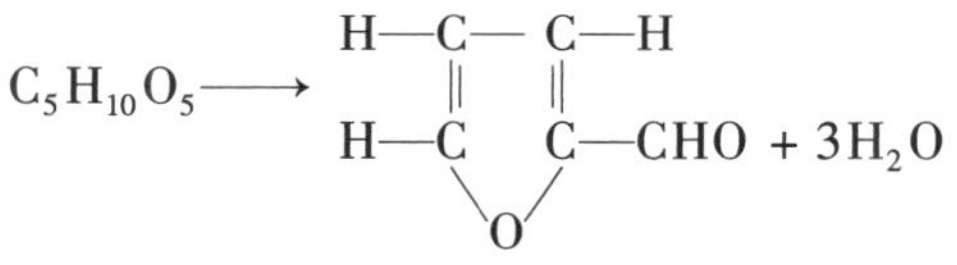

$$C_5H_{10}O_5 \longrightarrow
\begin{array}{c}
H-C \!=\! C-H \\
\| \qquad \quad \| \\
H-C \quad\ C-CHO \\
\diagdown O \diagup
\end{array}
+ 3H_2O$$

　　　戊糖　　　　　　糠醛

白酒中含有糠醛、醇基糠醛(糠醇)及甲基糠醛等呋喃衍生物。糠醛可进一步转化为甲基醛和羟基醛;白酒中可能还存在以呋喃为分子结构基础的更复杂的物质。它们也许均为焦香或酱香的成分之一,但这尚需进一步研究证实后再下较为确切的结论。

2. 缩醛的形成

缩醛由醛与醇缩合而成,反应通式为:

$$RCHO + 2R'OH \longrightarrow RCH(OR')_2 + H_2O$$

　　　　醛　　　醇　　　　缩醛

例如:

$$CH_2CHO + 2C_2H_5OH \longrightarrow CH_3CH(OC_2H_5)_2 + H_2O$$

　　　　乙醛　　　乙醇　　　　乙缩醛

白酒中的缩醛主要为乙缩醛,其含量高者几乎接近于乙醛。

3. 高级醛（酮）的形成

高级醛(酮)是指分子中含3个碳以上的醛(酮)。白酒中的高级醛(酮)由氨基酸分解而成。结合前述有关醇、酸的生成机理,可将由氨基酸分解而生成的产物归纳如下:

$$RCH(NH_2)COOH \xrightarrow[+[O]]{-NH_2} RCOCOOH \xrightarrow{-CO_2} RCHO \xrightarrow{+H_2} RCH_2OH$$

　　L-氨基酸　　　　　　　　α-酮酸　　　　　　　　　　　　　　　　　醇

$$\downarrow [O]$$

　　　　　　　　　　　　　　　　　　　　RCOOH

　　　　　　　　　　　　　　　　　　　　有机酸

4. α-联酮的形成

因 2,3-丁二醇虽是二元醇,但客观存在也具有酮的性质,故通常将双乙酰、醋翁及 2, 3-丁二醇,统称为 α-联酮。2,3-丁二醇的生成机理已经在前面论述过。

（1）双乙酰的生成

双乙酰的生成有如下 3 条途径:

①由乙酰与乙酸缩合而成:

$$CH_3CHO + CH_3COOH \longrightarrow CH_3COCOCH_3 + H_2O$$

　　　　乙酰　　　　　乙酸　　　　　　　双乙酰

②由乙酰辅酶 A 和活性乙醇缩合而成,即酵母的辅酶 A 与乙酸作用形成乙酰辅酶 A,再与活性乙醇作用。

$$CH_3OC \sim SCoA + CH_3CH_2OH \longrightarrow CH_3COCOCH_3 + CoASH$$

　　　乙酰辅酶 A　　　　活性乙醇　　　　双乙酰　　　　　辅酶 A

③由 α-乙酰乳酸的非酶分解而成,α-乙酰乳酸是缬氨酸生物合成的中间产物。

$$丙酮酸 \xrightarrow{TPP} 活性丙酮酸 \longrightarrow 活性乙醛 \xrightarrow{-CO_2} α-乙酰乳酸 \longrightarrow 酮基异戊酸 \longrightarrow 缬氨酸$$

$$\downarrow 非酶水解$$

　　　　　　　　　　　　　　双乙酰

（2）醋翁的生成

醋翁又称 α-羟基丁酮或乙偶姻,即 3-羟基-2-丁酮。其生成途径有 4 条:

①由乙醛缩合而成:

$$2CH_3CHO \longrightarrow CH_3COCHOHCH_3$$

　　　　　乙醛　　　　　　　　　醋翁

②由丙酮酸缩合而成:

$$2CH_3COCOOH \longrightarrow CH_3COCHOHCH_3 + 2CO_2$$

　　　丙酮酸　　　　　　　醋翁　　　　　二氧化碳

③由双乙酰生成,同时生成乙酸:

$$2CH_3COCOCH_3 \longrightarrow CH_3COCHOHCH_3 + CH_3COOH$$

　　　　双乙酰　　　　　　　　醋翁　　　　　　乙酸

④由双乙酰和乙醛经氧化还原生成醋翁:

$$CH_3COCOCH_3 + CH_3CHO + H_2O \longrightarrow CH_3COCHOHCH_3 + CH_3COOH$$

　　双乙酰　　　　　　乙醛　　　　　　　　醋翁　　　　　乙酸

实际上,2,3-丁二醇、双乙酰及醋醚三者之间是可经氧化还原作用而相互转化的。

$$\underset{\text{2,3-丁二醇}}{\overset{\underset{\displaystyle CHOH}{\underset{\displaystyle CHOH}{\overset{\displaystyle CH_3}{|}}}}{\underset{\displaystyle CH_3}{|}}} \underset{\overset{-H_2}{\underset{+H_2}{\rightleftharpoons}}}{} \underset{\text{醋醚}}{\overset{\underset{\displaystyle CHOH}{\underset{\displaystyle CO}{\overset{\displaystyle CH_3}{|}}}}{\underset{\displaystyle CH_3}{|}}} \underset{\overset{-H_2}{\underset{+H_2}{\rightleftharpoons}}}{} \underset{\text{双乙酰}}{\overset{\underset{\displaystyle CO}{\underset{\displaystyle CO}{\overset{\displaystyle CH_3}{|}}}}{\underset{\displaystyle CH_3}{|}}} \overset{\text{酵母还原酶}}{\underset{+2H_2}{\longrightarrow}} \underset{\text{2,3-丁二醇}}{\overset{\underset{\displaystyle CHOH}{\underset{\displaystyle CHOH}{\overset{\displaystyle CH_3}{|}}}}{\underset{\displaystyle CH_3}{|}}}$$

三、羰基化合物在酒体风味特征形成中所起的作用

醛类在曲酒中是重要的风味物质,醛类物质有强烈的香味,脂肪族低级醛有刺激性气味。碳链长度在 8~12 时香味强度达到最高值,以后就急剧下降。醛类物质是名优白酒中不可缺少的香味成分,许多醛具有特殊的香味(表3-11)。由于醛类富有亲和性,易和水结合生成水合物,和醇产生缩醛,形成柔和的香味。醛类在酒中是非常活跃的风味物质,它能引起发酵过程及储存过程中酒的各种化学反应,很多有益的化合物的生成需要醛的参与,醛类具有媒促和助香的作用。但是酒中醛的含量过多会给酒带来辛辣味。由于醛和酮的沸点较相应的醇的沸点低,因此容易挥发掉。

表 3-11　醛酮类物质的风味特征

名称	分子式	风味特征
甲醛	HCHO	刺激性气味较强,有催化作用
乙醛	CH_3CHO	有醛类刺激气味,有陈谷物的气味,唯有醛味似果香味,甜带涩,刺激性的果香辛辣,黄豆腥味,过浓时带有苦杏仁味
糠醛	C_4H_3OCHO	浓时冲辣,极稀薄情况下稍有桂皮油香气,苦涩辣味极为严重,在酒中影响尚不明显,但茅台酒中含量特别高
丙烯醛	$CH_2{=}CHCHO$	有催泪性的刺激,极强的辣味
丙醛	CH_3CH_2CHO	青草味,有窒息感
异丁醛	$(CH_3)_2CHCHO$	香蕉味、甜瓜味,量多时有刺激气味
正丁醛	$CH_3(CH_2)_2CHO$	甜瓜味、绿叶味
异戊醛	$(CH_3)_2CHCH_2CHO$	苹果香,苦麻味似酱油味
戊醛	$CH_3(CH_2)_3CHO$	香蕉味、香草味,量多时有刺激性气味
正己醛	$CH_3(CH_2)_4CHO$	似异戊醛气味,有葡萄酒味,微苦
乙缩醛	$CH_3CH(OC_2H_5)_2$	有羊乳干酪味,柔和爽口,味甜带涩
双乙酰	$CH_3COCOCH_3$	白酒香气,在啤酒中呈馊味
丙酮	CH_3COCH_3	有特殊气味及辛辣味
2-己酮	$CH_3CO(CH_2)_3CH_3$	酮味,羊乳干酪味

续表

名称	分子式	风味特征
缩醛	$$\begin{array}{c} OR' \\ \mid \\ R-C-H \\ \mid \\ OR'' \end{array}$$	在酒中呈味尚不明显
正丙醛	CH_3CH_2CHO	刺激性气味,有窒息感
正庚醛	$CH_3(CH_2)_5CHO$	似水果香
己醛	$CH_3(CH_2)_4CHO$	有浸透性,稍带有葡萄酒及草莓的香气
苯醛	$$\begin{array}{c} O \\ \parallel \\ C_6H_5C-H \end{array}$$	苦扁桃油添加于合成清酒内,可以提高质量
酚醛		有较强的蔷薇香气
辛醛	$CH_3(CH_2)_5CH_2CHO$	青草风味,水果香
壬醛	$CH_3(CH_2)_7CHO$	肥皂味,青草味,水腥气味
2-乙酰基呋喃	$C_6H_6O_2$	杏仁香,甜香,奶油香
5-甲基糠醛	$C_6H_6O_3$	杏仁香,甜香,坚果香
2-乙酰基-5-甲基呋喃	$C_7H_8O_2$	饼干香,烤杏仁香,肥皂味

　　羰基化合物总量在不同香型白酒中含量悬殊,以酱香型的茅台酒含量最高,达431.1 mg/100 mL,其次为浓香型酒,含醛总量为200 mg/100 mL左右,清香型的汾酒为161.2 mg/100 mL,其他香型酒为140～150 mg/100 mL,含醛总量最低者为米香型的三花酒,只有3.8 mg/100 mL。含醛总量的不同是形成白酒香型和风格的重要因素之一。

　　乙醛是醛类在酒中含量较多的品种之一,乙醛有刺激性气味,易挥发,可以和乙醇缩合,形成乙缩醛,从而减少乙醛的刺激感觉。除三花酒外,各名优酒含乙醛的量差距不大,多数在20～55 mg/100 mL,其中以酱香型的茅台酒含量最多,为55 mg/100 mL,依次递减为浓香型、其他香型、清香型,米香型白酒的三花酒含量最少,为3.5 mg/100 mL,这也是米香型白酒与众不同之处。从卫生和人体健康的角度出发,其含量应低于0.002%。

　　乙缩醛的气味芬芳,纯柔净爽,具有特殊清香感,是调节酒体风味和绵软爽洌的重要物质,乙缩醛是羰基化合物在一般曲酒中含量最多的一种,在中国名优白酒中,酒质越好、档次越高,乙缩醛含量就明显增高。在优质酒中,乙缩醛的含量是乙醛含量的3～4倍,其中浓香型的泸州老窖特曲和酱香型白酒的茅台酒含量为最高,分别为122.1 mg/100 mL和121.4 mg/100 mL,占各自总量的57.84%和28.16%,其他各香型白酒的含量多在50～88 mg/100 mL,差距较小。而液态法白酒所含乙缩醛的量在5～30 mg/100 mL,仅占名优酒的10%～30%,是酒质不佳的因素之一。

双乙酰、2,3-丁二醇和醋酚,在名优白酒中起着助香的作用。双乙酰在含量适当的时候,具有蜂蜜一样的香甜滋味,使酒的芳香幽美而绵长,一般在浓香型白酒中比清香型白酒中含量多。2,3-丁二醇具有二元醇的特点,有醇、酮的双重性质。微量的 2,3-丁二醇在酒中与多种芳香成分相互调和,产生优良的酒香和醇厚丰满的酒体,是酒中不可多得的呈味物质。

糠醛的味道并不美好,但在酱香型茅台酒中含量特别高,达 29.4 mg/100 mL,大约为其他名酒中含量的 10 倍,是构成茅台酒焦香的主要成分,也是茅台酒与其他名酒香味不同的原因之一。

不同香型白酒中羰基化合物的含量见表 3-12。

表 3-12　不同香型白酒中羰基化合物的含量　　　　（单位:%）

羰基化合物	酱香型	浓香型		清香型	米香型	其他香型
	茅台酒	泸州特曲特曲曲	五粮液	汾酒	三花酒	西凤酒
甲醛	—	0.05	—	0.06	2.63	0.07
乙醛	12.76	20.84	10.35	8.68	92.11	12.91
乙缩醛	28.16	57.84	34.39	31.88	—	52.70
丙醛	0.44	0.09	1.43	1.74	—	1.12
丙酮	—	—	0.08	0.12	—	0.40
异丁醛	0.26	1.61	0.84	0.19	2.63	0.26
丁二酮	0.58	0.05	1.27	0.50	—	0.26
异戊醛	2.27	1.86	3.96	0.93	2.63	0.79
2-己酮	0.37	0.05	—	—	—	—
糠醛	6.82	0.90	1.39	0.25	—	0.26
双乙酰	7.65	10.66	25.80	11.17	—	14.49
醋醛	40.59	6.06	20.38	44.42	—	16.34
正己醛	—	0.05	0.08	0.06	—	0.40

注:"—"表示未检出。

第六节　芳香族风味物质的生成及风味特征

一、芳香族化合物

芳香族化合物是苯及其衍生物的总称。凡羟基直接连接在苯环上的称为酚,羟基连在侧链上的称为芳香醇。白酒中的芳香族化合物多为酚类化合物。芳香族化合物是各种蒸馏酒的重要香味组分。

世界名酒中都含有较多的芳香族化合物(表3-13),它们主要来源于原料中的单宁、木质素、蛋白质等的分解物参与生成的芳香族化合物,甚至部分芳香族化合物还来自泥炭。如酪醇是酵母将酪氨酸加水脱氨而生成的,其沸点为310 ℃,有愉快的芳香味,但含量高时味微苦;小麦中含有大量的阿魏酸、香草酸和香草醛,在用小麦制曲时,经过微生物作用而生成大量的香草酸及少量的香草醛;酿酒时大曲经过酵母作用后部分香草酸又生成4-乙基愈创木酚。阿魏酸经过酵母及细菌作用后也生成4-乙基愈创木酚和部分香草醛。香草醛经过酵母及细菌作用后也能生成4-乙基愈创木酚,进而增加浓香型白酒的醇厚度和回味;众所周知,高粱中也含有大量的单宁物质,过量的单宁物质会影响酵母及细菌在酿酒过程中新陈代谢的谐调性,但适量的单宁是生成丁香酸、丁香醛、4-乙基愈创木酚等多种芳香族化合物的底物,在一定程度上阐述了"高粱酿酒香"的道理。由此可见,芳香族化合物对浓香型白酒呈香、呈味具有重要作用。

表3-13　白酒中主要芳香族化合物及其风味特征

风味物质	阈值/(μg·L^{-1})	风味描述
苯酚	18 909.34	来苏水气味,似胶水、墨汁
4-甲基苯酚	166.97	窖泥气味,来苏水气味,焦皮气味,动物气味
4-乙基苯酚	617.68	马厩气味,来苏水气味
愈创木酚	13.41	水果香,花香,焦酱香,甜香,青草香
4-甲基愈创木酚	314.56	烟熏风味,酱油香,烟味,熏制食品香
4-乙基愈创木酚	122.74	水果香,甜香,花香,烟熏味,橡胶气味
4-乙烯基愈创木酚	209.30	甜香,花香,水果香,香瓜香
丁子香酚	21.24	丁香,桂皮,哈密瓜香
异丁子香酚	22.54	香草香,水果糖香,香瓜香,哈密瓜香
香兰素	438.52	甜香,奶油香,水果香,花香,蜜香
香兰酸乙酯	3 357.95	水果香,花香,焦香
乙酰基香兰素	5 587.56	哈密瓜香,香蕉香,水果香,葡萄干香,橡木香,甜香,花香
苯甲醛	4 203.10	杏仁香,花香
2-苯-1-丁烯醛	471.77	水果香,花香
苯乙醛	40 927.16	花香,水果香,甜香,酯香
2-苯乙醇	28 922.73	玫瑰花香,月季花香
乙酰苯	255.68	肥皂味,茉莉香
4-(5-甲氧基苯)-2-丁酮	5 566.28	甘草,桂皮,八角,似调味品
苯甲酸乙酯	1 433.65	蜜香,洋槐花香,玫瑰花香

续表

风味物质	阈值/$(\mu g \cdot L^{-1})$	风味描述
2-苯乙酸乙酯	406.83	玫瑰花香,桂花香,洋槐花香,蜜香,花香
3-苯丙酸乙酯	125.21	蜜菠萝香,水果糖香,蜂蜜香,果香,花香
乙酸-2-苯乙酯	908.83	玫瑰花香,花香,橡胶气味,胶皮气味
萘	159.30	樟脑丸味
香草醛	—	具有非常愉快的清香味,而酒中还发出芳香的甜味,稀薄时呈白兰地香气,浓时则为饼干香气,为世界性香料,并因耐热性强,在食品中应用极广
香草酸	—	香气低于香草醛但较柔和,其香型与香草醛相似,但较其浓些
丁香醛	—	呈丁香花之主体香气,纯结晶的丁香醛无香味,但遇有极微量其他物质,特别是酯类物质时既呈浓郁的香气,也呈辣味
丁香酸	—	较丁香醛淡,呈辣味,与其相似
阿魏酸	—	弱辛辣味,具有轻微的香味,可转变成香草醛、香草酸、4-乙基愈创木酚
麦芽酚	—	巧克力的主体香,在白酒中也有发现
香豆醛	—	新稻草的香气
酪醇(羟基苯乙醇)	—	酪氨酸经酵母发酵而生成,它本身就具有愉快的芳香味,也是一种重要的呈味物质,但在酒中含量稍高时,饮之有微苦味

二、芳香族化合物的产生

(一)阿魏酸、香草醛、香草酸、香豆酸的生成

小麦中含有少量的阿魏酸、香草酸及香草醛。在使用小麦制曲时,曲块升温至 60 ℃以上,小麦皮能产生阿魏酸;由于微生物作用,也能生成大量香草酸及少量香草醛。

另外,4-甲基愈创木酚也可氧化为香草醛。

　　　　4-甲基愈创木酚　　　香草醛

1979 年福住俊郎报道,木质素可在微生物产生的酚氧化酶(漆酶)的作用下,变为可溶性成分;再在细胞色素有关的氧化酶类的作用下,进一步生成阿魏酸、香草醛、香草酸、香豆

酸等产物。

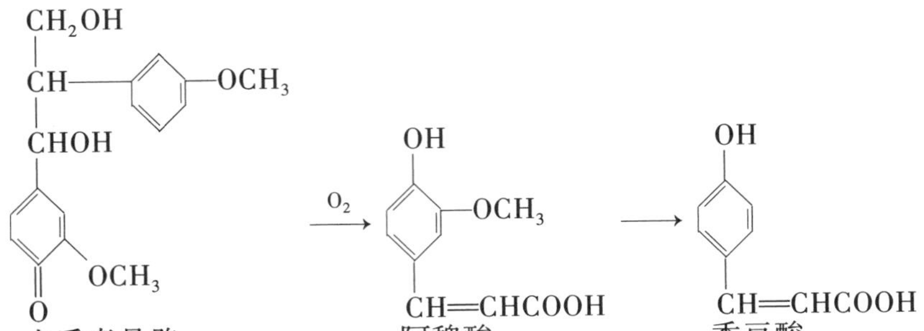

木质素骨骼 → 阿魏酸 → 香豆酸

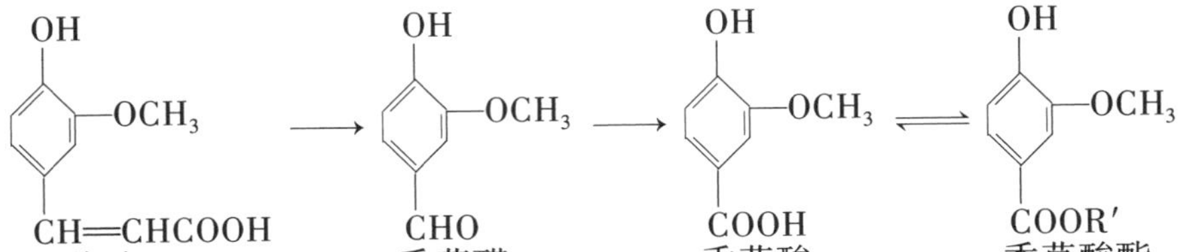

阿魏酸 → 香草醛 → 香草酸 → 香草酸酯

上述反应均可经酵母和细菌发酵进行。

(二)4-乙基愈创木酚、酪醇及丁香系统成分的生成

1.4-乙基愈创木酚

①阿魏酸经酵母菌或细菌发酵生成4-乙基愈创木酚。

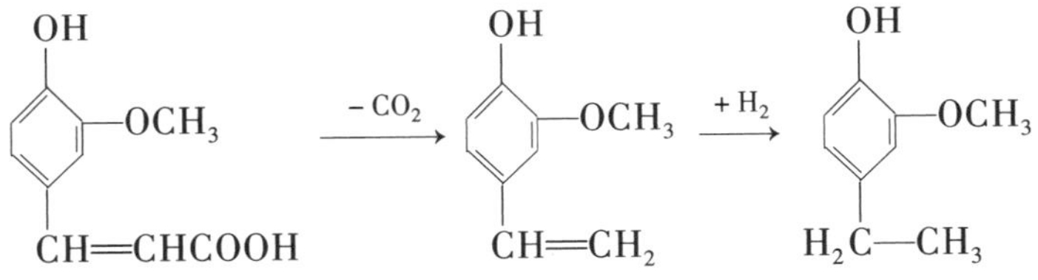

阿魏酸　　　4-乙烯基愈创木酚　　　4-乙基愈创木酚

②香草醛经酵母菌及细菌发酵生成4-乙基愈创木酚。

③大曲经发酵后,部分香草酸生成4-乙基愈创木酚。

2.酪醇的生成

酪醇又名对羟基苯乙醇,可由酪氨酸经酵母菌脱氨、脱羧而成。

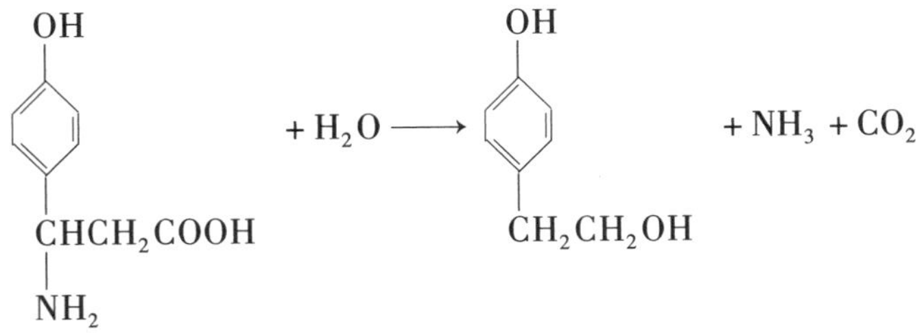

酪氨酸　　　　　　　　　　　酪醇

3.丁香系统成分的生成

据分析,小麦及小麦曲不含丁香系统成分。而高粱中的单宁经酵母菌发酵后生成丁香

醛及丁香酸等芳香族化合物。例如：

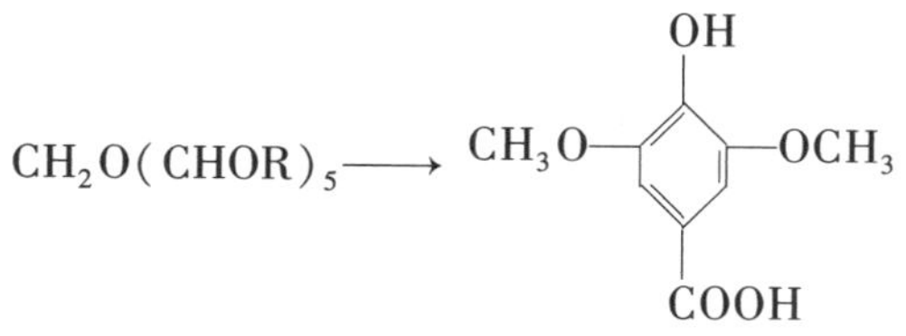

$$CH_2O(CHOR)_5 \longrightarrow$$

（单宁 → 丁香酸 结构式）

单宁 　　　　　　丁香酸

三、芳香族化合物在白酒中的作用

在各类香型白酒中，酚类化合物是白酒中含量最多的芳香族化合物，其量多寡不同。4-乙基愈创木酚、丁香酸、香草醛、阿魏酸、酪醇等，它们在茅台酒中含量较多，起着呈香的作用，也有报道称这类成分是酱香型酒的典型香气成分。这些香气物质的来源是高温曲带来的。其他香型的白酒中含量甚微，主要起助香作用，在成品酒中起烘托主体香的作用，同时使酒味绵长。但这些物质的含量要根据不同香型和流派的风味特征的要求来确定，过多过少都会使酒体典型风格失真。

第七节　含氮风味物质的生成及风味特征

一、含氮风味物质概述

白酒中的含氮化合物有噻唑、噻吩、吡啶、吡嗪及它们的衍生物等，这类化合物是含有1,4-二氮杂苯母环的化合物的总称，具有青椒的香气和焙烤香。含氮化合物大量存在于焙烤食品中，咖啡中含量十分丰富。其中吡嗪类化合物占绝大多数，它们的衍生物广泛存在于天然和发酵食品中，由于它们具有香味阈值低、风味阈值极低、蒸气压低、易挥发且香势强的特点，形成的焦香（芝麻香）是酱香型、芝麻香型白酒的重要香气成分之一，对白酒风味有重要贡献（表3-14）。

表3-14　吡嗪类化合物在46%vol白酒中的风味特征

风味物质	阈值/($\mu g \cdot L^{-1}$)	风味描述
2-甲基吡嗪	121 927.01	烤面包香，烤杏仁香，炒花生香
2,3-二甲基吡嗪	10 823.70	烤面包香，烤馍香，炒玉米香，烤花生香
2,5-二甲基吡嗪	3 201.90	青草香，炒豆香
2,6-二甲基吡嗪	790.79	青椒香
2-乙基吡嗪	21 814.58	芝麻香，炒花生香，炒面香

续表

风味物质	阈值/$(\mu g \cdot L^{-1})$	风味描述
2,3,5-三甲基吡嗪	729.86	青椒香,咖啡香,烤面包香
2,3,5,6-四甲基吡嗪	80 073.16	甜香,水果香,花香,水蜜桃香

二、含氮化合物的生成

含氮化合物的生成途径主要是在烘焙过程中发生的美拉德反应和微生物发酵过程。

(一)美拉德反应中吡嗪类的形成

1. 起始阶段

游离氨基酸与还原糖加热,氨基与羟基缩合生成席夫碱,经环化、重排形成阿玛多利(Amadori)化合物。

2. 中间阶段

Amadori 化合物经不同路线生成各种化合物。

(1)Amadori 化合物在 2,3 位置上烯醇化

Amadori 化合物在 2,3 位置上不可逆转地烯醇化,从 C_1 消去氨基生成甲基二羰基中间体,其进一步的产物有 C-甲基醛类、酮醛类、二羟基化合物和还原酮裂解产物,包括乙醛(CH_3CHO)、丙酮醛(CH_3COCHO)、3-羟基丁酮($CH_3CHOHCOCH_3$)、丁二酮($CH_3COCOCH_3$)等。

(2)Amadori 化合物在 1,2 位置上烯醇化

Amadori 化合物在 1,2 位置上烯醇化,并消去 C_3 上的羟基,加水分解生成 3-脱氧己酮糖,然后脱水生成糠醛类风味成分,如 2-羟甲基-5-醛基呋喃($C_6H_6O_3$)。

(3)Strecker 降解

Amadori 化合物裂解产生 α-羰基和其他共轭二羰基化合物。在 Strecker 降解中,α-氨基酸与 α-二羰基化合物反应失去一分子 CO_2 而生成少一个碳原子的醛[各种不同的特殊醛类统称为 Strecker 醛(R—CHO)]及烯醇胺,而烯醇胺经环化生成吡嗪及其衍生物。

$$\begin{array}{c} \text{C—NH}_2 \\ \parallel \\ \text{C—OH} \end{array} \rightleftharpoons \begin{array}{c} \text{H—C—NH}_2 \\ \parallel \\ \text{C—O} \end{array} \rightarrow \begin{array}{c} \text{(吡嗪环中间体)} \end{array} \xrightarrow{-2H} \begin{array}{c} \text{吡嗪} \end{array}$$

3. 最终阶段

上述中间产物继续发生复杂反应,有羟基与氨基反应、醛基与氨基反应、羰基与氨基反应,最终生成类黑精。其反应的主要特点是羰基与氨基反应,故又称为羰氨反应。在此阶段,除产生类黑精外还产生大量的挥发性含氧、含氮、含硫等杂环化合物,主要包括呋喃酮、吡喃酮、噻吩、噻唑、吡啶、吡嗪等及其衍生物,这类化合物风味自然,安全性高,已为全世界

所公认。

在上述 3 个阶段的反应过程中,蛋白质和肽的降解,产生氨、CO_2、氨基酸、醛、H_2S、苯型化合物。一些氨基酸如半胱氨酸、胱氨酸继续反应生成噻唑及其衍生物,半胱氨酸还生成噻吩,这两种物质是香味的重要组成成分;β-羟基氨基酸,如丝氨酸和苏氨酸是形成吡嗪的特征氨基酸,蛋氨酸是硫甲基丙醛生成的特征氨基酸等。研究发现,香气的形成基于蛋白质、肽的降解而产生的一系列氨基酸,一种氨基酸不会产生香味化合物。在反应过程中,糖会不断失水,发生焦糖化反应,戊糖生成糠醛,己糖生成羟甲基糠醛,进一步产生呋喃衍生物、醇类、脂肪烃等。其中二碳基和三碳基化合物是重要的生成香味物质的前体物质。最终最重要的香味物质为呋喃酮和吡喃酮。阿玛多利化合物在 1,2 位置上烯醇化,消去 C_3 上的羟基,水解生成 2-脱氧己酮糖,然后生成糠醛类物质。而阿玛多利化合物在 2,3 位不可逆烯醇化,从 C_1 上消去氨基,生成甲基二羰基中间体,进一步生成 5-羟基麦芽酚或甲基醛类、二羰基化合物等裂解产物,如二羰基化合物分别与 α-氨基酸反应,失去一分子 CO_2,降解成少一个碳原子的醛类物质和烯醇胺,烯醇胺进一步缩合、脱氢生成吡嗪类衍生物。

（二）美拉德反应主要产物的香味特征

美拉德反应是产生一系列香味物质的重要反应,该反应是一个集缩合、分解、脱羧、脱氨、脱氢等一系列反应的交叉反应,能生成多种酮、醛、醇、呋喃、吡喃、吡啶、噻吩、吡咯、吡嗪等杂环化合物,其种类 500 余种,其中对白酒香和味起重要作用的约 120 种。杂环化合物是近几年来才发展起来的新型香味物质,由于它们的一些优异性能,引起了食品界的高度重视。目前人们已从各种食品中鉴定出上万种杂环香味化合物,2001 年获美国食用香料和萃取物制造协会批准,可安全使用的香味物质为 577 种,其中含氧、硫、氮的杂环化合物 230 种,占 40%,形成了一个很大的系列。

其主要原因有如下几个:

①它们大多数存在于天然香料或天然食品中,本身就是食品香味的微量化学成分。

②大多数杂环化合物有极高的香味强度和极低的味觉阈值。

③香味特征突出,具有强烈的咖啡香、坚果香、焙烤香和蔬菜香。

④呋喃酮、麦芽酚、异麦芽酚、乙基麦芽酚均有明显的助香作用,它们能屏蔽、掩盖不愉快的香和味。其本身具有持久的焦糖味和水果香味,味甚甜,在稀释溶液中呈甜的果香味,可使香气丰满、柔和、清润、谐调、绵长。

⑤含硫化合物如硫醇、硫醚等在浓度高时具有极不愉快的硫味,如将它们稀释至合适浓度就会有葱、蒜、水果、咖啡香味,噻唑、噻吩类化合物呈焙烤香、可可香、咖啡香等。

⑥美拉德反应的产物均易溶于水及乙醇,均属于亲水性物质,对人的感官作用温和持久,刺激性小。

综上所述,我们对酒体中因美拉德反应而产生的各微量成分应十二分地关注,甚至应重新描述和评价。与此反应有关的主要产物的香味特征见表 3-15。

表 3-15　与美拉德反应有关的主要产物及其风味特征

产物	风味特征	产物	风味特征
丙醛	焦糖香	四甲基吡嗪	微焦香
乙醛	似果香	2-甲氧基-3-异丙基吡嗪	豌豆香
丁醛	焦糖香	2,5-二甲基吡嗪	青草香
戊醛	炸土豆香	2-甲氧基-3-甲基吡嗪	爆米花香
异丁醛	面包香	2-甲基-6-丙氧基吡嗪	青菜香
2,3-丁二酮	馊香	呋喃酮类	酱香
3-羟基丁酮	略有酱香	3-甲硫基丙醛	芝麻香
2,3-丁二醇	微馊香	3-甲硫基丙酮	炒香
糠醛	焦香	5-羟基麦芽酚	酱香
乙缩醛	果香	麦芽酚	甜香
苯甲醛	玫瑰花香	异麦芽酚	甜香
3-甲基丁醛	干酪焦香	乙基麦芽酚	甜香
吡嗪	花生香	噻吩酮类	甜香
2,5-二甲基吡嗪	烤香	吡喃类	发酵味
2,6-二甲基吡嗪	烤香	吡啶类	烤香
2-甲基吡嗪	烤香	噻唑类	咖啡香
2,3-甲基吡嗪	烤香	噻吩类	可可香
2,3,5-三甲基吡嗪	窖香	噁唑类	咖啡香

（三）美拉德反应的影响因素

1. 美拉德反应前体物质

（1）还原糖

酿酒原料小麦、高粱、玉米等中的淀粉、纤维素在各类淀粉水解酶、纤维素酶的作用下，生成各类还原糖。在美拉德反应中，还原糖的反应速率顺序为：五碳糖 > 六碳糖，而六碳糖的反应速率顺序则为：半乳糖 > 甘露糖 > 葡萄糖。

（2）氨基酸

酿酒原料中小麦、豌豆、高粱及微生物自溶物等均含有蛋白质。蛋白质在蛋白水解酶的作用下，生成各种氨基酸。在美拉德反应中，氨基酸的反应速率顺序为：羟基氨基酸 > 含硫氨基酸 > 酸性氨基酸 > 碱性氨基酸。

2. 含水量

美拉德反应在低含水量时（15% ~ 20%）极易发生，随着含水量的升高，反应速度逐渐减慢。

3．温度

氧化反应发生的时候，美拉德反应（20～30 ℃）即可发生，温度每上升 10 ℃，反应速率呈 3～5 倍地增加，但物料温度升至 80 ℃后，反应速度受温度及氧气的影响逐步减慢。

4．pH 值

美拉德反应速度及产物受 pH 值影响较大，在酸性、中性、碱性条件下均可发生美拉德反应，pH 值高时反应剧烈，难以控制，pH 值为 5～6 时风味最佳。

综上所述，对于酿酒过程中的美拉德反应，首先应注意原料中的淀粉、纤维素、蛋白质的酶解，应考虑淀粉、蛋白质水解酶的最适温度、pH 值、时间等因素，其次才是美拉德反应的其他各种影响因素。

（四）酿酒生产中的工艺调控

1．大曲生产

（1）原料的选择

选择酿酒原料时，不仅需考虑淀粉的含量及结构，而且需注意蛋白质的含量。大曲生产中一般选用小麦、豌豆等原料，因为这两种原料在谷物中蛋白质含量较高。酱香型白酒用曲量大，小麦蛋白质含量高，芝麻香型白酒提出高氮配料，配入一定量的麸曲，使氮碳比达到 1：（5～5.5），其目的是增加氨基酸的种类及含量。

（2）高温制曲

美拉德反应的速率，随着温度的升高而加快，会产生种类多、含量高的含氮、含氧及含硫等杂环类化合物，必须提高制曲温度至 60～70 ℃。在此高温下，嗜热芽孢杆菌不仅产生活力高的蛋白水解酶，也生成相当含量的 2,3-丁二醇、3-羟基丁酮、2,3-丁二酮及酮醛类风味物质。55～65 ℃是淀粉水解酶、蛋白水解酶最适酶解温度，在此温度下，部分淀粉酶解成单糖，蛋白质酶解成氨基酸，其最终发生褐变反应生成各类酮醛类及杂环类化合物，甚至产生类黑精。中低温曲（50～60 ℃）不及中高温曲香气幽雅、馥郁，断面由灰白至棕褐，其原因是美拉德反应程度不同。

（3）中挺时间

美拉德反应效率与时间成正相关，时间长，则生成产物种类多、含量高，所以温度达到最高温时，要控制维持的时间，如达到最高温而迅速下降，则效果不佳，中挺时间应在 7 d 以上。

（4）大曲贮存

大曲制成后，因水分减少，进行贮存不仅能继续发生羰氨反应，而且有利于低沸点的酮醛类化合物挥发。

2．高温堆积

高温堆积是酿酒过程中不可忽视的一个控制环节。

（1）增加单细胞蛋白

堆积过程中，可大量富集空气中的野生酵母，在糟醅表面形成一层数厘米厚的白色菌体，其中有酿酒酵母、球拟酵母、汉逊酵母、意大利酵母等，这些酵母菌衰亡后，其自溶物是不可多得的动物性蛋白质，使得糟醅中蛋白质含量增加。

（2）加速淀粉、蛋白质酶解

堆积发酵的一般温度高达 45~52 ℃，因加入大曲，大曲中的淀粉水解酶、蛋白水解酶在此温度下将有效发挥作用，增加了美拉德反应前体物质还原糖与氨基酸的含量。

（3）有利于进行美拉德反应起始及中间阶段

高温堆积是美拉德反应起始及中间阶段的最佳控制点，还原糖、氨基酸含量高，反应剧烈，能感觉到醛酮类、羰基类化合物的气味及刺激感。堆积不升温，感觉不到特殊气味，应该说是不理想的。

（4）堆积时间与温度

美拉德反应与温度、时间成正相关，堆积温度高、时间长，则产物种类多、含量高，呈显酱香，次之则显芝麻香味，所以，可根据酒体风格和个性来控制堆积的温度和时间。

（5）堆积过程中微生物发酵

堆积发酵并非厌氧固态发酵，因而有利于乳酸菌、酵母菌、嗜热芽孢杆菌等微生物增殖发酵，它们在发酵过程中代谢 2,3-丁二醇、3-羟基丁酮、2,3-丁二酮、2,3-戊二酮等美拉德反应前体物质，有利于美拉德反应的 Strecker 降解，而形成 Strecker 醛和烯醇胺，而烯醇胺经环化生成吡嗪及其衍生物。所以，堆积发酵过程嗅到馊味，则效果最佳。

3. 发酵与蒸馏

（1）发酵容器中的美拉德反应

酒醅入池后，无论温度、水分、pH 值及前体物质，均具有发生美拉德反应的条件，但处于厌氧条件下，反应受氧的影响小，反应中氧化还原、脱水、脱羰等过程受到抑制，所以，在发酵容器中的美拉德反应是缓慢而温和的。

（2）蒸馏过程中的美拉德反应

蒸馏过程温度高，前体物质丰富，能进一步发生美拉德反应，使风味物质更为丰富。

（3）缓慢高温流酒

缓慢高温流酒有利于美拉德反应的进行，也有利于风味较差的低沸点物质的挥发。而杂环类化合物沸点高，在酸性介质中呈水溶性，所以要提取出来。蒸馏阶段最后应注意利用水蒸气蒸馏的原理。

4. 长期贮存

由于蒸馏出的基酒中有含羰基及氨基类微量成分，它们同样可进行缓慢反应，酒体颜色经较长时间贮存后呈淡黄色。目前，有些企业在较高温度环境下贮存，应该说是可行的。

由此可知，酿酒原料、制曲原料及酿造工艺的不同，微生物的多样性，地区气候的差异性，水土地质的特异性，使得蛋白质、淀粉含量不同，酿酒微生物区系不同，因而产生的氨基酸、还原糖的含量及种类必然有差异，反应的产物、种类和含量则不会完全一致，因此形成了中国白酒的不同香型或同一香型中的不同流派。

第八节　硫化物的生成及对酒体质量的影响

白酒中的挥发性硫化物,如硫化氢、二甲基硫及硫醇等,大多来自胱氨酸、半胱氨酸及蛋氨酸等含硫氨基酸。

(一)硫化氢的生成

除根霉外,细菌、酵母菌、霉菌大多能将半胱氨酸、胱氨酸分解成硫化氢,并生成相应的醛。但蛋氨酸和泛酸对亚硫酸盐还原酶有抑制作用。

另外,当酒醅内含有胱氨酸和半胱氨酸时,它们能在高温蒸馏下与乙醛及乙酸作用,也可生成硫化氢。若接酒温度较低,则硫化氢不易挥发。当冷凝器的锡不纯且含铅量高时,蒸馏过程中铅会与硫化氢生成黑色的硫化铅,沉积于盛酒器的底部。

(二)二甲基硫的生成

二甲基硫由酵母作用于蛋氨酸而生成。

在生产中,白酒酒醅或醪中成分的变化在宏观方面较受重视。例如,观察到酒醅水分不断增加(通常情况下,酒醅的水分增长幅度为 5%～10%)、升酸幅度符合要求,则表明发酵进行正常;若酒醅在不同发酵期的水分含量相差大,淀粉浓度下降快,还原糖含量低,而酒精含量高,则说明发酵彻底,出酒率高。然而,关于发酵过程中某些微量成分形成的研究,尚需深入进行。

(三)硫化物对酒体质量的影响

蒸馏白酒中的硫化氢气味一般被称为新酒味。在我们生产的名优白酒中或多或少地会含有硫化氢的气味,只不过被其他香味物质掩盖而不突出罢了。在名优白酒的生产中产生硫化物的原因:①生产原料和发酵剂中的蛋白质过剩,母糟酸度大,在大量乙醛的作用下,蒸馏时就会产生大量的硫化氢;②生产过程中杂菌感染。操作过程中某环节失控,都将产生大量的硫化物,从而使酒香气变差,影响酒的质量。要想这些物质在酒中得到有效的控制,酿酒企业就得建立健全的质量保证体系,使这些不良气味在生产过程中得到有效控制,从而增加酒的优美感,保证酒体风味特征的完美性。

硫化物在 46% vol 酒精水溶液中的嗅觉阈值及风味描述见表3-16。

表3-16　硫化物在 46% vol 酒精水溶液中的嗅觉阈值及风味描述

硫化物	阈值/($\mu g \cdot L^{-1}$)	风味描述
二甲基二硫	9.13	胶水臭、煮萝卜臭、橡胶臭
二甲基三硫	0.36	醚臭、煤气臭、腐烂蔬菜味,咸萝卜风味等
3-甲硫基-1-丙醇	2 110.41	胶水臭、煮萝卜臭、橡胶臭

◎**复习思考题**

1.试述酸类化合物的风味特征。

2.试述己酸的生成途径。

3.试述醇类化合物的风味特征。

4.试述酪醇生成的机理。

5.试述酯类生成的途径。

6.试述酯类的风味特征。

7.试述 α-联酮的生成及风味特征。

8.试述吡嗪类化合物的生成机理及风味特征。

第四章　不同香型白酒的风味物质

第一节　主要香型白酒的香味成分特征

目前,中国白酒按工艺不同可分为5个老香型:浓香型、酱香型、清香型、米香型、凤香型;五小香型是:以"白云边酒"和"玉泉酒"为代表的浓酱兼香型白酒;以"景芝白干"和"梅兰春"为代表的芝麻香型白酒;以"四特酒"为代表的特型白酒;以广东"玉冰烧""双蒸酒"为代表的豉香型白酒;以"董酒"为代表的药香型白酒。中国白酒各香型之间的关系如图4-1所示。

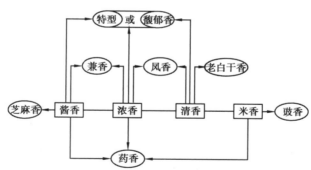

图4-1　中国白酒各香型之间的关系

由图可知,浓、酱、清、米香型是基本香型,它们独立地存在于各种白酒香型之中,好似其他8种香型的母体,也就是说,其他8种香型是在这4种基本香型的基础上,以一种、两种或两种以上的香型,经特殊工艺衍生出来的香型。

①浓酱结合衍生兼香型(酱中带浓、浓中带酱)。

②浓清结合衍生凤香型。

③浓清酱结合衍生特型或馥郁香型。

④以酱香为基础衍生芝麻香型。

⑤以米香为基础衍生豉香型。

⑥以浓酱香为基础衍生药香型。

⑦以清香为基础衍生老白干香型。

下面具体介绍我国主要香型白酒的香味成分特征。

一、酱香型白酒——茅台酒

目前,关于茅台酒的主体香味成分尚未定论,关于茅台酒的主体香味成分主要有以下几种说法。

(一)4-乙基愈创木酚说

1964年茅台试点提出,4-乙基愈创木酚主要是小麦经酵母分解而得,纯品具有某些酱油的特征。经分析,4-乙基愈创木酚为酱香型白酒特有。

(二)吡嗪及加热香气说

20世纪80年代由贵州轻工所提出,在大曲培养和堆积过程中,由于高温产生了大量吡嗪类、酸类挥发性物质,跟形成酱香有关。这些物质的生成有以下7个途径:①氨基酸加热分解;②蛋白质热分解;③糖与蛋白质反应;④糖与氨基酸反应;⑤糖与氨反应;⑥糖裂解物与氨基酸反应;⑦高温多水条件下微生物代谢。这里除四甲基吡嗪有类似酱味外,其他30多种吡嗪类多数是爆玉米花香味,确切地说是一种焦香味。

(三)呋喃类和吡喃类说

该观点由天津化学试剂一厂周良彦同志提出。呋喃类和吡喃类物质总共有23种,其中呋喃酮类7种、酚类4种、吡喃酮类6种、烯酮类5种、丁酮类1种。这些物质带有不同的酱香和焦香,它们的分子结构有共同的特征:含有呈酸性的羟基或羰基;都具有5~6个碳的环状化合物,其环上大多含有氧原子;都具有芳香结构化活性很强的烯醇类或烯酮结构。它们的来源是低糖及多糖的分解物。

(四)十种特征成分说

该观点由辽宁轻工所刘洪晃工程师提出。十种特征成分包括糠醛、苯甲醛、乙二甲基丁醛、含氧化合物(如甲基吡嗪和吡啶同系物)、正丙醇、4-乙基愈创木酚、β-苯乙醇、丁香酸、酪醇、香草醛。刘洪晃工程师认为:酱香酒主体香气可能以芳香族化合物[含苯环和杂环化合物(表4-1)]为主体,与部分脂肪族化合物如醛、酮、醇、酸、酯等一起构成。

表4-1 酱香型白酒主要杂环类化合物   （单位:μg/L）

名称	含量	名称	含量
吡嗪	37	2,6-二乙基吡嗪	247
2-甲基吡嗪	323	3-乙基-2,5-二甲基吡嗪	83
2,5-二甲基吡嗪	143	2-乙基-2,5-二甲基吡嗪	1 402
2,6-二甲基吡嗪	992	四甲基吡嗪	53 020
2,3-二甲基吡嗪	660	2-甲基-3,5-二乙基吡嗪	420
2-乙基-6-甲基吡嗪	796	3-异丁基-2,5-二甲基吡嗪	143
2-乙基-5-甲基吡嗪	27	2-乙基-3-异丁基-6-甲基吡嗪	46

续表

名称	含量	名称	含量
三甲基吡嗪	4 965	3-异戊基-2,5-二甲基吡嗪	151
3-丙基-5-乙基-2,6-二甲基吡嗪	105	3-异丁基吡嗪	80
3-甲基咪唑	375	咪唑	138
吡啶	108	总量	64 261

（五）高沸点酸性物质说

1982 年 5 月 29—30 日,在贵阳召开了"茅台酒主体香成分解剖及制曲酿酒主要微生物与香味关系的研究"的阶段成果鉴定会,会上提出:"茅台酒的主体芳香组分可能是由高沸点的酸性物质和低沸点的酯类物质组成的复合香。"这种说法无疑是对的,但范围太大,这等于是说茅台酒的所有芳香成分都是酱香物质。

酱香型白酒主要香味物质含量见表 4-2。

表 4-2　酱香型白酒主要香味物质含量　　　　　　　　　（单位:mg/L）

酯类化合物		有机酸类化合物		醇类化合物		羰基类化合物	
名称	含量	名称	含量	名称	含量	名称	含量
甲酸乙酯	172.0	乙酸	1 442.0	正丙醇	1 440.0	乙醛	550.0
乙酸乙酯	1 470.0	丙酸	171.0	仲丁醇	141.0	乙缩醛	1 214.0
丙酸乙酯	557.0	丁酸	100.6	异丁醇	178.0	糠醛	294.0
丁酸乙酯	261.0	异丁酸	22.8	正丁醇	113.0	双乙酰	230.0
戊酸乙酯	42.0	戊酸	29.1	异戊醇	460.0	醋酚	405.9
己酸乙酯	424.0	异戊酸	23.4	β-苯乙醇	17.0	苯甲醛	5.6
庚酸乙酯	5.0	己酸	115.2	2,3-丁二醇	151.0	异戊醛	98.0
辛酸乙酯	12.0	异己酸	1.2	正己醇	27.0	异丁醛	11.0
壬酸乙酯	5.7	庚酸	4.7	庚醇	101.0	羰基	2 808.5
癸酸乙酯	3.0	辛酸	3.5	辛醇	56.0		
月桂酸乙酯	0.6	癸酸	0.5	第二戊醇	15		
肉豆口酸乙酯	0.9	肉豆蔻酸	0.7	第三戊醇			
棕榈酸乙酯	27.0	十五酸	0.5	总醇			
乙酸异戊酯	6.0	棕榈酸	19.0				
油酸乙酯	10.5	硬脂酸	0.3				
乳酸乙酯	1 378.0	油酸	5.6				
丁二酸二乙酸	5.4	壬酸	0.3				
苯乙酸乙酯	0.75	乳酸	1 057.0				

续表

酯类化合物		有机酸类化合物		醇类化合物		羰基类化合物	
名称	含量	名称	含量	名称	含量	名称	含量
总酯	4 380.85	亚油酸	10.8				
		月桂酸	3.2				
		苯甲酸	2.0				
		苯乙酸	2.7				
		苯丙酸	0.4				
		总酸	3 016.5				

(六)传统说法

茅台酒的香味成分传统上分成三大类:酱香酒、醇甜酒、窖底香酒,茅台酒的勾兑也基本上按这三大类酒的不同比例进行。茅台酒传统的工艺总结为:茅酒赖华王、制曲黑白黄、碎石泥巴窖、堆积补短长、发酵温度高、贮酒时间长、物多口味细、空杯隔夜香。现代工艺总结为:四高二长。"四高"即高温(65 ℃以上)制曲、高温(90 ℃)润料、高温(50 ℃)堆积、高温(35~40 ℃)流酒;"二长"即发酵周期长,"重阳下沙、端阳扔糟",八轮发酵,每轮一个月;贮酒时间长,最低不少于三年。

二、浓香型白酒

浓香型白酒是现有 12 种香型白酒中市场与生产占比最大的白酒,深受广大消费者的喜爱。

就风味特征来说,浓香型酒中存在 3 个不同的流派。以泸州特曲、五粮液、剑南春、全兴大曲、沱牌曲酒为代表的四川流派,这个流派以窖香浓郁、口味丰满著称,基本上都带"陈味"。以洋河大曲、双沟大曲、古井贡酒、宋河粮液为代表的江淮派,这类酒大多产于江淮一带,他们的特点是己酸乙酯香气突出,而且醇正,口味特别绵甜干净,有人称之为纯浓派。以河套王酒、伊力特酒为代表的北方派介于川派和江淮派之间,其窖香、曲香、粮香比川派差,但窖香比江淮派突出,酒体较丰满、幽雅、爽净,后味余长。

浓香型白酒主要香味成分含量见表4-3,其中最突出的是酯类的量比关系,有四项:①己酸乙酯为主体香,它的最高含量以不超过 250 mg/100 mg 为准,一般的浓香型优质酒均可达到这个指标;②乳酸乙酯与己酸乙酯的比值以小于 1 为好;③丁酸乙酯与己酸乙酯比值以小于 0.1 为好;④乙酸乙酯与己酸乙酯的比值以小于 1 为好。

表4-3　浓香型白酒主要香味成分含量　　　　(单位:mg/L)

酯类化合物		有机酸类化合物		醇类化合物		羰基类化合物		其他类化合物	
名称	含量	名称	含量	名称	含量	名称	含量	名称	含量
甲酸乙酯	14.3	乙酸	646.5	正丙醇	173.0	乙醛	355.0	糠醛	20

续表

酯类化合物		有机酸类化合物		醇类化合物		羰基类化合物		其他类化合物	
名称	含量	名称	含量	名称	含量	名称	含量	名称	含量
乙酸乙酯	1 714.0	丙酸	22.9	仲丁醇	100.3	乙缩醛	481.0	对甲酚	0.015 2
丙酸乙酯	22.5	丁酸	139.4	异丁醇	130.2	异戊醛	54.0	4-乙基愈创木酚	0.005
丁酸乙酯	147.9	异丁酸	5.0	正丁醇	67.8	双乙酰	123.0	2-甲基吡嗪	0.021
戊酸乙酯	152.7	戊酸	28.8	异戊醇	370.5	醋酚	43.0	2,6-二甲基吡嗪	0.376
己酸乙酯	1 849.9	异戊酸	10.4	β-苯乙醇	7.1	丙醛	18.0	2-乙基-6-甲基吡嗪	0.108
庚酸乙酯	44.2	己酸	368.1	2,3-丁二醇	17.9	丙烯醛	0.2	三甲基吡嗪	0.294
辛酸乙酯	2.2	壬酸	0.2	己醇	161.9	正丁醛	5.2	四甲基吡嗪	0.195
壬酸乙酯	1.2	庚酸	10.5	正戊醇	2.1	异丁醛	13.0	总量	21.014
癸酸乙酯	1.3	辛酸	7.2	总醇	1 030.8	丙酮	2.8		
月桂酸乙酯	0.4	癸酸	0.6			丁酮	0.9		
肉豆蔻酸乙酯	0.7	乳酸	369.8			己醛	0.9		
棕榈酸乙酯	39.8	亚油酸	7.3			总量	1 097		
乙酸异戊酯	7.5	棕榈酸	15.2						
油酸乙酯	24.5	油酸	4.7						
乳酸乙酯	1 410.4	苯甲酸	0.2						
丁二酸二乙酸	11.8	苯乙酸	0.5						
苯乙酸乙酯	1.3	总酸	1 637.7						
乙酸丁酯	1.3								
己酸丁酯	7.2								
亚油酸乙酯	19.5								
硬脂酸乙酯	0.6								
总酯	5 475.2								

浓香型酒酿造工艺:泥窖固态发酵、续糟配料、混蒸混烧、千年老窖万年母糟。

1957 年泸州老窖率先进行浓香型生产工艺的查定、总结,此次试点对泸州老窖大曲酒传统工艺进行了系统的整理和分析,通过对车间生产进行观察、记录、讨论、分析和总结,基本上摸清了影响泸型酒(泸州老窖)质量的因素和改进办法,以及各项工艺的关键点与发酵规律,制定了一套技艺精湛的传统操作方法。

三、清香型白酒

1. 香味成分特征

①乙酸乙酯为主体香成分,它的含量占总酯50%以上。

②乙酸乙酯与乳酸乙酯匹配合理,一般为1:0.6左右。

③β-苯乙醇、琥珀酸乙酯,与形成类似玫瑰特有的芳香有关。

④乙缩醛含量占总酯的15.3%,跟爽口感有关,故酒度虽高,但是刺激性小。

⑤酯大于酸很多,一般酸酯比为1:(5.5~5.8)。

清香型白酒主要香味成分含量见表4-4。

表4-4　清香型白酒主要香味成分含量　　(单位:mg/L)

酯类化合物		有机酸类化合物		醇类化合物		羰基类化合物		其他类化合物	
名称	含量	名称	含量	名称	含量	名称	含量	名称	含量
甲酸乙酯	2.7	乙酸	314.5	正丙醇	167.0	乙醛	140.0	糠醛	4.0
乙酸乙酯	2 326.7	丙酸	10.5	仲丁醇	20.0	乙缩醛	244.4	对甲酚	0.03
丙酸乙酯	3.8	丁酸	9.0	异丁醇	132.0	异戊醛	17.0	三甲基吡嗪	0.12
丁酸乙酯	2.1	甲酸	18.0	正乙醇	8.0	双乙酰	8.0	四甲基吡嗪	0.020 8
戊酸乙酯	8.6	戊酸	2.0	异戊醇	303.3	醋酚	10.8	苯酚	0.23
己酸乙酯	7.1	月桂酸	0.16	β-苯乙醇	20.1	异丁醛	2.6	邻甲酚	0.08
庚酸乙酯	4.4	己酸	3.0	2,3-丁二醇	8.0	丁醛	1.0	间甲酚	0.01
辛酸乙酯	13.1	丁二酸	1.1	己醇	7.3	总量	423.8	总量	4.490 8
亚油酸乙酯	19.7	庚酸	6.0	总醇	665.7				
癸酸乙酯	2.8	油酸	0.74						
硬脂酸乙酯	0.6	肉豆蔻酸	0.12						
肉豆蔻酸乙酯	6.2	乳酸	284.5						
棕榈酸乙酯	42.7	亚油酸	0.46						
乙酸异戊酯	7.1	棕榈酸	4.8						
油酸乙酯	10.0	总酸	654.88						
乳酸乙酯	1 090.1								
丁二酸二乙酯	13.1								

续表

酯类化合物		有机酸类化合物		醇类化合物		羰基类化合物		其他类化合物	
名称	含量	名称	含量	名称	含量	名称	含量	名称	含量
苯乙酸乙酯	1.2								
总酯	3 562								

2.工艺概述

传统工艺总结为七诀,现代工艺总结又加上四诀成为十一诀,即人必得其精,水必得其甘,曲必得其时,粮必得其实,器必得其洁,缸必得其湿,火必得其缓,工必得其细,量必得其准,管必得其严,勾贮必得其适。清香型酒工艺有"四要素",即:①三种曲并用(青茬、红心、后火);②地缸发酵;③清蒸清烧,清蒸二次清;④润料堆积、低温发酵、高温摘酒、短期贮存。

四、凤香型白酒

1.香味成分特征

凤香型以乙酸乙酯为主,己酸乙酯为辅的复合香气,乙酸乙酯含量低于清香型酒2.4倍,己酸乙酯为浓香的1/5~1/3,有明显的以异戊醇为代表的醇类香气。异戊醇含量高于清香,是浓香的2倍。乙酸乙酯:己酸乙酯=4:1,醇:酯=0.74:1。本身特征香气成分:酒海溶出物、丙酸羟胺、乙酸羟胺,这类物质使西凤酒固形物含量较高,含有6种酚类、4种吡嗪类化合物。西凤酒主要香味成分含量见表4-5。

表4-5　西凤酒主要香味成分含量　　　　　　　　　　(单位:mg/L)

酯类化合物		醇类化合物		有机酸类化合物		羰基类化合物		其他类化合物	
名称	含量	名称	含量	名称	含量	名称	含量	名称	含量
甲酸乙酯	13.9	正丙醇	214.7	乙酸	432.9	乙醛	356.6	醋酚	13.5
乙酸乙酯	1 177.8	异戊醇	520.1	丙酸	7.5	乙缩醛	424.1	1,1-二氧基异戊烷	3.2
丙酸乙酯	0.44	异丁醇	213.9	丁酸	109.0	异戊醛	1.7	丙酸羟胺	100~200
丁酸乙酯	68.6	辛醇	0.2	异丁酸	9.8	异丁醛	3.9	苯酚	1.35
戊酸乙酯	7.9	正戊醇	28.6	戊酸	8.2	苯甲醛	2.8	邻甲酚	0.14
己酸乙酯	55.4	β-苯乙醇	7.1	异戊酸	8.5	糠醛	3.0	对甲酚	1.79
庚酸乙酯	7.1	2,3-丁二醇	20.8	己酸	90.2	总量	792.1	间甲酚	0.05
辛酸乙酯	7.4	己醇	42.1	壬酸	0.4			4-乙基酚	0.04
壬酸乙酯	0.5	庚醇	0.8	庚酸	7.8			4-乙基苯酚	0.08
癸酸乙酯	2.4	第二戊醇	8.3	辛酸	3.7			6-甲基-2-乙基吡嗪	0.2

续表

酯类化合物		醇类化合物		有机酸类化合物		羰基类化合物		其他类化合物	
名称	含量	名称	含量	名称	含量	名称	含量	名称	含量
月桂酸乙酯	1.2	糠醇	4.3	癸酸	0.5			四甲基吡嗪	1.48
肉豆蔻酸乙酯	2.1	仲丁醇	370.3	乳酸	68.9			总量	21.83(不含羟胺)
棕榈酸乙酯	12.0	总醇	1 431.2	亚油酸	2.3				
己酸异戊酯	0.6			棕榈酸	8.6				
油酸乙酯	9.9			油酸	3.4				
乳酸乙酯	718.1			甲酸	7.3				
丁二酸二乙酯	1.5			丁二酸	0.8				
苯乙酸乙酯	1.4			苯乙酸	0.4				
乙酸丁酯	3.4			总酸	770.2				
己酸丁酯	3.4								
丁酸异戊酯	0.7								
异戊酸异戊酯	4.7								
正戊酸异戊酯	5.4								
己酸戊酯	3.2								
亚油酸乙酯	6.7								
苯甲酸乙酯	1.0								
总酯	2 116.74								

2. 工艺特点

①以大麦、豌豆为原料,中、高温培曲,制曲最高温度 58～60 ℃。

②混蒸混烧、续糟老五甑制酒工艺,入窖温度稍高,发酵期短,一般为 28～30 d(传统的是 12～14 d)。

③泥窖池发酵。一年一度换新泥,控制己酸乙酯含量为 10～50 mg/100 mL。

④采用酒海贮存,成本低,酒耗少,利于老熟。

五、米香型白酒

1. 香味成分特征

①香味主体成分是β-苯乙醇、乙酸乙酯和乳酸乙酯。

②醇含量高于酯含量,其中异戊醇最高达 160 mg/100 mL,高级醇总量 200 mg/100 mL,酯总量约 150 mg/100 mL。

③乳酸乙酯含量高于乙酸乙酯,两者比例为(2～3)∶1,两酯合计占总酯73%以上。

④乳酸含量最高,占总酸90%。

⑤醛含量最低。

米香型白酒主要香味成分含量见表4-6。

表 4-6　米香型白酒主要香味成分含量　　　　　　（单位:mg/L）

酯类化合物		醇类化合物		有机酸类化合物		羰基类化合物	
名称	含量	名称	含量	名称	含量	名称	含量
乙酸乙酯	245.0	正丙醇	197.0	乙酸	215.0	乙醛	35.0
乳酸乙酯	995.0	异戊醇	960.0	乳酸	978.0	乙缩醛	142.0
辛酸乙酯	2.70	异丁醇	462.0	辛酸	0.58	糠醛	0.9
壬酸乙酯	4.1	正丁醇	8.0	庚酸	10.0	总量	177.9
癸酸乙酯	2.4	β-苯乙醇	33.2	丁二酸	1.1		
丁二酸二乙酯	5.8	2,3-丁二醇	49.0	油酸	0.74		
月桂酸乙酯	1.72	总醇	1 709.2	亚油酸	0.46		
棕榈酸乙酯	50.2			月桂酸	0.16		
油酸乙酯	15.1			总酸	1 206.04		
亚油酸乙酯	17.0						
总酯	1 339.02						

2. 工艺概述

大米为原料,小曲为糖化发酵剂,前期固态糖化,后期半固态发酵,釜式间歇蒸馏。

六、豉香型白酒——玉冰烧酒

1. 香味成分特征

①酸、酯含量低。

②高级醇含量高。

③β-苯乙醇含量为白酒之冠。

④含有高沸点的二元酸酯,是该酒的独特成分,如壬二酸二乙酯、辛二酸二乙酯,这些成分来源于浸肉工艺。

玉冰烧酒品酒要点很突出,就是有特别明显的类似油哈喇味,另外酒度低,酒的后味绵长净爽。

2. 工艺特点

这类酒盛产于广东珠江三角洲,历史悠久,独具风格,年出口量达一万吨,为白酒之首。它的工艺概括为:以大米为原料、液态发酵,大曲酒饼为糖化发酵剂,釜式间歇蒸馏。蒸馏得到30.5%的酒(俗称斋酒),经一定时间存放后加入一定量的老陈肥肉浸泡,过滤,勾兑而成。

豉香型白酒主要香味成分含量见表4-7。

表4-7   豉香型白酒主要香味成分含量   (单位:mg/L)

名称	含量	名称	含量	名称	含量
甲酸	4.7	正丙醇	367.4	乳酸乙酯	91.7
乙酸	182.1	异丁醇	292.1	乙醛	27.3
己酸	6.6	异戊醇	658.3	正丁醇	25.8
乳酸	58.4	乙酸乙酯	227.3	β-苯乙醇	71.0

七、药香型白酒——董酒

1. 香味成分特征

董酒的香味成分特征可概括为"四高一低"。"四高":一是丁酸乙酯高,丁酸乙酯、己酸乙酯比是其他名优白酒的3~4倍;二是高级醇含量高,其中主要是正丙醇和仲丁醇含量高;三是酸含量较高,酒中酸类物质主要由乙酸、丁酸、己酸和乳酸组成,总酸量是其他名优白酒的2~3倍;四是萜烯类化合物含量高,董酒中萜烯类化合物总量高达3 400~3 600 μg/L,居中国白酒之首。"一低"是指乳酸乙酯含量低。董酒乳酸乙酯含量在其他名优白酒乳酸乙酯含量的1/2以下。

药香型白酒主要香味成分含量见表4-8。

2. 工艺概述

①国家名酒几乎都采用大曲酿造工艺,唯独董酒大、小曲工艺都采用。

②大曲、小曲加中药材:小曲加90多味、大曲加40多味,董酒的小曲和大曲均采用传统方法生产,共有130余味中药材。

③发酵:酒醅发酵周期短(10 d左右),香醅发酵周期长(8个月),产酒与增香发酵分步进行又相互关联。

④蒸馏采用串蒸工艺:蒸酒时,小曲小窖制酒醅在下,大曲大窖制香醅在上进行一次串蒸。其工艺简称为"两小、两大、双醅串蒸"。董酒是串蒸工艺的鼻祖。

⑤发酵设备:董酒窖池筑法特殊,与其他名优白酒完全不一样,窖泥偏碱性。

⑥贮酒容器:陶坛。

表4-8　药香型酒主要香味成分含量　　　　（单位:mg/L）

组分	含量	组分	含量	组分	含量
正丙醇	1 470.0	丁酸乙酯	280.0	乙酸	1 321.0
仲丁醇	1 328.0	戊酸乙酯	19.0	丙酸	206.0
异丁醇	432.0	己酸乙酯	431.0	丁酸	462.0
正丁醇	348.0	乳酸乙酯	752.0	戊酸	97.0
异戊醇	929.0	乙醛	205.0	己酸	311.0
正戊醇	47.0	乙缩醛	96.0	乳酸	487.0
甲酸乙酯	32.0	双乙酰	4.0		
乙酸乙酯	1 211.0	甲酸	32.0		

八、兼香型白酒

（一）酱中有浓——白云边酒

1. 香味成分特征

白云边酒中庚酸含量高,平均为200 mg/L;庚酸乙酯含量高,多数样品在200 mg/L左右,乙酸异戊酯含量较高;丁酸、异丁酸含量较高。

2. 工艺概述

①以优质高粱为原料,小麦高温大曲为糖化发酵剂。

②采用高温焖料,高比例用曲,高温堆积,三次投料,九轮发酵的工艺。白云边酒的工艺与酱香型白酒基本相同。

③它的白酒窖有两种:人工老窖和半砖半泥窖。

在白云边酒的工艺中,高温堆积是关键操作,堆温严格控制,要求升温平稳,上、中、下温度要衔接。前三轮堆温非常受重视,而且要求温度高一些,时间长一些,这样产的酒酱香更突出。白云边增浓的办法有:①双轮底发酵;②加香泥发酵;③窖底香醅回窖再发酵等。

（二）浓中有酱——玉泉酒

1. 香味成分特征

①具备兼香型的7种特征成分。庚酸乙酯等3种成分的含量与白云边酒接近,2-辛酮等4种成分与白云边酒有差距。在己酸乙酯比等四个方面与浓香型白酒接近,在乙酸乙酯含量等4个方面又与泸州酒不同,所以它不是浓香型酒。

②玉泉酒本身有8个特征:

● 己酸乙酯高出白云边酒一倍。

● 己酸含量大于乙酸含量,白云边酒是乙酸含量大于己酸含量。

● 乳酸、丁二酸、戊酸含量高。

● 正丙醇含量低,为白云边酒的1/2。

● 己醇含量高,达40 mg/100 mL。

- 糠醛含量高,高出白云边酒 30%,高出泸州酒 10 倍,与茅台酒接近。
- β-苯乙醇含量高,高出白云边酒 23%,与茅台酒接近。
- 丁二酸二丁酯含量是白云边酒的 40 倍。

2. 工艺概述

玉泉酒的工艺概括为两步法生产,酱香、浓香分型发酵,半成品酒各定标准,用浓、酱两种基础酒恰到好处地勾兑。

①以优质高粱为原料,小麦制曲为糖化发酵剂,混蒸续糟,发酵 60 d。

②工艺分两步法生产,即采用酱香、浓香分型发酵产酒,半成品酒各定标准,分型贮存,勾调(按比例)而成兼香型白酒。

③酱、浓工艺与传统的酱、浓工艺有很大不同,具体应有:①大曲酱香六轮发酵;②提前加大大曲用量;③水泥窖、泥窖并用;④增加原料中氮的比例;⑤人工方法提高高温曲质量;⑥降低乳酸乙酯含量;⑦提高己酸乙酯含量;⑧相对降低摘酒酒度;⑨采用酱浓香醅串蒸工艺。

浓、酱和兼香白酒中杂环化合物含量对比及香味成分对比分别见表 4-9、表 4-10。

表 4-9　浓、酱和兼香白酒中杂环化合物含量比较　　（单位:μg/L）

组分	类别		
	浓香型白酒	酱香型白酒	兼香型白酒
2-甲基吡嗪	21	323	191
2,5-二甲基吡嗪	143	8	83
2,6-二甲基吡嗪	992	376	792
2,3-二甲基吡嗪	660	11	157
2-乙基-6-甲基吡嗪	796	108	418
2-乙基-5-甲基吡嗪	277	—	—
三甲基吡嗪	4 965	294	729
3-丙基-5-乙基-2,6-二甲基吡嗪	105	—	—
三甲基咪唑	375	—	—
吡啶	180	82	160
2,6-二乙基吡嗪	247	—	88
3-乙基-2,5-二甲基吡嗪	83	8	27
2-乙基-3,5-二甲基吡嗪	1 402	57	27
四甲基吡嗪	53 020	195	482
2-甲基-3,5-二乙基吡嗪	420	23	61
3-异丁基-2,5-二甲基吡嗪	143	45	62
3-异戊基-2,5-二甲基吡嗪	151	—	—
噻唑	138	98	100

表 4-10 浓、酱和兼香白酒香味成分对比 （单位:mg/L）

成分	类别		
	浓香型白酒	酱香型白酒	兼香型白酒
己酸乙酯	2 140	265	913
己酸	470	191	311
己酸酯总量	26.6	3.8	6.9
糠醛	40	260	152
β-苯乙醇	1.9	23	13
苯甲醛	1.0	5.6	3.4
丙酸乙酯	15.4	62.7	46.7
异丁酸乙酯	4.4	18.1	7.2
2,3-丁二醇	7.4	33.9	10.7
正丙醇	214	770	692
异丁醇	114	223	160
异戊醇	11	25	23

九、芝麻香型白酒——景芝白干酒

1. 香味成分特征

①吡嗪化合物含量为 1 100～1 500 mg/L,低于茅台及其他酱香型酒,低于白云边酒,却大大高于汾酒及洋河大曲酒。

②呋喃化合物的含量低于酱香型茅台酒,却高于浓香型白酒。

③己酸乙酯平均含量为 174 mg/L,低于浓香和酱香型白酒,高于清香型白酒。

④β-苯乙醇、苯甲醇及丙酸乙酯含量,低于酱香型白酒,一般认为这三种物质跟酱香浓郁有关。

⑤含有一定量的丁二酸二丁酯,平均含量为 4 mg/L,高于浓香型白酒,也高于酱香型白酒,高于白云边酒却都低于清香型白酒(汾酒含量为 12.8～14.1 mg/L);景芝白干酒乙酸乙酯含量为 1.355 mg/L,略高于浓香型白酒与酱香型白酒。这两点可以说明芝麻香型白酒具备清香型白酒的某些特征。

⑥特征性组分:高度酒的己酸乙酯含量为 0.10～1.20 g/L,3-甲硫基丙醇含量不低于 0.5 mg/L;低度酒的己酸乙酯含量为 0.10～1.00 g/L,3-甲硫基丙醇含量不低于 0.4 mg/L。

景芝白干酒主要香味成分含量见表 4-11。

2. 工艺概述

高粱为主原料,加适量麸皮,混蒸混烧,高温曲、中温曲、强化菌混合使用,高温堆积、砖池偏高温发酵,缓慢蒸馏,长期贮存。

表 4-11   景芝白干酒主要香味成分含量   （单位：μg/L）

醇、酸、酯、醛类化合物		吡嗪类及其他杂环类化合物	
名称	含量	名称	含量
正丙醇	170.7	2-甲基吡嗪	154
仲丁醇	88.0	2,5-二甲基吡嗪	57
异丁醇	194.0	2,6-二甲基吡嗪	341
正丁醇	155.5	2,3-二甲基吡嗪	48
异戊醇	332.0	2-乙基-6-甲基吡嗪	244
乙酸乙酯	1 600.0	2-乙基-5-甲基吡嗪	21
丁酸乙酯	179.0	三甲基吡嗪	217
己酸乙酯	324.0	3-丙基-5-乙基-2,6-二甲基吡嗪	26
乳酸乙酯	572.0	三甲基咪唑	49
乙醛	203.0	吡啶	101
乙缩醛	163.0	2,6-二乙基吡嗪	40
甲酸	11.0	3-乙基-2,5-二甲基吡嗪	31
乙酸	466.0	2-乙基-3,5-二甲基吡嗪	93
丙酸	21.0	四甲基吡嗪	156
丁酸	69.0	2-甲基-3,5-二乙基吡嗪	17
己酸	78.0	3-异丁基-2,5-二甲基吡嗪	12
乳酸	52.0	3-异戊基-2,5-二甲基吡嗪	7
β-苯乙醇	4.6	噻唑	49
丁二酸二丁酯	4.0	2-乙基-3-异丁基-2,5-二甲基吡嗪	33
糠醛	50.0	吡嗪	23

十、特型酒——四特酒

1. 香味成分特征

①富含奇数碳脂肪酸乙酯，包括丙酸乙酯、戊酸乙酯、庚酸乙酯与壬酸乙酯，其总量为各类白酒之冠。

②含有多量的正丙醇，它的含量与丙酸及丙酸乙酯之间有极好的相关性。

③高级脂肪酸乙酯总含量超过其他白酒近1倍，相应的脂肪酸含量也较高。

四特酒主要香味成分含量见表4-12。

表 4-12 四特酒主要香味成分含量

名称	含量/(mg·L⁻¹)		名称	含量/(mg·L⁻¹)
甲酸乙酯	44.5		异己酸	1.2
乙酸乙酯	1 354.6		十五酸	0.2
己酸-2-丁酯	0.1		己酸	133.2
丁酸乙酯	95.3	有机酸化合物	庚酸	54.5
乳酸乙酯	1 118.0		辛酸	12.4
戊酸乙酯	115.6		壬酸	0.2
己酸乙酯	320.2		癸酸	0.8
己酸己酯	0.1		乳酸	369.8
丁二酸二乙酯	3.4		十三酸	0.2
辛酸乙酯	39.5		棕榈油酸	0.4
苯乙酸乙酯	<1.0		棕榈酸	24.6
癸酸乙酯	2.0		亚油酸	8.1
甲酸己酯	1.1		油酸	4.8
己酸-2-甲基丁酯	0.1		苯甲酸	0.3
异丁酸乙酯	3.4		苯乙酸	0.5
丁酸-2-甲基丁酯	1.0		硬脂酸	0.5
异庚酸乙酯	2.5		肉豆蔻酸	2.8
乙酸异丁酯	0.8		总酸	1 637.7
乙酸异戊酯	2.7		乙醛	166.8
己酸丁酯	0.6		乙缩醛	481.0
壬酸乙酯	3.9		异戊醛	55.1
月桂酸乙酯	1.0		2-庚酮	0.3
肉豆蔻酸乙酯	8.7	羰基类化合物	正丙醛	3.5
棕榈酸乙酯	70.9		2-辛酮	0.4
己酸异丁酯	0.7		2-甲基丁醛	14.0
油酸乙酯	18.3		2-戊酮	0.3
硬油酸乙酯	1.8		糠醛	37.6
异己酸乙酯	2.1		苯甲醛	4.3
己酸正戊醇	0.1		壬醛	0.3
乙酸己酯	1.0		总量	763.6
庚酸乙酯	181.0		1,1-二乙氧基乙烷	239.7
丁酸异戊醇	0.2		1,1-二乙氧基-丙基乙烷	0.2
异戊酸乙酯	2.1		1,1-二乙氧基-异戊氧基乙烷	0.3
己酸甲酯	0.1	缩醛类化合物	1,1-二乙氧基异丁烷	1.7
总量	3 521.1		1,1-二乙氧基-2-甲基丁烷	5.3
正丙醇	1 547.0		1,1-二乙氧基异戊烷	24.4
异丁醇	200.8		总量	271.6
正丁醇	47.9		2-甲基吡嗪	46
2-戊醇	4.5		2,5-二甲基吡嗪	59
β-苯乙醇	9.3		2,6-二甲基吡嗪	123
2,3-丁二醇(左旋)	41.0		2,3-二甲基吡嗪	61
异戊醇	430.6		2-乙基-6-甲基吡嗪	86
仲丁醇	100.3		2-乙基-5-甲基吡嗪	3
正戊醇	10.3		三甲基吡嗪	246
正庚醇	1.8		3-异丁吡啶	89
糠醇	7.2		甲醇	124.0
2,3-丁二醇(内消旋)	12.4	含氮杂环类化合物	三甲基咪唑	41
正己醇	12.2		吡啶	198
甲醇	124.0		2,6-二甲基吡嗪	7
2-丁醇	172.4		3-乙基-3,3-二甲基吡嗪	69
2-甲-1-丁醇	95.7		噻唑	121
1,2-丙二醇	2.0		四甲基吡嗪	603
总醇	1 020.8		2-甲基-3,5-二乙基吡嗪	31
乙酸	820.5		3-异丁基-2,5-二甲基吡嗪	15
丙酸	69.1		吡嗪	13
丁酸	73.2		总量	1 803
异丁酸	5.2	含硫化合物	二甲基二硫	161
戊酸	58.3		二甲基三硫	156
异戊酸	6.0		总量	317

2．工艺概述

整粒大米为原料,大曲面麸加酒糟,红赭条石垒酒窖,三型具备犹不靠。大曲配料为面粉45%,麸皮55%,外加鲜酒糟10%(干计)。

十一、馥郁香型白酒——酒鬼酒

1．香味成分特征

酒鬼酒以相对突出的乙酸乙酯含量、己酸乙酯含量及二者近乎平行的量比关系,加上丰富的有机酸、适量的高级醇和较高的乙缩醛构成其风格特征。

我国传统白酒香型比较多,但都是以浓、清、酱香为基础,而馥郁香型白酒集三大香型于一体,使得一个酒体中能体现出三种或三种以上香气,具有诸香馥郁、香味谐调等特点。馥郁香型白酒以"前浓、中清、尾酱"为口味特征,而又可根据不同的要求采取不同的原料、技术,生产侧重点不同的原酒,如酱香突出的、清香突出的、芝麻香突出的,等等。但总体说来,各香味成分平衡谐调,香气优雅,使得馥郁香型白酒具有色清透明、入口绵甜、醇厚丰满、诸香馥郁、香味谐调、回味悠长的风格特点。

酒鬼酒毛细管气相色谱分析结果见表4-13。

2．工艺特征

多粮颗粒原料、粮醅清蒸清烧、小曲培菌糖化、大曲配醅发酵、泥窖提质增香、洞穴贮存陈酿、精心组合勾兑。

表4-13　酒鬼酒毛细管气相色谱分析结果　　　　　(单位:mg/100 mL)

微量成分	1996年第96批	1997年第107批	1998年第27批	1998年第108批	1999年第27批	1999年第28批	2000年第24批	均值
一、醇类								
甲醇	222.5	203.1	230.4	212.4	203.4	189.2	215.7	211.0
正丙醇	268.2	263.4	273.8	271.0	270.2	276.1	476.4	299.9
正丁醇	125.8	124.7	121.6	148.3	104.2	180.5	152.9	136.9
仲丁醇	68.3	66.1	71.9	79.0	65.0	73.2	96.8	74.3
异丁醇	177.5	178.7	176.4	177.3	192.7	175.4	171.3	178.5
正戊醇	12.5	13.6	13.5	14.3	11.7	13.8	13.6	13.3
2-戊醇	5.2	6.0	6.5	5.1	4.0	4.6	6.7	5.4
2-甲基-1-丁醇	75.2	75.1	68.2	72.0	75.8	89.0	71.6	75.3
异戊醇	415.7	403.0	340.7	346.7	355.9	431.7	362.8	379.5
正己醇	36.1	38.6	40.9	48.8	3.4	50.8	56.8	44.1
1,2-丙二醇	未检出	未检出	未检出	未检出	未检出	未检出	77.4	11.1
2,3-丁二醇(左旋)	50.9	51.0	48.4	48.9	42.7	44.6	51.4	48.3
2,2-丁二醇(内消旋)	16.6	17.1	16.9	15.4	12.0	12.4	18.8	15.6

续表

微量成分	1996 年第 96 批	1997 年第 107 批	1998 年第 27 批	1998 年第 108 批	1999 年第 27 批	1999 年第 28 批	2000 年第 24 批	均值
β-苯乙醇	6.6	6.2	6.3	5.2	4.6	5.8	5.1	5.7
糠醇	2.7	2.3	2.9	2.1	2.3	0.9	未检出	1.9
二、酯类								
甲酸乙酯	32.6	23.1	33.9	26.7	25.7	33.9	57.7	33.4
乙酸乙酯	1 181.5	952.1	1 474.3	1 076.6	1 035.3	1 108.0	1 737.6	1 223.6
乙酸异戊酯	3.0	3.3	3.5	4.5	5.3	5.4	5.4	4.3
丁酸乙酯	211.1	210.0	235.0	170.1	163.9	168.2	281.1	205.6
戊酸乙酯	56.8	56.7	63.7	53.4	60.8	53.1	93.3	62.5
己酸乙酯	872.7	897.8	1 213.3	1 031.1	1 038.6	1 066.7	1 391.9	1 073.2
己酸丁酯	2.2	未检出	未检出	2.4	3.5	3.5	1.7	1.9
己酸异戊酯	2.4	2.2	2.4	2.8	3.1	3.0	4.4	2.9
庚酸乙酯	14.5	16.2	15.7	14.9	20.3	19.7	22.6	17.7
辛酸乙酯	8.6	11.2	13.6	13.8	14.4	13.9	18.2	13.4
癸酸乙酯	未检出	2.1	未检出	未检出	未检出	2.4	8.3	1.8
月桂酸乙酯	未检出	未检出	未检出	未检出	未检出	未检出	未检出	0
十四酸乙酯	未检出	未检出	未检出	未检出	未检出	未检出	未检出	0
棕榈酸乙酯	26.3	28.5	37.2	33.6	31.1	28.7	未检出	26.5
硬脂酸乙酯	未检出	未检出	未检出	未检出	未检出	未检出	未检出	0
油酸乙酯	10.0	12.0	14.3	13.1	11.1	9.1	未检出	9.9
亚油酸乙酯	14.6	13.7	17.9	13.9	16.3	10.7	未检出	12.4
乳酸乙酯	642.5	686.0	607.5	585.9	535.1	531.7	718.0	615.2
苯乙酸乙酯	未检出	未检出	未检出	未检出	未检出	未检出	未检出	0
三、有机酸类								
乙酸	936.3	810.5	1 146.9	902.3	709.0	736.2	1 192.2	919.1
丙酸	35.3	36.0	41.5	36.5	35.1	34.8	58.1	39.6
异丁酸	11.0	13.6	14.2	13.3	10.2	9.8	13.1	12.2
丁酸	152.1	166.1	173.6	143.8	117.6	114.4	159.9	146.8
异戊酸	16.2	16.8	20.5	20.2	15.0	12.8	20.9	17.5
戊酸	41.9	41.6	40.2	35.2	36.5	27.2	49.3	38.8
己酸	473.8	546.1	645.1	477.4	421.4	415.3	533.5	501.8

续表

微量成分	1996 年	1997 年	1998 年	1998 年	1999 年	1999 年	2000 年	均值
	第 96 批	第 107 批	第 27 批	第 108 批	第 27 批	第 28 批	第 24 批	
庚酸	7.9	9.2	9.0	7.4	8.4	8.9	9.3	8.6
辛酸	4.4	5.9	7.9	6.4	5.2	5.6	6.3	6.0
四、羰基化合物								
乙醛	267.7	193.6	328.8	248.9	216.7	283.2	615.4	307.8
正丙醛	未检出	未检出	未检出	未检出	未检出	未检出	未检出	0
异丁醛	4.3	4.7	3.1	3.9	4.1	4.7	6.0	4.4
异戊醛	5.8	6.2	未检出	5.6	6.2	5.9	7.3	5.3
苯甲醛	3.4	3.6	3.7	2.9	2.8	2.0	2.4	3.0
糠醛	25.9	31.1	31.8	22.6	25.6	13.2	47.2	28.2
丙酮	未检出	未检出	未检出	未检出	未检出	未检出	未检出	0
2-丙酮	未检出	未检出	未检出	未检出	未检出	未检出	未检出	0
3-羰基-2-丁酮	11.8	19.2	14.9	14.1	10.9	未检出	51.1	17.4
五、缩醛类								
1,1-二乙氧基-2-甲基丁烷	未检出	未检出	未检出	未检出	未检出	未检出	未检出	0
1,1-二乙氧基-3-甲基丁烷	34.7	27.8	32.6	27.3	27.1	26.9	24.4	28.7
乙缩醛	318.7	219.5	382.4	295.3	283.2	345.4	766.4	373
统计								
总酯（四大酯）	2 907.80	2 745.90	3 530.10	2 863.70	2 772.90	2 874.60	4 182.60	3 117.66
己酸乙酯/总酯	0.30	0.33	0.34	0.36	0.37	0.37	0.34	0.34
丁酸乙酯/己酸乙酯	0.24	0.23	0.19	0.16	0.16	0.16	0.20	0.19
乳酸乙酯/己酸乙酯	0.74	0.76	0.50	0.57	0.52	0.50	0.52	0.59
乙酸乙酯/己酸乙酯	1.35	1.06	1.22	1.04	1.00	1.04	1.25	1.14
丁酸乙酯/丁酸	1.39	1.26	1.35	1.18	1.39	1.47	1.76	1.40
乙酸乙酯/乙酸	1.26	1.17	1.29	1.19	1.46	1.51	1.46	1.33
己酸乙酯/己酸	1.84	1.64	1.88	2.16	2.46	2.57	2.61	2.17
乙缩醛/乙醛	1.19	1.13	1.16	1.19	1.31	1.22	1.25	1.21

十二、老白干香型白酒

1.香味成分特征

①老白干香型白酒的主要酯类物质是乳酸乙酯、乙酸乙酯和少量的丁酸乙酯、己酸乙酯,其中乳酸乙酯:乙酸乙酯＝(1.5~2):1,己酸乙酯稍高于清香型白酒而低于凤香型白酒,是老白干香型白酒区别于清香型白酒和凤香型白酒的重要特征。

②老白干香型白酒乙酸含量低于清香型白酒,乳酸、戊酸、己酸高于清香型白酒,这是其又一独特之处。

③高级醇含量高于清香型白酒,特别是异戊醇含量达 45 mg/100 mL 以上,正丙醇含量也高于清香型白酒和凤香型白酒。

④醛酮类化合物高于清香型白酒,乙缩醛含量明显高于清香型白酒。

2.工艺特点

混蒸混烧、续糟、老五甑工艺,短期发酵、出酒率高、贮存期短。

十三、小曲白酒

(一)小曲白酒简介

我国小曲白酒的历史可追溯到汉朝,当时曹操向汉献帝推荐的"九酝春酒法"中就有相关记载。小曲白酒可分为传统法小曲酒及纯种根霉小曲酒两大类,这两大类酒基本上是以清香型和米香型为主,在我国,无论产量和品种都占有很大比例。20 世纪 50 年代,"四川糯高粱小曲操作法"的提出大大提高了出酒率;1963 年,三花酒(小曲)、董酒(大曲小曲并用)被评为国家优质酒和名酒,小曲白酒得到了专家和消费者的双重认可。20 世纪 80 年代贵州轻工所分离的纯种根霉菌用于小曲白酒酿造,开辟了小曲白酒工艺的又一个新天地。20 世纪 90 年代,对玉冰烧酒的总结及豉香型酒的确立,把大曲小曲结合酒的地位又推向了一个新台阶。最新的信息表明,纯种的小曲白酒,可能被列为清香型的一个分支,加以总结和树立。总之,以上情况表明,小曲白酒在我国饮料酒中有一定地位和影响,是我们今后要学习和掌握的一类特殊的酒类。

(二)小曲和小曲酒的生产特点

小曲和小曲酒的生产有以下四个特点:

①小曲具有丰富的糖化酶、酒化酶,有很强的糖化、酒化作用。

②添加中草药是小曲培养的特色。中草药的作用有三:一为抑制杂菌,二为提供营养,三为带来药香。

③先糖化后发酵,用曲量少,出酒率高,可达 80%(淀粉酒率)。

④设备简单,操作方便,适用于中小型酒厂。

(三)小曲白酒的香味成分特征

①乳酸乙酯和乙酸乙酯为主体香气。

②乳酸乙酯含量高于乙酸乙酯含量。

③有的酒带有特殊的香气,如 β-苯乙醇香气、药香等。

④口味比较醇厚，是普遍特色。

小曲白酒主要醇、酯、醛色谱分析结果见表4-14，小曲白酒和某些香型白酒的酸类比较见表4-15，小曲中高沸点成分分析结果见表4-16。

表4-14　小曲白酒主要醇、酯、醛色谱分析结果　（单位：mg/100 mL）

酒名	产地	酒度/%	乙醛	乙缩醛	糠醛	乙酸乙酯	乳酸乙酯	丁酸乙酯	戊酸乙酯	己酸乙酯	甲醇	正丙醇	仲丁醇	异丁醇	正丁醇	异戊醇
永川高粱酒	酒厂	39	15.9	5.54	–	35.8	10.3	1.8	–	1.5	6.5	28.4	8.65	27.1	3.6	71.4
永川高粱酒	酒厂	60	28	27.7	1.49	55.2	15.6	2.4	1.9	+	7.2	32.5	7.92	40.8	3.32	10.13
伍市干酒	资阳酒厂	60	32.7	26.4	5.62	74.1	25.6	1.5	2.8	6.9	7.2	33.1	6.17	55.2	3	137
江津白干	江津酒厂	60	29	22.8	–	59	16.8	1.9	–	+	7.8	35.5	9.61	40.3	3.54	102.5
江津高粱酒	江津酒厂	60	39.2	36.5	–	53.2	8.4	1.2	–	+	7.8	41.2	12.3	51.4	3.57	122.3
泸州高粱酒	泸县酒厂	60	27	22.5	–	27.2	16.6	2.1	–	+	8.2	30.2	12.3	46.8	4.39	1 129.1
富顺高粱酒	富顺酒厂	60	19.5	16.9	–	50.6	40.3	2	–	+	8.4	27.9	7.27	34.9	5.52	101.4
含量范围			20～40	17～36	0～5	27～74	15～40	1.2～2.4	0～3	0～7	6～8	30～40	6～12	35～55	3～5.5	100～130
西凤酒	陕西	60	36.47	33.21	–	70.9	203.5	9.18	–	24.61	9.3	32.25	3.52	11.2	35.75	43.35
三花酒	桂林	56	7.42	5.79	–	25	111	–	–	–	3.4	17.85	–	51.58	0.41	34.22
浏阳河小曲	湖南	57	12.18	6.55	–	45	132.2	–	–	–	2.5	27.5	1.03	40.38	0.61	85.33
汾酒	山西	60	14	51.4	0.4	305.9	261.6	–	–	2.2	17.4	9.5	3.3	11.6	1.1	54.5
昌平二锅头	北京	60	4	16.4	0.3	53.4	25.5	–	–	2	34	45.7	3.4	22.40	2.4	46.3
六曲香	山西	60	56.4	79.5	1.2	172	35.4	2.3	–	–	21.4	24.2	3.5	20.4	8.3	35

表4-15　小曲白酒和某些香型白酒的酸类比较　（单位：mg/100 mL）

酒名	产地	酒度/%	甲酸	乙酸	异丁酸	丙酸	丁酸	异戊酸	戊酸	己酸	庚酸	乳酸	各酸总量	备注
永川高粱酒	酒厂	39	1.08	36.1	++	7.33	6.82	–	2.29	0.78	–	5.29	59.7	

续表

酒名	产地	酒度/%	甲酸	乙酸	异丁酸	丙酸	丁酸	异戊酸	戊酸	己酸	庚酸	乳酸	各酸总量	备注
永川高粱酒	酒厂	60	1.46	42.2	+++	840	10.3	+	4.16	1.35	0.72	6.79	75.3	
伍市干酒	资阳酒厂	60	0.94	34.1	+++	8.99	14.5	++	7.38	2.77	0.59	5.3	74.6	
江津白干	江津酒厂	60	2.01	47.6	++	9.24	12.3	–	3.19	1.02	0.4	2.38	78.2	
江津高粱酒	江津酒厂	60	1.04	42.2	+	7.99	9.09	+	2.28	0.49	–	2.35	66.5	
泸州高粱酒	泸县酒厂	60	0.79	31.2	+	4.28	7.21	+	2.75	0.57	–	2.06	48.5	
富顺高粱酒	富顺酒厂	60	0.57	48.8	++	8.32	13.9	+++	2~7	0.69	–	1.92	76.2	
含量范围			0.8~2	30~50	++	4~9	7~14	+	2.17	0.5~2.8	0~0.7	2~7	48~78	
西凤酒	陕西	60	3.76	57	–	5.5	15	–		9.38	–	23.2	116	凤香
三花酒	桂林	56	1.22	33	1.06		0.32	–	–	0.16		52.6	88.3	米香
浏阳河小曲	湖南	57	1.21	45.4	–	1.15	0.4	–	0.1	–	0.38	62.4	110.9	米香
汾酒	山西	60	1.8	94.5	+	0.6	0.9	+		0.2	–	28.4	126.5	大曲清香
昌平二锅头	北京	60	1	89.3	–	1.3	1.7	–		0.5	–	2.4	76.3	麸曲清香

表 4-16　小曲中高沸点成分分析结果　（单位：mg/100 mL）

酒名	产地	酒度/%	庚醇	2,3-丁二醇	癸酸乙酯	丁二酸二乙酯	苯乙酸乙酯	十二酸乙酯	β-苯乙醇	十四酸乙酯	十六酸乙酯	油酸乙酯	亚油酸乙酯
永川高粱酒	酒厂	39	0.13	2.28	+		++++	+	1.18	0.4	0.11	+	+
	酒厂	60	0.2	3.1	+	0.12	++++	0.15	1.73	0.86	1.64	1.35	1.26
伍市干酒	资阳酒厂	60	0.27	3.48	0.3	0.35	++++	0.22	2.81	0.74	1.63	1.23	0.96
江津白干	江津酒厂	60	0.14	2.73	0.26	0.19	++++	0.12	1.46	0.51	1.42	1.23	1.14
江津高粱酒	江津酒厂	60	0.24	3.26	0.32	0.2	++++	0.2	1.7	0.55	2.2	1.71	1.61
泸州高粱酒	泸县酒厂	60	0.74	3.01	0.32	0.21	++++	0.23	2.12	0.97	1.64	1.47	1.06

续表

酒名	产地	酒度/%	庚醇	2,3-丁二醇	癸酸乙酯	丁二酸二乙酯	苯乙酸乙酯	十二酸乙酯	B-苯乙醇	十四酸乙酯	十六酸乙酯	油酸乙酯	亚油酸乙酯
富顺高粱酒	富顺酒厂	60	0.33	4.23	0.18	0.14	++++	0.14	1.69	0.8	1.75	1.43	1.44
西凤酒	陕西	60	0.37	7.34	+	0.39	++	0.14	0.69	0.64	1.34	1.49	2.04
三花酒	桂林	56	+	1.72	0.21	0.67	+	0.17	2.44	1.09	2.68	1.17	1.23
浏阳河小曲	湖南	57	0.12	2.96	+	0.34	+	0.13	2.56	0.08	0.68	0.65	1.5
汾酒	山西	60	0.18	2.58	0.17	1.52	+	0.14	0.63	0.5	2.43	2.03	2.7
茅台酒	贵州	53	5.46	9.86	+	+	++	0.15	1.65	0.07	3.14	1.26	2.42
五粮液	四川	52	1.67	4.8	+	0.2	+	+	0.19	0.09	3.29	2.08	3.2
泸州特曲	四川	52	0.98	4.12	+	0.43	+	+	0.19	0.09	4.71	2.14	6.07

十四、麸曲白酒

（一）麸曲白酒简介

麸曲白酒是中华人民共和国成立后发展起来的一类新型酒类。20世纪70年代以前,这类酒一直是酒类专家研究、总结、发展的重点酒类之一。那时它的产量已居全国白酒之首。麸曲白酒的发展可分为四个阶段。

第一阶段,20世纪50年代初,烟台白酒操作法的总结和推广,推动了整个白酒酿造技术的进步。当时总结的四句话:"麸曲酒母、合理配料、低温发酵、定温蒸烧",一直指导着麸曲白酒的生产和科研。此后的几十年时间里,对麸曲菌种的研究取得了一个又一个成果。

第二阶段,20世纪60年代,辽宁凌川试点揭开了麸曲优质白酒生产的新篇章。当时对生香酵母的分离、培养及使用达到了较高的水平,当时筛选的某些菌种,至今仍在使用。之后,用麸曲生产优质白酒在全国掀起高潮。麸曲白酒在第二届—第五届全国评酒会上获奖无数,并且从第三届全国评酒会起,麸曲白酒都是单列编组,这就相当于承认了麸曲酒是优质酒中的一个新类别。

第三阶段:进入20世纪80年代,细菌的研究应用成了中国名优白酒酿造工艺研究的一个主题。把细菌分离培养后用于麸曲优质白酒酿造,对提高麸曲白酒的质量水平,起到了很大的推动作用,可以说是个里程碑。在这方面工作成绩突出的是贵州轻工所,他们从高温大曲中分离出的十几种细菌,人工培养后用于麸曲酱香型酒酿造,按此工艺生产的筑春酒、黔春酒在第五届评酒会上获国优酒称号。

第四阶段,进入20世纪90年代,专业化生产阶段,即麸曲酵母被专业化生产的固体糖化酶、固体酵母代替,可以说这是普通麸曲白酒的一次革命。这套工艺简便可行,出酒率高,成本低,便于小型酒厂采用,促进了全国几万个小酒厂的大发展,以后一直稳步发展、提高。现已形成全国众多生产厂家,成立了老白干酒专业协作组。

这类酒的特点是:菌种简单、工艺特殊、产量高、质量稳、售价低、有广大的消费市场,是值得树立、培养的中国白酒的又一新香型。

（二）麸曲白酒的香味成分特征

无论哪种香型的麸曲白酒，与其同类的大曲酒相比，都有以下特点：

①口味淡薄，香味成分相对少。

②后味短、高沸点的香味成分相对少。

③口味粗糙，缺乏细腻、绵柔感。

④香气比较单一。

⑤普通麸曲白酒，口味发闷，欠净爽，主要是乳酸乙酯偏高造成的。

⑥固体糖化酶酵母生产的白酒，酸酯较低，与酒精勾兑的新型白酒相接近。

第二节　中国白酒风味来源及其与酒质的关系

一、白酒风味物质的来源

（一）来源于粮食的香味成分

白酒生产必然用粮，我国五粮型白酒酿造用粮主要有高粱、大米、玉米、小麦、糯米5种。这5种粮食的主要成分是淀粉、蛋白质、脂肪、维生素等。以大米为例，生大米的香气和蒸熟了的米饭的香气不同，原因何在？原因就在于构成生大米和熟米饭的香气成分不同。近年来的分析结果显示，大米香气成分已检出70多种。进一步比较，新鲜大米和存放一段时间或较长时间大米的香气不同；碎米和整米香气不同；米糠和大米香气不同；夹生饭和煮熟了的饭香气不同；产地不同、品种不同等，大米的香气也不相同。必须指出：酿酒用的粮食的某些香气成分必然要进入白酒之中。粮食的某些香气成分对白酒的香气做出了某种程度的贡献，或者影响了白酒的香气。浓香型传统酿酒工艺是混蒸续糟发酵（将高粱粉拌入母糟中混匀，同时蒸酒蒸粮），一定会把粮食本身的一些香味成分带入酒中。生粮香味是白酒酿制生产中需严格消除的气味，因为它给酒带来的是不好的影响。解决这一问题的措施之一是蒸粮要好。并非粮食的所有香气成分都一定会进入酒中，或者是一成不变地被带至酒中。粮食从入窖发酵到成品出厂，经历了复杂的过程，变化很大，香气成分不可能原封不动，也不可能完全被破坏，虽然其浓度被大大稀释了，但总有一些香气成分被保留下来，带入产品之中。粮食的香气成分或多或少地进入白酒中，就增加了白酒成分的复杂性。酿酒的主要用粮高粱以及其他粮食的情况大体上都是如此。例如，当年的气候条件使高粱成熟不够等，如相应生产工艺条件不变的话，产品就可能有其他香气；又如，使用霉变的玉米作酿酒用粮，将使产品带有较为明显的非正常霉味。

（二）来源于酒曲的曲香味成分

大曲是有香气的。人工鉴别大曲的质量，除了肉眼观察外，还可以用鼻子仔细闻大曲的香气。这主要依靠人的实践经验来判断。各个酒厂制曲用粮食、菌种(与环境相关)、工艺、设备设施等千差万别,大曲的香气成分也各不相同,但有一点是取得共识的:大曲的香气成分对最终产品的香气做出贡献,即通常所说的,酒有曲香味。泸州老窖酒厂的麦曲中有曲霉、根霉、毛霉、梨头霉、白地霉、红曲霉、酵母等共计65种之多,另外还分离出了乳酸菌、醋酸菌、微球菌、芽孢杆菌、非芽孢杆菌等。这些微生物除了分泌各种各样的酶以催化窖内的多种反应外,还直接产生许多芳香性物质。这些芳香性物质对酒的香气成分必然有所贡献。

(三)糟香成分

酿酒中最常用的辅料是稻壳或丢糟。稻壳是一种多孔隙物质,在窖池发酵过程中充当微生物的有效载体,或者说是微生物生长、发育的固定床,起控制空气量的作用。稻壳对窖池的正常发酵有很重要的作用。各个厂家在制定生产操作规程时,对粮食与稻壳的比例等有严格的规定。稻壳要做专门处理——清蒸稻壳。为保证蒸透稻壳,各个厂家还对清蒸稻壳的时间作了明确规定。稻壳蒸得好不好,对酒香的影响很大,蒸得不好,酒会出现糠味(一种气味的称呼),但糠味绝不能简单地解释为稻壳含较多的多缩戊糖从而产生较多的糠醛所致。国外对稻壳的香气成分已作过比较研究,与粮食香气成分一样,稻壳香气成分同样会或多或少地进入白酒之中。

粮食在窖池内发酵是一个极为复杂的过程,根本原因在于固态发酵是异常复杂的体系,进行了异常复杂的多种反应。

糟醅成分异常复杂,包含粮食原料和辅料中的各种物质,配糟中的各种代谢产物及相关成分,大曲内的各种呈味成分、微生物、酶类等。除此之外,糟醅还有异常复杂的反应体系,还存在着非厌氧微生物、好氧性微生物、野生酵母复杂的代谢活动,以及酶化学反应、生物化学反应、多种多样的有机化学反应等。总之,糟醅就像一个大杂烩,而且这个大杂烩还不是凝固着的,它每时每刻都在不停地变化。像这样复杂的体系、复杂的反应、复杂的过程,不可能不生成复杂的物质。糟醅中的原料、辅料与发酵微生物的代谢产物构成了糟香的物质基础。换言之,从某个角度可以认为,糟香就是白酒中来自糟醅的自然发酵感,这一点对固态白酒来说应是必须具备的特点。

由前述可知,发酵"结束"后的糟醅是一个极为复杂的混合物。为了从中获取白酒,下一个工艺过程就是蒸(馏)酒。蒸酒就是使高度复杂的体系变为另一个相对简单的复杂体系的过程。通过蒸馏把糟醅中的固液相分离,馏出的(液相)是酒,甑中余下的(固相)主要是糟。

白酒中没有不挥发的物质,只是相对蒸气压有大有小,酒糟中的各种复杂成分,由于蒸气压和其他物理化学性质不同,或多或少地与水和乙醇一道被蒸馏出来,成为酒的骨架成分和微量成分。正是由于酒糟中发酵产物的高度复杂性及物理性质上的差异,蒸出的各个馏分(分级接酒)的微量成分和组成情况才不相同。另外,蒸酒操作上的差异也会导致酒的微量成分不同。人们常说,刚蒸出的酒有"糟香",说明蒸出的酒中不可避免地含有固体糟中的一些微量成分。

(四)窖香成分

酒厂里的窖池可以看作一个大的容器,它既是微生物的生长地,又是各种物质的化学反应器。窖池的窖壁和窖底以泥为基础,窖泥微生物在窖泥中固定繁殖,窖池的窖泥表层与里层微生物形成一个梯度分布,表层微生物多于里层微生物,而且厌氧芽孢菌、兼性菌分布都不相同,因此,越老的窖池窖泥越好,生产的优质酒越多。窖池的上、中、下部微生物分布也有区别。特别是甲烷菌、乙酸菌、丁酸菌、丙酸菌、厌氧细菌、混合酸发酵菌、酵母菌、乳酸菌等复杂的微生物体系,它们在生长过程中有上千种酶进行着上千种生物化学反应,所以,其代谢产物异常复杂且非常微量。窖池中糟醅与窖泥接触的部分,即窖壁、窖底的糟醅蒸出的酒质量优于其余部分的酒,其原因就是微量成分种类多、含量高。

老窖池发酵蒸出的酒优于新窖池发酵蒸出的酒,优点主要是窖香浓郁、突出,而且己酸乙酯含量高,与其他的酯比例协调。虽然己酸乙酯是浓香型酒的主体香,但己酸乙酯不等于窖香,单独的己酸乙酯只是一种酯香,而不是窖香。但窖香也不是窖泥的味道,老窖泥有一定的香味,多了则是一种窖泥味或窖泥臭,新窖泥则完全是一种泥臭。因此,在发酵的过程中,糟醅应尽可能地与窖泥接触,蒸酒时又要尽量避免带入窖泥和窖皮泥,以免酒中带窖泥味或泥腥味。

窖香是窖泥微生物产生的复杂的代谢产物,经蒸馏、浓缩带入浓香型酒中,是特殊的呈香呈味物质的综合表现,色谱骨架成分中的酸、酯、醇、醛等是其主要物质基础,主体香己酸乙酯更是不可缺少,但除色谱能测定的骨架成分之外,还有些复杂的微量成分仍是构成窖香的必不可少的重要物质,这些物质协同作用而产生窖香。

（五）浓香型曲酒的“陈味”

“陈味”是我国浓香型曲酒的常用术语(在多数场合下是专用术语),它不是指白酒的口味和味感,而是针对曲酒所持的一种特有香气而言的。素有“名酒之乡”美誉的四川,曾对“陈味”展开讨论,初步提出了组成“陈味”的相关微量成分。从工艺上看,“陈味”的来源与生产工艺的多种因素有关。从质量上看,适当的“陈味”可使香气细腻、酒体丰满,这是浓香型大曲酒的特点之一。但是,制曲温度不宜过高,贮存时间不宜过长,“陈味”不宜过重,如果过重,也会在不同程度上影响酒的质量。“陈味”与“酱味”不同,笼统地把“陈味”说成“酱味”是不科学的。一般来说,“陈味”应是一种有别于窖香的香气,它是比窖香香气更好、档次(或香气境界)更高的一种特有香气,往往出现在贮存期较长的白酒中。

综上所述,白酒中的各种组成成分相互协调、统一,形成了白酒的风格特征。尤其是微量成分,它对产品质量起到了至关重要的作用,或者说是决定性的作用。

二、风味物质对中国白酒风格质量的影响

四川大学陈益钊教授将白酒香味成分分为色谱骨架成分、谐调成分、复杂成分等三部分进行研究,在实践中得到了验证,是较为合理的。

色谱骨架成分是指色谱分析中含量大于 2 mg/100 mL 的成分。色谱骨架成分的总量仅次于乙醇和水,是构成白酒的基本骨架,也是构成白酒香和味的主要因素。香型不同、风格不同,其色谱骨架成分的构成情况也可能不同。

浓香型白酒的乙醛、乙缩醛、乙酸、乳酸、己酸、丁酸这 6 种物质在含量上也属色谱骨架成分。根据其在酒体中的作用可分为两组:一组是乙醛和乙缩醛,其对香气有较强的谐调作用;另一组是乙酸、乳酸、己酸、丁酸,主要表现出对味有极强的谐调功能,前提条件是乙醛、

乙缩醛之间的比例必须协调,4 种酸之间的比例必须协调。因此这 6 种物质为协调成分。当然,不同香型的白酒其酸的组成是不一样的。

色谱分析中含量小于 2～3 mg/100 mL 的成分称为复杂成分。复杂成分对白酒风格的形成和风格的典型性起着至关重要的作用。复杂成分的研究还有很长的路要走。

(一)有机酸类

白酒中的有机酸,有许多具有挥发性。多数挥发酸既是呈香物质,又是呈味物质。这些挥发酸在呈味上,分子量越大,香气越绵柔,酸感越低;相反,分子量越小,酸的强度越大,刺激性越强。非挥发酸只呈酸味,而无香气。各种有机酸虽然都呈酸味,但酸感及酸的强度并不一样。例如:醋中的乙酸与泡菜中的乳酸,酸味就大不相同。有机酸味觉检查结果表明,酸味最强的是富马酸,然后依次为酒石酸、苹果酸、乙酸、琥珀酸、柠檬酸、乳酸,较弱的是抗坏血酸,而葡萄糖酸是最弱的一种。白酒中检出的琥珀酸除呈酸味外,还呈较强的鲜味。现已证明,琥珀酸及其酯在非蒸馏酒中对呈味起重要作用,但在白酒中的作用目前尚不十分清楚。白酒中亦检出氨基酸(8 种),其含量甚微,不足以左右白酒风味。一般来说,白酒中的乳酸含量较多,清香型白酒中乳酸占总酸量的 75%～88%,在酱香型白酒中占 22%～64%,在浓香型白酒中占 52%～91%。乳酸是代表白酒特征的酸,但目前白酒中很少有乳酸不足而是过剩。丁酸有汗臭,特别是新酒臭,己酸较绵柔,亦有汗臭。辛酸以及分子更大的酸都有汗臭及油臭,适量的乙酸能使白酒有爽朗感,过多则刺激性强。这些酸不但本身呈酸呈味,更重要的是,它们是形成酯的前驱物质,如果没有酸,也就没有酯了。

从味阈值来看,乙酸阈值比乳酸低(灵敏度高)。因白酒酸味成分十分复杂,当乙酸等阈值低的酸在酒中含量高时,有可能出现化验结果总酸数值低的酒,在品尝时酒的酸味反而比总酸数值高的酒更强的现象。

有机酸在酒醅中可以调节酒醅酸度,并可作为微生物的碳源,又是形成酯的基础。所以,有机酸是白酒发酵过程中必不可少的物质。

有机酸对白酒有相当重要作用:能消除酒的苦味;是新酒老熟的有效催化剂;是白酒最重要的味感剂;对白酒的香气有抑制和掩蔽作用。

有机酸对口味的贡献主要表现在:增长酒的后味;增加酒的味道;减少或消去杂味;可能使酒出现甜味或回甜感(味觉转变点);消除燥辣感,增加白酒的醇和程度;可适当减轻中、低度白酒的水味。

多数酸的沸点高且溶于水,所以在蒸馏时多聚积于酒尾。酸度高的白酒可单独存放,经长期贮存,往往可作调味酒使用。

目前白酒中已检出的有机酸包括甲酸、乙酸、丙酸、异丁酸、戊酸、异戊酸、异己酸、己酸、δ-羧基异己酸、庚酸、辛酸、异辛酸、壬酸、癸酸、异癸酸、乳酸、丁二酸、月桂酸、十三酸、十四酸、十六酸、烯酸、十八酸、棕榈酸、油酸、亚油酸、糠酸等,共 30 余种。在各种香型白酒之间或同一香型白酒在不同厂际之间,有机酸含量存在极大的差异,这可能也是形成不同香型及各厂自家风格的原因之一。据相关资料介绍,几种有机酸的呈味情况见表 4-17。

表 4-17　几种有机酸的呈味情况

名称	呈味
甲酸	嗅有酸气,进口有刺激性,且有涩感
乙酸、丙酸、丁酸	酸中带有刺激性,丁酸有脂肪臭、汗臭
戊酸、己酸、庚酸	有油臭,并有刺激性
辛酸	有极强的油臭,微有刺激性,放置后变浑浊
琥珀酸	酸味低,有鲜味
乳酸	微酸、味涩,适量乳酸可增加酒的浓郁感
月桂酸	有月桂油气味,爽口、微甜,放置后变浑浊
柠檬酸	柔和,带有爽口的酸味
苹果酸	酸味中带有涩味、苦味
葡萄酸	酸味极低,柔和、爽朗

　　白酒中含量高的酸类主要有乙酸、乳酸、丁酸、己酸四大酸,共占总酸量的95%以上。从 C_2(乙酸)到 C_{16},除丙酸、戊酸外,基本上都是偶数碳脂肪酸。C_1—C_3 脂肪酸有醋的特有刺激性酸味,C_4—C_6 脂肪酸有腐败臭和不洁臭的感觉,C_6 以上的脂肪酸则呈脂肪臭(油臭、汗臭)。总之,随碳原子数增加,臭味亦随之加强。但是如果该酸与醇相结合变成酯,则转变成芳香气味。关于阈值,因资料来源和测定方法等情况不同,所以引用的阈值参数不统一,现将部分有机酸的香味阈值摘录见表4-18,以供参考。

表 4-18　几种有机酸的香味阈值　　　（单位:mg/L）

名称	阈值	名称	阈值
乙酸	2.6	辛酸	15
丙酸	20	壬酸	>1.1
丁酸	3.4	癸酸	9.4
异丁酸	8.2	异戊酸	0.75
戊酸	>0.5	油酸	>2.2
己酸	8.6	亚油酸	>1.2
庚酸	>0.5	月桂酸	7.2

（二）酯类

　　酯类是白酒香味的重要组分。在白酒中,除乙醇和水之外,酯的含量占第三位。现在白酒中检出的酯类有 45 种以上。

　　白酒中的酯类虽然其结合酸不同,但几乎都是乙酯,仅在浓香型白酒中检出乙酸异戊酯。对于发酵期短的普通白酒,酯类中的乙酸乙酯、乳酸乙酯占统治地位。名优酒中酯含量极高,但厂际之间差距甚大。发酵期长的优质酒,常常是乳酸乙酯少于乙酸乙酯。这两种酯是普通白酒及清香型名优酒的主体香气,但应含量适宜,且要保持一定的比例关系。己酸乙酯、丁酸乙酯是浓香型白酒的主体与香气,一般情况下,己酸乙酯的含量远远超过丁酸乙酯。己酸乙酯与乳酸乙酯的比例关系很关键。一般浓香型名优酒中,己酸乙酯与乳酸乙酯之比为1:(0.8~1),但北方许多厂达不到这一指标,大多为1:(1.2~1.6)。这样白酒便失去了浓香风格,还会带有浓郁的老白干味。己酸乙酯亦必须适量,其含量高时,更需与其他香味成分协调,过浓而不协调容易形成"暴香"。汾酒中琥珀酸乙酯的含量大于茅台酒、泸州酒的5倍,是汾酒呈香呈味的重要成分。

在酯的呈香呈味上,通常是相对分子质量小而沸点低的酯放香大,且有各自特殊的芳香。相对分子质量大而沸点高的酯类,香味虽不强烈,却极其幽雅,所以大分子酯类深受人们的青睐。几种酯的香气见表4-19。

表4-19　几种酯的香气

名称	香气
甲酸乙酯	近似乙酸乙酯香气,有较稀薄的水果香
乙酸乙酯	呈乙醚香气,有水果香,浓时有喷漆溶剂味
乙酸异戊酯	梨香、香蕉香
丁酸乙酯	水果香(菠萝香)
异戊酸乙酯	浓郁水果香(苹果香)
正己酸乙酯	水果香(红玉苹果香)
正庚酸乙酯	水果香
正辛酸乙酯	水果香
乳酸乙酯	淡时呈优雅黄酒香气,浓时黄豆臭,过浓则有青草味

在白酒生产过程中,酵母菌有酒精发酵作用,同时也有酯化作用,并赋予白酒香味。霉菌(曲)也有酯化能力,尤其是红曲霉,其酯化能力极强。试验证明,在酯化过程中,如果有曲存在,则能有效地提高酵母菌的酯化效果。一般产膜酵母(亦称产酯酵母或生香酵母)的酒精发酵力弱,而酶化能力强,主要是曲坯上和场地感染而来的野生酵母菌(产膜酵母菌占绝对量)。

白酒香味成分的量比关系是影响白酒质量及风格的关键。每种香型白酒都具有自家风格,决定其典型风格的就是香味成分及其量比关系。量比关系就是香味成分之间含量的比例关系。不同香型的酒,其香味成分种类不同,香味成分的量比关系亦不相同。而在同一香型不同酒中,虽然其香味成分相同或近似,但其量比关系也不尽相同,现有技术条件下,即便做到色谱骨架成分完全相同,复杂成分也不可能完全相同,这也是生产名优白酒的难点所在,也是各厂酒风格不同的主要原因。为了保持产品质量的稳定,首先要重视控制香味成分的量比关系。

表4-20所列几种浓香型白酒中均含有己酸乙酯、丁酸乙酯、乙酸乙酯及乳酸乙酯,但各自的组分不同,即量比关系不同,这说明各厂酒风格和酒质差异很大。

表 4-20　几种浓香型白酒中 4 种酯的量比关系

项目	洋河大曲酒	双沟大曲酒	古井贡酒	普通大曲酒
己酸乙酯/$(g \cdot L^{-1})$	2.20	1.84	1.65	0.38
丁酸乙酯/$(g \cdot L^{-1})$	015	0.14	0.17	0.08
乙酸乙酯/$(g \cdot L^{-1})$	0.18	0.80	2.28	1.32
乳酸乙酯/$(g \cdot L^{-1})$	2.21	1.87	1.88	3.59
总酯/$(g \cdot L^{-1})$	3.65	3.24	4.60	5.77
己酸乙酯/总酯	0.60	0.57	0.36	0.07
丁酸乙酯/己酸乙酯	0.07	0.08	0.10	0.21
乳酸乙酯/己酸乙酯	1.00	1.02	1.39	9.04
乙酸乙酯/己酸乙酯	0.36	0.43	1.38	3.47

注:1987 年国家名优酒标样实例

①己酸乙酯与总酯的量比关系:若"己/总"值大则酒质好,浓香风格突出。

②丁酸乙酯与己酸乙酯的量比关系:"丁/己"在 0.1 以下较为适宜,即丁酸乙酯占己酸乙脂 10% 以下。丁酸乙酯含量如果过高,酒容易出现混臭味,是尾味不净的原因之一。

③乳酸乙酯与己酸乙酯的量比关系:"乳/己"低者较适宜。如果比值过大,容易造成香味失调,影响己酸乙酯放香,并出现老白干味。由于乳酸乙酯水溶性好,在低度酒中该量比关系可适当增大。

④乙酸乙酯与己酸乙酯的量比关系:"乙/己"不宜过大,否则突出了乙酸乙酯的香气,影响浓香型白酒的典型风格,出现清香型酒味。但乙酸乙酯的最大特点是,在贮存过程中容易挥发并发生逆反应,会大量减少。

(三)高级醇类

高级醇(杂醇油)是多种高级醇的混合体,检出的醇类有几十种。醇在酒中既呈香,又呈味,起到增强酒的甜感和助香的作用,也是形成酯的前驱物质。高级醇过多是饮酒"上头"的原因之一,酒中含量过多亦是出现浑浊的现象。

在白酒中低碳链的醇含量居多,醇类化合物随着碳链的增加,气味逐渐由麻醉样气味向果实气味和脂肪气味过渡,沸点也逐渐增加,气味也逐渐持久。多种高级醇混合的杂醇油呈苦味,其中异戊醇含量高时,则明显呈液态法白酒味。在高级醇中,异丁醇有极强的苦味;而正丁醇并不太苦,其味极淡泊;正丙醇微苦;酪醇有幽雅的香气,但却奇苦,它是酪氨酸经酵母菌发酵所生成的;戊醇和异戊醇所占比例最大,其味苦涩。尽管如此,白酒中含有适量高级醇是必要的,因为它是白酒香味中不可缺少的组分。液态法白酒中高级醇多,固态法比液态法白酒的高级醇低得多。这说明工艺不同,产生的白酒风味亦不相同。

多元醇在白酒中呈甜味,因其具有黏稠性,在白酒中起缓冲作用,使香味成分能连成一体,并使酒增加绵甜、回味,有醇厚感。几种醇的香气见表 4-21。

表4-21　几种醇的香气

醇类名称	呈香
甲醇	有刺激性,似酒精香气,但较酒精淡泊柔和
乙醇	酒精香气
正丙醇	同酒精香气,但较浓重
异丁醇	如正丙醇香气,但较其更浓重,并带脂肪香
正丁醇	香气极淡,稍带茉莉香,主要是杂醇油香
活性戊醇	稍有甜香感,主要是杂醇油味
异戊醇	典型的杂醇油香
酪醇	闻有幽雅芳香,味奇苦且持续性很长
β-苯乙醇	有似蔷薇香气、似玫瑰气味、气味持久、微甜、带涩
正己醇	椰果香气
2,3-丁二醇	柔和的甜味

（四）羰基化合物

白酒中检出的醛类有乙缩醛、丙醛、正己醛、丁醛、异丁醛、戊醛、异戊醛、苯甲醛、正庚醛等。新酒中乙醛含量最高,随贮存挥发和转化而减少;成品酒中乙缩醛基本上占醛总量的50%,具有水果香,味微带涩。浓香型白酒中的乙缩醛含量一般为520～1 220 mg/L,酱香型白酒中的乙缩醛量也很大,汾酒及西凤酒中的含量却很少。测定结果表明,乙醛渐消,而乙缩醛渐长,这也是长期贮存后,白酒绵柔的重要因素之一。

白酒中检出的酮类有丙酮、丁二酮、丁酮、3-羟基丁酮、2-戊酮等。其中3-羟基丁酮及丁酮含量较多,每升中有几百毫克。这些酮类多数有愉快的芳香,并带有蜂蜜的甜味,但有极少数使白酒有杂味。醛、酮类的香气参考表4-22。

表4-22　醛、酮类的香气

名称	香气
甲醛	刺激性臭
乙醛	醛类穿透性刺激臭
正丁醛	刺激性臭
异戊醛	有类似苹果的香气,并有酱油的香气,遇硫化氢则带焦香
己醛	有浸透性香气,略带葡萄酒及霉的香气
苯醛	有苦扁桃油、杏仁的香气
酚醛	有较强的玫瑰香气
丙酮	类似乙醛臭
双乙酰	浓时有馊酸味、细菌臭,稀薄时有奶酪香气和非蒸馏酒的腐臭味

续表

名称	香气
3-羟基丁酮	不明,有文献记载,可使酒味燥杂
乙缩醛	有醛类特有的芳香、柔和,但过浓时有不愉快的臭味

白酒中添加2,4-二硝基苯肼时,白酒香味顿然消失,这是因为2,4-二硝基苯肼破坏了酒中的醛、酮类,使之不但没有白酒味,反而产生了与白酒味毫不相干的中药味。这充分证明了羰基化合物在香味上的重要地位。

低醛类有强烈的刺激臭,乙醛还带有黄豆臭。乙醇微甜,遇到乙醛时则呈燥辣味,新酒中的燥辣味与此有关。文献记载,异戊醛遇到硫化氢时,呈浓郁的焦香,可供酱香型和芝麻香型白酒研究时参考。丙烯醛和丁烯醛不但有强烈的苦辣味,并有催泪的刺激性(催泪毒瓦斯)。

浓香型曲酒中的醛类以乙醛和乙缩醛(二乙醇缩乙醛)为主,前者有刺激性气味,沸点低,易挥发,可能有助于曲酒的放香;后者本身有愉快的清香感,是曲酒贮存老熟的重要指标。

(五)含氮化合物

白酒中的含氮化合物是形成焦香(芝麻香)的重要物质,是酱香型、芝麻香型白酒中重要的香气成分之一。它在食品中还有抗菌作用。

白酒芝麻香型,顾名思义,是说它具有焙炒芝麻的香气。谷粒经焙炒,香味成分大量增加,其中主要香气成分为三大类,即吡嗪类、呋喃类、酚类。在一定范围内,随着这些成分的增加,香气增浓,所以认为这三种物质是焙炒形成的主要香气成分。在酱香型、芝麻香型白酒中这三种成分也检出较多。由于三者比例不同,因此在口味上亦不相同。

在焙炒产品和发酵酒(包括酱油)产生焦香的三种成分中,吡嗪类占重要位置。它是还原糖类与蛋白质、氨基酸在加热过程中发生美拉德反应(糖色)生成的,呈焦苦味。酒醅在长期发酵(等于文火加热)和反复加热蒸料、蒸馏中,必然发生美拉德反应,必然产生这三类成分。

日本已经从食品中检出70种吡嗪,由于认识到吡嗪在食品中的重要性,便制出调味香料,并已得到广泛利用。

对白酒含氮化合物的测定表明,多数白酒中所含的吡嗪类化合物,以四甲基吡嗪和三甲基吡嗪含量最高。有些白酒(如白云边酒)则以2,6-二甲基吡嗪居多。如以同碳数烷基取代吡嗪总量计,除茅台酒中四甲基吡嗪含量突出较高外,其余酒样中的二碳、三碳烷基取代吡嗪的总量都比较接近。表4-23所列两个茅台酒样均系存贮多年,它们的含氮化合物总量分别为63 600 μg/kg和40 000 μg/kg,比其他酱香型白酒(郎酒、迎春酒)高出10~17倍,其中起主导作用的首推四甲基吡嗪。对茅台的2个酒样的分析表明,四甲基吡嗪含量分别为53 020 μg/kg和30 782 μg/kg。然而其他酱香型白酒(郎酒、迎春酒)分别仅含731 μg/kg和653 μg/kg。因此,就含量特征而言,相当高的四甲基吡嗪含量是茅台酒的显著标志,但它并不是酱香型白酒所共有的特征。

由表4-23可知:茅台酒中含氮化合物呈特高含量;郎酒、迎春酒及白云边酒属第二层次,其总量在2 300~3 700 μg/kg;景芝及其某些浓香型白酒(五粮液、古井贡酒)中的含量在1 000~2 000 μg/kg;洋河大曲、双沟大曲及汾酒中的含量较低,仅为200~540 μg/kg。以上分析结果表明,吡嗪的生成与酒醅发酵及制曲温度高低有关,更受反复加热蒸馏影响。

表4-23　白酒中含氮化合物的测定结果　　　　　　　（单位:μg/L）

白酒品牌	茅台酒 4#	茅台酒 5#	郎酒	迎春酒	五粮液 2#	洋河大曲	双沟大曲	白云边酒	景芝	汾酒
吡嗪	37	33	10	88	—	—	—	—	23	—
2-甲基吡嗪	323	292	199	282	21	25	26	191	154	12
2,5-二甲基吡嗪	143	116	110	87	8	10	21	83	57	9
2,6-二甲基吡嗪	992	969	673	901	376	75	96	792	341	—
2,3-二甲基吡嗪	660	562	117	112	11	18	22	157	48	11
2-乙基-6-甲基吡嗪	796	886	349	399	108	73	78	418	244	—
2-乙基-5-甲基吡嗪	27	25	23	32		4			21	
三甲基吡嗪	4 965	4 007	712	627	294	53	69	729	217	27
2,6-二乙基吡嗪	247	166	36	127	—	14	8	88	40	—
3-乙基-2,5-二甲基吡嗪	83	11	23	42	8	4	12	27	31	—
2-乙基-3,5-二甲基吡嗪	1 402	83	231	149	57	28	14	299	93	—
四甲基吡嗪	53 020	30 782	731	653	195	23	120	482	156	75
2-甲基-3,5-二乙基吡嗪	420	277	40	74	23	10	12	61	17	—
3-异丁基-2,5-二甲基吡嗪	143	164	139	48	45	4	14	62	12	14
2-乙基-3-异丁基-6-甲基吡嗪	46	27	10	15	—	13	17	—	33	64
3-异戊基-4,5-二甲基吡嗪	151	260	300	—	—	—	18	—	7	—
3-丙基-5-乙基-2,6-二甲基吡嗪	105	75	15	—	—	—	13	—	26	10
吡啶	180	181	114	188	82	42	59	160	101	19
3-异丁基吡啶	80	60	50	22	—	—	5	67	3	—
噻唑	138	108	88	54	98	39	46	100	49	22
三甲基噁唑	375	324	30	474	—	22	104	—	49	59

（六）其他香味成分

除上述之外，白酒中尚有许多其他香味物质，如芳香族化合物、呋喃化合物等。这些物质含量虽少，但阈值极低，有极强的香味，在白酒呈香上有重要作用。

1. 芳香族化合物

4-乙基愈创木酚、苯甲醛、香兰素、丁香醛等都是白酒（特别是酱香型白酒）的重要香味成分，但味微苦。酪醇呈香好，但味奇苦，它是微生物菌体中的酪氨酸被酵母菌发酵形成的。"曲大酒苦"，就是生成了较多酪醇所致。β-苯乙醇在白酒中含量甚多，单体为蔷薇香气，但在白酒中与多种香味成分混在一起，蔷薇香气已不突出了。

2. 呋喃化合物

白酒中常见的呋喃化合物有 2-糠醛二乙基缩醛、糠醛、2-乙酰基呋喃、乙酸糠酯 5-甲基糠醛、丙酸糠酯、糠酸乙酯、2-乙酰基-5-甲基呋喃、糠醇、丁酸糠酯、3-甲基-2（5H）-呋喃酮、己酸糠酯等，它们对白酒风味有着重要作用，尤其是在酱香型白酒中。呋喃甲醛在稀薄情况下，稍有桂皮油的香气；浓时冲辣，味焦苦涩，在酱香型白酒中含量突出，是酱香型白酒的特征香气之一。呋喃甲醛也极易氧化而变成黄色，这是酱香型白酒颜色微黄的根本原因。

8 种名优白酒中主要微量成分含量见表 4-24。

表 4-24　8 种名优白酒中主要微量成分含量　（单位：mg/L）

白酒品牌		茅台酒	泸州特曲	五粮液	全兴大曲	汾酒	西凤酒	武陵酒	三花酒	老白干
醇类	甲醇	210	275	180	160	174	182	250	65	100
	丙醇	220	155	115	285	95	183	1 135	197	88
	丁醇	95	86	52	152	11	95	180	462	0.7
	仲丁醇	45	28	24	66	33	22	330	—	—
	异丁醇	172	120	106	140	116	225	238	462	18
	异戊醇	494	346	396	355	546	601	542	960	47
	己醇	27	9	40	15	—	16	2	—	—
	庚醇	101	—	—	—	—	—	—	—	—
	辛醇	55	—	—	—	—	—	—	—	—
酯类	甲酸乙酯	212	111	85	—	—	20	—	—	0.9
	乙酸乙酯	1 470	1 700	1 130	910	3 059	1 220	1 320	209	148
	丁酸乙酯	261	138	275	83	—	39	339	—	—
	戊酸乙酯	54	54	60	72	—	—	—	—	0.18
	己酸乙酯	424	1 506	1 800	1 610	22	230	289	—	0.86
	庚酸乙酯	5	42	—	—	—	—	—	—	—
	辛酸乙酯	2	24	44	83	—	5	—	—	0.38
	乳酸乙酯	1 378	1 650	1 610	983	2 616	425	1 720	995	198
	乙酸异戊酯	25	47	—	—	—	—	11	—	0.67

续表

白酒品牌		茅台酒	泸州特曲	五粮液	全兴大曲	汾酒	西凤酒	武陵酒	三花酒	老白干
有机酸类	甲酸	69	31	38	25	18	16	46	4	0.84
	乙酸	1 110	643	444	70	945	361	443	215	0.68
	丙酸	51	5	13	5	6	36	121	—	0.9
	丁酸	203	120	125	67	9	72	193	2	1.47
	戊酸	40	18	16	13	1	19	32	3	1.78
	己酸	218	218	204	192	2	72	175	—	—
	庚酸	6	—	—	4	—	1	1	—	—
	辛酸	2	—	—	—	—	3	—	—	7.38
	乳酸	1 057	378	446	232	284	18	1 107	979	—
醛类	甲醛	—	1	—	1	1	1	1	1	23
	乙醛	550	440	260	245	144	196	530	35	41
	乙缩醛	1 214	1 221	864	882	514	800	1 572		
	异丁醛	11	34	21	19	3	4	32	10	
	正丁醛	4	—	—	—	—	—	8		
	异戊醛	98	38	98	5	15	15	141	1	
	正戊醛	—	45	—	—	—	6	—		
	正己醛	—	10	2	3	1	4			
	糠醛	294	19	35	5	40	—	194		
酮类	丙酮	—	—	2	3	2	6	12		
	丁二酮	25	10	32	17	8	4	72		
	己酮-2	16	10	—	—	—	—	5		

三、白酒香味成分描述

目前,对白酒的感官描述大多用以下词汇。浓香型酒:窖香浓郁,绵甜醇厚,香味谐调,尾净余长;清香型酒:清香醇正,醇甜柔和,自然谐调,余味爽净;酱香型酒:酱香突出,幽雅细腻,酒体醇厚,回味悠长,空杯留香持久;兼香型酒:酒香幽雅,细腻丰满,酱浓(或浓酱)谐调,余味悠长;芝麻香型酒:芝麻香突出,幽雅醇厚,甘爽谐调,尾净;等等。

(一)借鉴白酒香味轮的描述方法

借鉴白酒香味轮的描述方法,对白酒中的微量成分进行系统研究。

多粮香:高粱、大米、小麦等多种粮谷原料经发酵蒸馏使白酒呈现的类似蒸熟粮食的香气特征。

高粱香:高粱经发酵蒸馏使白酒呈现类似蒸熟高粱的香气特征。

大米香:大米等经糖化发酵使白酒呈现类似蒸熟大米的香气特征。

豆香:豌豆、黄豆等豆类经发酵蒸馏使白酒呈现的类似豆类的香气特征。

药香:制曲环节加入中药材使白酒呈现的类似中药材的香气特征。

米糠香:大米经发酵蒸馏使特香型白酒呈现类似米糠的香气特征。

曲香:大曲、麸曲或小曲等参与发酵使白酒呈现的香气特征。

醇香:白酒中醇类成分呈现的香气特征。

清香:白酒中以乙酸乙酯为主的多种成分呈现的香气特征。

窖香:白酒采用泥窖发酵等工艺产生的以己酸乙酯为主的多种成分呈现的香气特征。

酱香:采用高温制曲、高温堆积发酵的传统酱香酿造工艺使白酒呈现的香气特征。

米香:米香型白酒中以大米为原料糖化发酵产生的以乳酸乙酯、乙酸乙酯、β-苯乙醇为主的多种成分呈现的香气特征。

焦香/焙烤香:白酒呈现的焙烤粮食谷物的香气待征。

芝麻香:白酒呈现的焙烤芝麻的香气特征。

糟香:白酒呈现的类似发酵糟醅的香气特征。

果香:白酒呈现的类似果类的香气特征。

花香:白酒呈现的类似植物花朵散发的香气特征。

蜜香:白酒呈现的类似蜂蜜的香气特征。

青草香/生青味:白酒呈现的类似树叶、青草类的香气特征。

坚果香:白酒呈现的类似坚果类的香气特征。

木香:白酒呈现的类似木材的香气特征。

甜香:白酒呈现的类似甜味感受的香气特征。

酸香:白酒中挥发性酸类成分所呈现的香气特征。

陈香:陈酿工艺使白酒自然形成的老熟的香气特征。

油脂香:陈肉坛浸工艺使豉香型白酒呈现的类似脂肪的香气特征。

酒海味:酒海贮存工艺使凤香型白酒呈现的香气特征。

枣香:陈酿工艺使老白干香型白酒呈现的类似甜枣的香气特征。

异味:白酒品质降低或杂物沾染所呈现的非正常气味或味道。

糠味:白酒呈现的类似生谷壳等辅料的气味特征。

霉味:白酒呈现的类似发霉的气味特征。

生料味:白酒呈现的类似未蒸熟粮食(生粮)的气味特征。

辣味:白酒呈现的辛辣刺激性的气味特征。

硫味:白酒呈现的类似硫化物的气味特征。

汗味:白酒呈现的类似汗液的气味特征。

哈喇味:白酒呈现的类似油脂氧化酸败的气味特征。

焦煳味:白酒呈现的类似有机物烧焦煳化的气味特征。

黄水味:白酒呈现的类似黄水的气味特征。

泥味:白酒呈现的类似窖泥的气味特征。

甜味:白酒中某些物质(如多元醇)呈现的类似蔗糖的味觉特征。

酸味:白酒中某些有机酸呈现的类似醋的味觉特征。

苦味:白酒中某些物质呈现的类似苦杏仁的味觉特征。

咸味:白酒中某些盐类呈现的类似食盐的味觉特征。

鲜味:白酒中某些盐类呈现的类似味精的味觉特征。

柔和度:白酒入口时感受到的柔顺程度。

醇和/柔和/平顺/平和:白酒入口时的柔和度高。

辛辣/燥辣:白酒入口时的柔和度低。

丰满度:白酒在口中各种感受的丰富程度。

浓厚/丰满/醇厚/饱满/丰润/厚重:白酒在口中的丰满度高。

平淡/清淡/淡薄/寡淡:白酒在口中的丰满度低。

协调度:白酒在口中各种感受搭配的舒适程度。

协调/平衡/细腻:白酒在口中的谐调度高。

粗糙/失衡/不谐调:白酒在口中的谐调度低。

纯净度:白酒下咽时感受到的润滑干净程度。

爽净/净爽:白酒下咽时的纯净度高。

涩口/欠净:白酒下咽时的纯净度低。

持久度:白酒下咽后余味感受持续的时间长度。

绵长:白酒下咽后余味的持久度高。

短暂:白酒下咽后余味的持久度低。

白酒香味轮如图 4-2 所示。

借鉴上述方法描述,可以有效解决白酒传统描述的笼统性、不确定性,增加香味描述的专业性、科学性,为白酒的描述拓宽思路。

(二)从香味与分子结构的关系来判定微量成分的感官作用

在芝麻香型白酒香味成分的研究中,烷基吡嗪和乙酰基吡嗪是其香气的主要组分。大多数杂环化合物和含硫化合物均具有强烈的放香作用,是主要的助香成分。吡嗪类的单体多数是焙烤香,有些具有爆米花香、焦香。呋喃类具有甜香,酚类具有烟味,噻唑类具有坚果香,含硫化合物具有葱香。因此,对各香型白酒的研究,从香味与分子结构的关系来判定微量成分的感官作用,具有较强的现实指导意义。

食品风味中,香味与分子结构的关系大致可分为以下 5 种:

①焦糖香味:麦芽酚、乙基麦芽酚、4-羟基-2,5-二甲基-3(2H)-呋喃酮、4-羟基-5-甲基-3(2H)-呋喃酮、4-羟基-2-乙基-5-甲基-3(2H)-呋喃酮、甲基环戊烯酮醇(MCP)等。

②烤香香味:2-乙酰基吡嗪、2-乙酰基-3,5(6)-二甲基吡嗪、2-乙酰基吡啶、2-乙酰基噻唑等。

③肉香味:3-呋喃硫化物、α,β-二硫系列、3-巯基-2-丁醇、α-巯基酮系列、1,4-二噻烷系列、四氢噻吩-3-酮系列等。

④烟熏香味:丁香酚、异丁香酚、创木酚、4-乙基愈创木酚、香芹酚、对甲酚、对乙基苯酚、2-异丙基苯酚、4-烯丙基-2,6-二甲氧基苯酚、4-甲基-2,6-二甲氧基苯酚等。

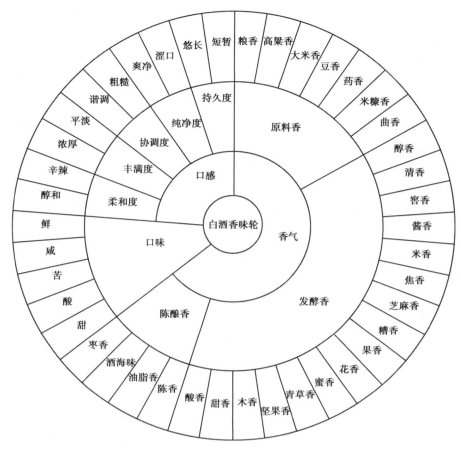

图 4-2　白酒香味轮

⑤葱蒜香味：带有丙硫基或烯丙硫基基团的化合物，如烯丙硫醇、烯丙基硫醚、丙硫醇等。

利用 GC-MS 和 MDGC-MS 分析，结合感官评价，对白酒香味成分与酒质关系进行研究，结果如下：

①浓香型白酒的重要化合物为：己酸乙酯、丁酸乙酯、己酸丁酯、1,1-二乙氧基乙烷、1,1-二乙氧基-2-甲基丙烷、1,1-二乙氧基-3-甲基丁烷、3-甲基丁酸乙酯、辛酸乙酯、己酸、戊酸乙酯、丁酸、戊酸、辛酸、乙缩醛、乙酸乙酯、环己羧酸乙酯、庚酸乙酯、3-甲基丁酸、3-甲基丁醇、甲基吡嗪、糠醛、4-乙基愈创木酚、4-甲基愈创木酚、4-乙基苯酚、香草醛、2-苯乙醇、乙酸-2-苯乙酯等。其中 4-乙基愈创木酚、4-甲基愈创木酚、4-乙基苯酚对酒贡献丁香、甜香及烟熏香等香气；1,1-二乙氧基乙烷、1,1-二乙氧基-2-甲基丙烷、1,1-二乙氧基-3-甲基丁烷等能赋予白酒水果香和花香。这些复杂成分的幽雅香气，是优质白酒区别于普通白酒的重要因素。

②己酸乙酯与适量的丁酸乙酯、戊酸乙酯、庚酸乙酯、辛酸乙酯、乙酸乙酯，香度大，有助于前香和喷香，是酒香馥郁的重要因素之一。

③戊酸乙酯、戊酸、甲酸、丁酸、庚酸、辛酸、丙醇等对白酒的陈味贡献较大。其中，酸的变化是研究陈味的重要途径之一。

④醛类物质,如乙醛、乙缩醛等对酒的"香、爽"贡献较大,其含量过多则燥辣、劲大。异戊醛、异丁醛呈坚果香。

⑤酸类物质是白酒中重要的呈香呈味物质。甲酸、戊酸对白酒的陈味有一定贡献,丁酸、己酸、戊酸、乳酸、庚酸对绵甜贡献较大,但其含量过大,则使白酒出现杂味。乙酸对白酒的爽净贡献很大,过多则压香。

⑥酯类物质中己酸乙酯与戊酸乙酯对白酒的陈味贡献较大。乳酸乙酯和戊酸乙酯对白酒的绵甜贡献较大。

⑦醇类物质中正丙醇对白酒的陈味和绵甜贡献较大。多元醇对香气和绵甜贡献较大,过大则易使白酒燥辣、劲大及杂味。

⑧白酒香气特征与重要贡献化合物对应如下:

粮香:吡嗪类、呋喃类、酸类和醛类化合物。

酱香:酸类、吡嗪呋喃类、醇类、酚类化合物。

醋香:乙酸、乙缩酸、1,2-丙二醇、吡嗪类化合物。

焦烤香:糠醛、愈创木酚、酚类、醇类化合物。

果香:酯类、酸类、酸类化合物。

甜香、米香、生青、油脂、花香:辛醇、苯甲醇、正己醇、辛酸乙酯、异丁酸乙酯。

第三节　白酒中的异杂味及形成原因

白酒除有浓郁的酒香外,还有苦、辣、酸、甜、涩、咸、臭等杂味,它们对白酒的风味都有直接的影响。白酒的感官质量应是优美谐调、醇和爽净的口味,任何杂味过量都对白酒质量有害无益。

一、苦味

酒中的苦味,常常是过量的高级醇、琥珀酸、少量的单宁、较多的糠醛和酚类化合物引起的。酒中的苦味物质主要有:奎宁(0.005%)、无机金属离子(如 Mg、Ca、NH_3 等盐类)、酪醇、色醇、正丙醇、正丁醇、异丁醇(最苦)、异戊醇、2-3-丁二醇、β-苯乙醇、糠醛、2-乙基缩醛、丙丁烯醛及某些酯类。

苦味产生的主要原因有:

①原辅材料发霉变质;单宁、龙葵碱、脂肪酸和油脂含量较高。

②用曲量太大;酵母数量大;配糟蛋白质含量高,在发酵中酪氨酸经酵母菌生化反应产生干酪醇,它不仅苦,而且味长。

③生产操作管理不善,配糟被杂菌污染,使酒中苦味成分增加。在发酵糟中存在大量青霉菌;发酵期间封桶泥不适当,致使桶内透入大量空气,漏进污水;发酵桶内酒糟缺水升温

猛,使细菌大量繁殖等都将使酒产生苦味和异味。

④蒸馏中,大火大汽,把某些邪杂味馏入酒中引起酒有苦味。大多数苦味物质都是高沸点物质,由于大火大汽,温高压力大,一般压力蒸不出来的苦味物质就会馏入酒中,同时也会引起杂醇油含量增加。

⑤加浆勾调用水含碱土金属盐类、硫酸盐类量较重,未经处理或者处理不当,直接给酒带来苦味。

二、辣味

辣味不属于味觉,不是由味觉神经传达的,它是口腔黏膜、鼻腔黏膜、皮肤和三叉神经因受到刺激而引起的一种神经热感。适当的辣味有使食味紧张、增进食欲的效果,所以微量的辣味对酒来说是必不可少的,但辣味太大也不行。白酒中的辣味物质主要是醛类,如糠醛、乙醛、乙缩醛、丙烯醛、丁烯醛,另外还有叔丁醇、叔戊醇、丙酮、甲酸乙酯、乙酸乙酯等辣味物质。

辣味产生的原因主要有:

①辅料(如谷壳)用量太大,并且未经清蒸就用于生产,使其中的多缩戊糖受热后生成大量的糠醛。

②发酵温度太高,操作条件差,清洁卫生不到位,引起糖化不良、配糟感染杂菌,特别是因乳酸菌作用产生的甘油醛和丙烯醛引起的异常发酵,使白酒辣味增加。

③发酵速度不平衡,前火猛,酵母过早衰老甚至死亡引起发酵不正常,造成酵母酒精发酵不彻底,便产生了较多的乙醛。

④蒸馏时,火(汽)太小,温度太低,低沸点物质挥发后,辣味增大。

⑤未经老熟和勾调的酒辣味大。

三、酸味

白酒中必须也必然含有一定的酸味成分,并且与其他香味物质共同组成白酒的芳香。但含量要适宜,如果过量,不仅使酒味粗糙,而且影响酒的"回甜"感,后味短。酒中酸味物质主要有乙酸、乳酸、琥珀酸、苹果酸、柠檬酸、己酸和果酸等。白酒中酸味过量的原因主要有:

①酿造过程中,卫生条件差,产酸杂菌大量入侵,使培菌糖化发酵生成大量酸类物质。

②配糟中蛋白质过剩;配糟比例太小;淀粉碎裂率低,原料糊化不好;熟粮水分重;出箱温度高;箱老或太嫩;发酵升温太高(38 ℃以上),后期生酸多;发酵期太长。

③酒曲质量太差,用曲量太大,酵母菌数量大,都使糖化发酵不正常,造成酒中酸味突出。

④蒸馏时,不按操作规程摘酒,尾水过多流入,使高沸点含酸物质对酒质造成影响。

四、涩味

涩味也不属于味觉,它是由于甜、酸、苦味比例失调,蛋白质凝固而产生的一种收敛感。白酒中呈涩味的物质,主要是过量的乳酸和单宁、木质素及其分解出的酸类化合物。酒中涩味的来源主要有以下几个渠道：

①单宁、木质素含量较高的原料、设备设施，未经处理（泡淘、清蒸、清洁）直接用于酒的生产。

②用曲量太大，酵母菌数多，卫生条件不好，杂菌感染严重，配糟比例太大。

③发酵期太长又管理不善；发酵在氧充足的条件下进行，杂菌分解能力加强。

④蒸馏中，大火大汽馏酒，并且酒温高。

⑤成品酒与钙类物质接触，而且时间长（如石灰）；用血料涂刷的容器贮酒，使涩味物质在酒的贮存期间溶于酒中。

五、咸味

白酒中呈味的盐类（NaCl）能促进味觉的灵敏，使人觉得酒味浓厚，并产生谷氨酸的酯味，但若过量，则会使酒变得粗糙而呈咸味。酒中存在的咸味物质有卤族元素离子、有机碱金属盐类、食盐及硫酸、硝酸，这些物质在酒中稍过量，就会使酒出现咸味，危害酒的风味。咸味在酒中过量的主要原因有：

①处理酿造用水时草率地添加了 Na^+ 等碱金属离子物质。

②酿造用水硬度太大，携带 Na^+ 等金属阳离子及其盐类物质，且未经处理就用于酿造。

③有些酒厂由于地理条件的限制，酿造用水取自农田内，逢秋收后稻田水未经处理（梯形滤池）就用于酿造。其原因在于稻谷收割后，露在稻田面的稻秆及其根部随翻耕而腐烂，稻秆（草）本身含有碱味很重的物质。

六、臭味

白酒中带有臭味，当然是不受欢迎的。一是质量次的白酒及新酒有明显的臭味；二是当某种香味物质过浓或过分突出时，有时也会呈现臭味。臭味是嗅觉反应，某种香气超常就视为臭（气）味；一旦有臭味就很难排除，需有其他物质掩盖。白酒中能产生臭味的有硫化氢、硫醇、杂醇油、丁酸、戊酸、己酸、乙硫醚、游离氨、丙烯醛和果胶质等物质，这些物质在酒中一旦过量，又无法掩盖，就会发出某种臭味。这些物质的产生和过量主要有以下原因：

①酿酒原料蛋白质含量高，经发酵后仍还过剩，提供了产生杂醇油及含硫化合物的物质基础，这些物质馏入酒中使酒产生臭辣味，严重者难以排除。

②配合不当，发酵中酸度上升，造成发酵糟酸度大、乙醛含量高，蒸馏中生成大量硫化氢，酒的臭味增加。

③酿造过程中，卫生条件差，杂菌易污染，酒糟酸度增大；若酒糟受到腐败菌的污染，就会使酒糟发黏发臭，这是酒中杂臭味形成的重要原因。

④大火大汽蒸馏，使一些高沸点物质馏入酒中，如番薯酮等；含硫氨基酸在有机酸的影响下，产生大量硫化氢。

七、油味

白酒应有的风味与油味是互不相容的。酒中哪怕有微量油味，都将对酒质产生严重损

害,使酒呈现出腐败的哈喇味。白酒中存在油味的主要原因在于:

①采用了油脂含量高的原辅材料进行白酒酿造,没有按操作规程处理原料。

②原料保管不善。玉米、米糠等含油脂多的原料,在温度、湿度高的条件下变质,经糖化发酵,脂肪被分解,产生油哈味。

③没有贯彻掐头去尾、断花摘酒的原则,使存在于尾水中的油状物(杂醇油和高级脂肪酸酯类)流入酒中。

④用涂油(如桐油)、涂蜡容器贮酒,而且时间又长,器壁内油脂浸入酒中。

⑤操作中不慎将含油物质(如煤油、汽油、柴油等)混在原料、配糟、发酵糟中,这类物质极难排除,并且影响酒质。

八、糠味

白酒中的糠味主要来源于:

①辅料没精选,不合乎生产要求。

②辅料没有经过清蒸除杂或清蒸时间没有达到 40 min。

③常常糠味夹带土味和霉味。

九、霉味

酒中的霉味大多来自辅料及原料的霉变。酒中产生霉味,有以下几个原因:

①原辅料保管不善而发生霉变;加上操作不严,灭菌不彻底,把有害霉菌带入制曲生产和发酵糟内,经蒸馏霉味直接进入酒中。

②发酵管理不严。发酵封桶泥、窖泥缺水干裂而漏气漏水,发酵糟烧色及桶壁四周发酵糟发霉(有害霉菌大量繁殖),不仅造成苦涩味加重,而且霉味加大。

③发酵温度太高,大量耐高温细菌同时繁殖,不仅造成出酒率下降,而且使酒带霉味。

十、腥味

白酒中的腥味常被称为金属味,是舌部和口腔共同产生的一种带涩味感的生理反应。酒中的腥味来源于锡、铁等金属离子,产生原因主要有:

①盛酒容器用血料涂篓或封口,贮存时间长,血腥味溶入酒中。

②用未经处理的水加浆勾调白酒,外界腥臭味直接被带入酒中。

十一、焦煳味

白酒中的焦煳味是粗心大意操作的结果,是物质烧焦的煳味,例如:酿酒时因底锅水少造成水被烧干,锅中的糠、糟及沉积物被灼煳烧焦所发出的浓煳焦味。酒中存在焦煳味的主要原因有:

①酿造中,直接烧干底锅水,焦煳味直接串入酒糟,再随蒸汽进入酒中。

②地甑、甑篦、底锅没有洗净,经高温将残留废物烧烤、蒸焦产生的煳味。

十二、其他杂味

①使用劣质橡胶管输送白酒时,酒将会带有橡胶味。

②黄水滴窖不尽,使发酵糟中含有大量黄水,酒将呈现黄水味。

③蒸馏时,上甑不均和摘酒不当,酒中带稍子味。

◎复习思考题

1.试述酱香型白酒风味物质成分组成特征。

2.试述浓香型白酒风味物质成分组成特征。

3.试述白酒生产过程中异杂味的控制。

第五章　蒸馏酒的贮存和老熟

白酒是我国传统的蒸馏酒,也是世界七大蒸馏酒之一,其独特的色、香、味在酒类产品中独树一帜。然而新酿造的白酒,入口暴辣、刺激性强,具有发酵过程中含硫蛋白等物质降解产生的硫化氢、硫醇、硫醚等挥发性物质,以及少量的丙烯醛、丁烯酸、游离氨等,这些物质味苦、涩、酸、冲、辣,与其他沸点接近的物质组成新酒味的主体。经过一定时间的贮存,少则半年多则一年或三年乃至更长时间,新酒邪杂味方可消失,酒体变得绵软柔和、回味悠长,无疑,贮存是保证蒸馏酒产品质量至关重要的生产工序之一。由此,把消除新酒味、增加陈酒感的贮存过程称为陈贮(也叫老熟或陈化)。

第一节　白酒的贮存

因为新生产的原酒中各种成分未达到平衡融合状态,同时,还含有大量的硫化氢、乙醛等易挥发性物质,使酒口味冲、燥辣、不醇和。经过一定时间的贮存,通过挥发和缔合作用,以及氧化还原反应、酯化反应和缩合反应等一系列化学反应,酒中刺激性强的成分得到挥发、缔合、氧化、酯化、缩合等;同时生成香味物质和助香物质,使酒达到醇和、香浓、味净等要求。

一、窖藏

窖藏是指把精挑细选的优质原浆酒,盛入陶质容器或者是其他适宜窖藏的容器内,贮藏在地下、岩洞、半地下的酒窖内,酒窖的温差不宜过大,也就是要冬暖夏凉,通风良好。

由于原浆酒未添加白酒以外的任何物质,其酒分子仍保持着很好的稳定性,在窖藏的过程中,容器中的白酒在适宜的温度下透过容器呼吸着窖内干湿度适宜的空气,发生着以下三种变化。

(1)挥发作用

刚蒸出的白酒通常含有硫化氢、硫醇等挥发性的硫化物,同时也含有醛类等刺激性强的挥发性物质。这些物质在窖藏期间能够自然挥发。一般经过半年的窖藏,几乎检测不出酒中硫化物的存在,使白酒的刺激性大大减轻。

（2）分子间的缔合

酒精和水都是极性分子，经窖藏后，乙醇分子和水分子的排列逐步理顺，从而加强了乙醇分子的束缚力，降低了乙醇分子的活度，使得白酒口感变得柔和，与此同时，白酒中其他香味物质分子也会产生上述缔合作用。当酒中缔合的大分子群增加，受到束缚的极性分子越多，酒质就会越绵软、柔和。

（3）化学变化

在窖藏过程中可以产生缓慢的化学变化，即乙醇在醇酸酯化过程中生成新的酯类。窖藏的时间越长生成的酯类就越多，酒的香气就越大，也就是通常说的除杂增香，因此窖藏也就是贮藏的过程。而个人收藏自己喜爱的酒不仅满足了本人的喜好，也是我国酒文化的体现，但家庭贮藏条件有限，可因地制宜。个人收藏白酒能否达到好的成效，首先取决于所藏之酒的品质：

①必须是传统工艺生产的纯粮原浆酒。工厂蒸馏白酒时的接酒度数一般为55% vol ~ 65% vol。刚生产出的酒为原酒，这些酒必须贮藏老熟，一般在 6 个月以上，贮藏到期的酒出厂前，首先要检验、品评，合格后，根据技术要求进行勾兑，除了用不同品质、不同度数的白酒进行勾兑外，更重要的是用水降度，使其达到商品酒的度数。

②如想通过收藏白酒来提升质量，其盛酒容器上选是紫砂，其次是陶、瓷。紫砂的密度界于陶、瓷之间，最利于白酒呼吸。如果仅是为了收藏，玻璃瓶也是可以的，它不仅可以保持原来的品质，又不容易使瓶中白酒酒精挥发。

③贮藏环境除地下室和农村地窖外，也可因地制宜，选择不用经常搬动的仓房或空地。如有条件可以将白酒（陶坛装）放在一起贮藏，这样酒品质提升得更快。

二、瓶装白酒的收藏

我国酒历史悠久，酒文化源远流长。中国酒产品多样，销售量大，覆盖面广。而瓶装的商品酒由液态酒体、包装物及附件共同组成。其产品的物质属性、精神属性和由此派生出来的文化属性造就了广泛的大众收藏市场。酒盒、酒瓶、酒标、开启酒的工具、酒杯、酒的赠品及瓶装酒都成了收藏的对象。特别是近年来，随着我国饮料酒的快速发展，高档酒和高档包装酒层出不穷，从而兴起一股收藏商品瓶装酒的热潮。

瓶装白酒收藏是商品瓶装酒收藏的主要部分。通常有主观收藏和客观收藏两个方面：一是主观收藏，也叫主动收藏。收藏爱好者见到自己喜欢的酒品就购买保存。一般购买名优白酒、品牌酒和具有特征包装的酒。二是客观收藏，也叫被动收藏。如亲朋好友赠送的好酒，或是高档包装的酒未喝，长期存放家中。"白酒放得越久越好"的观念深入人心，但真的是这样吗？

许多酒在收藏过程中会发生变化，主要的变化有以下几种：

①收藏的瓶装酒已成空瓶。这种情况各种材质的酒瓶都有，以紫砂瓶居多，陶瓶次之，瓷瓶、竹筒瓶也不少。

②酒瓶口密封不严，导致挥发，酒的体积减小，如原有 500 mL，现剩下 300 mL。这种情况各种材质的瓶装酒都有，包括玻璃瓶。

③收藏的瓶装酒质量发生化学性变化,如酒的香味物质挥发,白酒质量下降;瓶体的材料与液态酒发生化学反应,酒体变色(如变红、变黑、变混)。

三、"酒"存放时间越久越好的实质

那么,长期以来,白酒贮存时间越久越好的说法是错误的吗?当然不是。但是,"酒贮存时间越长越好(更准确地说,是白酒贮存时间越长越醇)"有其先决条件,即白酒的贮存必须在酒窖或酒库之中。

下面,具体分析白酒贮存在酒库之中与酒瓶之中的差异。

1. 两者存放的环境不同

酒库的贮存环境始终保持合适的温度和湿度。传统的酒库有地上和地下两种。地上酒库,室温受季节和气候影响较大,夏季气温高,湿度大,酒中的硫化氢、硫醇、硫醚等挥发性硫化物杂味物质挥发较快,造成酒中香味成分挥发,原酒中乙醇也有蒸发、损耗。当室温低时,酒中香味成分挥发慢,但酒的老熟速度也会放慢。地下酒库的温度、湿度相对恒定,受季节和气候的影响比较小,温度一般维持在 9~22 ℃,这样的温度有利于除去新酒味的老熟作用,且原酒中有益的香味物质能较好地保存,乙醇损耗也少,酒中醇、酸、酯、醛、金属离子等微量成分之间的缔合,各种物理化学反应能够自然平缓地进行,经过长时间贮存后,酒体更加细腻、丰满、醇厚。

而瓶装酒放在家中,室温随季节变化大,且气候干燥,加上酒瓶包装的原因,瓶中酒的香味物质、水、乙醇容易挥发或渗漏,从而使酒的质量下降。

2. 两者存放的容器不同

长期的生产实践经验表明,贮存白酒的容器材质与贮存白酒的质量有密切的关系。我国白酒企业的贮存容器主要有以下几种:

(1)陶土容器(陶坛)

我国名优酒通常用传统的陶坛作为理想的贮存容器。但不同产地的陶坛由于其材质和工艺不同,其贮酒老熟效果有很大的差异。已有资料表明,陶坛坯胎材质结构比较粗糙,吸水率大,一般壁厚为 2 cm 左右,存在许多气孔,空气中的氧易进入陶坛中,促使酒体内的氧化反应加速进行。此外,陶坛含有多种金属氧化物。金属离子在贮酒的过程中溶于酒中,对白酒的老熟有促进作用。新蒸馏的酒辛辣、冲、暴香并有糠糟味,老熟可以去杂增香,减少新酒的刺激、燥辣,使酒的口味谐调、醇厚。陶土容器的封口常用塑料布扎口,再用面板、木板或沙袋压紧。在贮存的过程中也有渗漏和挥发现象,通常老式陶坛渗漏在3%~5%,新式陶坛渗漏在1%左右。酒厂在使用新陶坛之前,要先装上水进行试用,检验是否有暗纹或其他原因渗漏,使用的过程中也要不断检查,但老式陶坛的渗漏仍无法避免。这是陶坛自身材质和制作工艺决定的。

(2)血料容器

用荆条或竹篾编成筐,或在木箱、水泥池内壁糊上血料作为传统贮酒容器之一。血料是一种用猪血和石灰调制成的可塑性的蛋白胶质盐,遇酒精即形成半渗透的薄膜。其特征是水能渗透而酒精不能渗透。对酒度30%vol以上的酒有良好的防漏作用,称为"酒海"。

（3）金属容器

铝罐是早期贮酒容器之一,随着贮存时间的延长,酒中的有机酸腐蚀铝罐并产生沉淀,大型酒企早已停止使用。目前大都使用不锈钢大罐,不锈钢大罐结构稳定,不会影响贮存白酒的质量,但不锈钢大罐的造价较高。经不锈钢大罐贮存的优质白酒与传统陶坛贮存酒相比,口味不及陶坛酒醇厚。

（4）水泥池容器

采用钢筋混凝土结构制成水泥池,池内壁贴面有桑皮纸猪血贴面、陶瓷板贴面、玻璃板贴面、环氧树脂或过氯乙烯涂料等。水泥池壁厚一般为 15 ~ 25 cm,墙体用防渗漏材料制成。

收藏的瓶装酒,尽管也有各种材质的容器（酒瓶）,但器壁只有 0.3 ~ 0.5 cm,较易发生渗漏现象。酒瓶大多为手工制作,瓶口精度难以达到要求,瓶装酒封口不严,是造成瓶内酒体中香味成分和乙醇挥发,酒体质量下降的重要原因。

3. 两者存放的容量不同

随着白酒生产的发展,白酒产量大幅增加,传统的白酒容器已不能满足需要,大容器应运而生。酒库的贮酒容器容量一般为:陶坛 225 ~ 1 000 kg;酒海容量在 5 t 左右;木料或水泥池容器容量在 10 ~ 75 t;不锈钢大罐容量在 5 ~ 2 500 t。相比而言,瓶装酒一般容量都很小,在 500 mL 左右,最大的不过 3 000 mL。

4. 两者存放的酒度不同

酒库中贮存的酒是原酒,也称基酒或原浆酒,酒度一般在 60% vol 以上,最高的可达 70% vol。

综上所述,酒贮存在酒库之中与酒瓶之中是有差异的。这里还要阐明一点,酒库容器中的原酒在进入市场前必须经过勾兑,以使酒中酸、酯、醛、醇等类物质含量适合、比例恰当,产生独特、愉快而优美的香味,形成固有的风格。而收藏的瓶酒是勾兑后的酒,经过长时间存放,一些酒度较低的白酒酒体比例失调,口味变淡,失去了固有风格,一般收藏瓶装酒建议选择高度酒。

四、贮存对白酒的影响

白酒贮存过程中除乙酸乙酯有增有减外,几乎所有的酯都减少。而相应的乙酸增加较多。一般情况下,乙酸增加得多,平衡向生成乙酸乙酯方向移动,乙酸乙酯增加;反之,平衡向生成乙酸的方向移动,乙酸乙酯减少。贮存中酯的损失很大,特别是降度后的酒。酸是随着贮存时间的延长而越多,其中四大酸更为突出。

白酒贮存受种种条件,如温度、时间和封闭条件等影响。要达到好的贮存效果,必须注意以下几点:

①贮存期间必须封好容器口,避免经常开启,勿使白酒过多地接触空气,适当地控制氧化过程,提高酯化的比率。如封口不严,过多的氧化造成醛、酸过多,挥发又造成醇、酯损失,这样贮存就非但无益而且有害。有些厂贮存的陈酒,今天开,明天开,最后只剩半缸酒,再加封口不严,贮存了几年,越存越差,酒味变得寡淡。表 5-1 给出了贮存 10 年的白酒中酸、酯的含量变化。

表 5-1　贮存 10 年的白酒中酸、酯的含量变化　　　　　（单位：mg/L）

酒样	1	2	3	4	5	6	7	8	9	10	平均差值
乙酸乙酯前	927.1	927.0	1 008.2	1 062.4	791.8	1 179.0	1 043.0	1 007.8	1 053.0	936.0	
乙酸乙酯后	1 118.1	558.9	580.3	860.8	984.3	920.0	1 148.6	1 104.7	1 127.2	784.4	
乙酸乙酯差值	+191.0	−368.1	−427.9	−2 016	+192.5	−259.0	+105.6	+96.9	+74.2	−151.1	−74.8
丁酸乙酯前	341.4	244.1	243.9	253.5	278.8	289.9	257.8	298.8	332.8	301.5	
丁酸乙酯后	244.7	140.3	132.2	169.3	172.3	170.0	189.6	176.9	227.0	213.8	
丁酸乙酯差值	−96.7	−103.8	−111.7	−84.2	−106.5	−119.9	−68.2	−121.9	−105.8	−87.7	−100.6
乳酸乙酯前	1 152.7	959.5	1 177.4	1 237.3	835.8	1 171.8	1 243.7	1 123.3	1 396.1	1 599.9	
乳酸乙酯后	586.2	685.8	705.7	716.5	681.7	653.9	765.3	694.7	865.0	798.6	
乳酸乙酯差值	−566.5	−300.7	−471.7	−520.8	−172.1	−517.9	−478.4	−428.6	−531.1	−801.3	−478.9
己酸乙酯前	2 018.5	1 757.1	1 605.2	1 842.1	2 118.2	1 555.0	1 548.0	2 074.2	2 044.1	1 381.5	
己酸乙酯后	1 425.8	1 302.4	1 281.6	1 462.5	1 486.5	1 074.8	1 288.5	1 426.5	1 541.6	996.9	
己酸乙酯差值	−592.7	−454.7	−323.6	−379.6	−649.7	−480.2	−259.5	−647.7	−502.5	−384.6	−467.5
乙酸前	502.4	582.4	539.8	513.2	513.5	531.4	560.6	469.2	490.0	423.4	
乙酸后	642.2	1 064.8	714.7	710.8	701.6	822.8	1 103.0	867.9	504.9	525.3	
乙酸差值	+139.8	+482.4	+174.9	+197.6	+188.1	+291.4	+542.4	+398.7	+14.9	+101.9	+253.2
丙酸前	6.7	8.0	82	7.0	13.7	8.1	7.8	9.2	7.0	8.6	
丙酸后	67.2	61.2	59.0	41.9	44.7	50.8	50.2	54.5	61.6	53.5	

续表

酒样	贮存时间/年										平均差值
	1	2	3	4	5	6	7	8	9	10	
丙酸差值	+60.5	+53.2	+50.8	+34.9	+31.0	+42.7	+42.4	+45.3	+54.6	+44.9	+460.3
丁酸前	74.0	109.0	80.6	78.8	83.6	73.5	80.8	84.9	76.4	84.1	
丁酸后	119.7	176.6	123.3	127.7	158.5	14.2	151.1	166.7	123.4	132.4	
丁酸差值	+45.7	+67.6	+42.7	+48.9	+74.9	+67.7	+70.3	+81.8	47.0	+48.3	+59.5
戊酸前	16.4	24.5	18.2	19.5	20.1	19.3	17.2	16.3	20.6	11.8	
戊酸后	28.0	42.5	42.5	30.2	32.3	34.7	34.5	37.6	33.0	25.4	
戊酸差值	+11.6	+18.0	+24.3	+10.7	+12.2	+15.4	+17.3	+21.3	+12.4	+13.0	+15.7
己酸前	335.2	588.1	411.3	422.4	333.2	329.0	386.6	388.9	441.8	241.8	
己酸后	830.3	1 203.1	957.2	996.6	793.5	826.0	1 033.4	1 098.8	1 088.4	603.6	
己酸差值	+495.1	+615.6	+545.9	+574.2	+460.3	+497.0	+646.8	+709.9	+646.6	+361.8	+555.3

②如欲取得较好的贮存效果,流酒温度宜稍高些(三十几摄氏度),最好用小容器贮存,这样杂味逸散得快。

③必须给以适当的温度,一般以 20 ℃ 左右为宜。温度太高,挥发损失较大,温度过低,影响贮存效果。

④酒的贮存期并非越长越好,且不同香型要求不同。一般优质酱香型白酒最长,要求在 3 年以上;优质浓香型或清香型白酒一般需 1 年以上;普通白酒最短也应贮存 3 个月。贮存是保证蒸馏酒产品质量至关重要的生产工序之一。

⑤应先组合后贮存,然后勾调出厂。实践证明,提前组合然后贮存,分子经过重新排列结合,可提高白酒质量,保持香、味平衡。反之,贮存后进行组合,打乱了分子的排列,酒味燥辣,影响贮存效果。

五、贮存管理

原酒的贮存是制酒工艺的重要工序之一。贮存管理,不只是存放和收发,而是要为酒的老熟创造条件。原酒的贮存管理,应注意:

①新酒入库,先经验酒人员评定等级后,按等级和风格特点在库内排列整齐。为使新酒等级评定更准确,验酒人员要练好基本功。

②优质原酒和调味酒最好用陶坛原度贮存,以促进老熟,若产量较大,陶坛不够(或坛库

不够),优质原酒可先在陶坛内贮存 1 年以上再转入不锈钢贮罐贮存。调味酒最好坚持在陶坛贮存。

③不要脏酒贮存。不少酒厂的贮酒罐疏于清洗,原有的酒抽出去了(并未取尽),新的酒又抽进去,贮酒坛(罐)底部的沉积物少有清除,有的还相当多,这就是脏酒贮存。酒罐底部的沉积物主要来源于新酒,有泥沙(尘土)、糟屑、稻壳、纤维、金属氧化物等,这些物质在贮存期间与酒中众多的化学物质发生复杂反应,给白酒引入新的不应有的成分,产生不良后果。因此,可用硅藻土、活性炭过滤后再贮存。

④坛口密封。陶坛贮酒,一般用厚型聚乙烯膜将坛口封住,用绳把薄膜扎紧于坛口周边后,再用沙袋或其他重物压实,以免影响酒质。随时检查薄膜是否有砂眼或破损,及时更换。

⑤陶坛贮酒要经常检查坛子是否渗漏;不锈钢罐贮酒要经常检查管道接头、阀门是否关严,以免造成损失。

⑥不同风格的酒,即使同一个等级,也不能任意合并;调味酒更是如此。若坛(或罐)内酒不多,需与其他坛(或罐)合并,应先作小样试验,以保证酒质。

⑦不锈钢罐水封问题。大多数白酒厂的贮酒罐都用"水封",这种方法效果远不如坛口密封法。不锈钢罐中的白酒(液体)与白酒液面上方的白酒蒸气之间有一个平衡(蒸发溶解平衡)关系。白酒蒸气必然要溶解在罐口水封的水中,使之成为一种度数较低白酒,然后再向大气中散发蒸气,其中就有酒蒸气,这一过程将连续不断地进行下去,这就是水封效果不好的原因。另外,水封的水易污染(微生物、尘土、泥沙等),污染后的水在揭盖时常会带入酒中(操作不细者尤甚)。这两个问题已引起许多酒厂注意。

⑧容器应有编号和标识。详细建立库存档案,内容包括坛(罐)号、产酒日期、窖号、质量、酒度、风格特点、色谱数据等。将这些数据形成酒源信息资料,有利于勾调组合时选酒。

⑨做好酒库清洁卫生,勤扫、勤抹、常开门窗,避免生发霉臭味和青霉。

⑩酒库管理员要与白酒勾调员密切联系,为白酒勾调员提供方便。

⑪大罐贮存可定期密封,间歇搅拌,以促进酒的老熟。

第二节　白酒老熟的机理

白酒在贮存过程中的物理变化主要是分子间的氢键缔合,化学变化比较缓慢,主要是氧化、还原、酯化和水解、缩合等,使酒中的醇、酸、酯、醛等成分达到新的平衡。

一、乙醇及水的特性

乙醇具有亲水性和疏水性。它不仅存在单体分子,同时还存在着四聚体、五聚体、六聚体分子团簇。水分子具有 V 形弯曲形结构,极性很大,具有从多方向与其他分子形成氢键的能力。由于是乙醇溶解于水,因此乙醇-水溶液的结构特征也含有乙醇的结构。由于氢键类型在乙醇和水分子间不同,混合后分子结构的不确定性变得更加明显。吴斌等人的研究表明乙醇分子与水分子以不同方式结合,可形成8种团簇分子。韩光占等的研究表明,乙醇分子与水分子以六元环状、菱形、书状、笼状方式结合,比较稳定。

二、乙醇-水溶液

乙醇的相对分子质量是46,而水的相对分子质量是18,乙醇分子是由乙基和羟基两部分组成的,可以看成是乙烷分子中的一个氢原子被羟基取代的产物,也可以看成是水分子中的一个氢原子被乙基取代的产物。当乙醇与水混合时,小分子水填进了大分子乙醇之间的空隙,使得50 mL的水与50 mL的乙醇混合时,总体积并不是100 mL,而只有97 mL左右。

不同比例的乙醇和水混合成100 L溶液时,所需乙醇和水的体积及体积缩小量见表5-2。当53.94 L的乙醇和46.83 L的水混合时,得到最大体积缩小量,为3.779 L,这时酒度为53% vol～55% vol。缔合度越大,酒精分子的自由度越小,酒的柔和度越强。

表5-2　乙醇和水混合变化表　　　　（单位:L）

乙醇	水	体积缩小量
0	100	0.00
10	90.74	0.74
20	81.72	1.72
30	72.67	2.67
40	63.35	3.35
50	53.65	3.65
52	51.67	3.670
53	50.676	3.676
54	49.679	3.679
55	48.676	3.676
56	47.673	3.673
57	46.670	3.670
60	43.68	3.68
70	33.36	3.336
80	22.83	2.83
90	11.91	1.91
100	0.00	0.00

由于白酒中含有酸、醇、酯、醛、酮、芳香化合物等,因此氢键的结合,不仅仅是乙醇和水之间氢键的结合。研究表明,乙醇分子与水分子结合的疏密程度与酸和多酚有密切关系。向60% vol乙醇水溶液中加入乙酸,随着酸浓度的增大,化学位移向更低磁场方向移动,促进

水与乙醇之间的质子交换,同时形成更加井然有序的乙醇-水溶液的结构特征。向 60% vol 乙醇-水溶液加入多酚物质,也有向 60% vol 乙醇-水溶液加入乙酸的效果。

水与乙醇的混合溶液受自身特性、pH 值、温度、压力等影响,也受溶液中其他物质如有机酸、多酚等的影响;水与乙醇的混合溶液,存在着准稳定的乙醇分子集合向更稳定的分子集合变化的过程。

三、白酒的老熟机理

(一)物理变化

1. 分子重新排列

白酒中自由度大的乙醇分子越多,刺激性越强。随着贮存时间延长,乙醇分子与水分子间逐渐构成大的分子缔合群,乙醇分子受到束缚,活性减少,在味觉上有柔和的感觉。白酒的缔合是一个放热过程,故白酒不宜高温贮存,适合较低温度贮存,以利于缔合反应。

2. 挥发

刚蒸馏出来的白酒,含有较多的低沸点成分,如硫化氢、硫醇、硫迷、丙烯醛、游离氨等,使得白酒带有强烈的新酒味和刺激性。在自然老熟贮存过程中,低沸点物质分子不断扩散和挥发,从而使白酒的新酒味和刺激性减弱,且随着温度的升高,挥发作用加快,一段时间后,使酒体变得成熟、柔和(表5-3)。但是,过长时间的贮存会使香味降低。白酒需要一定的温度,促进酒中不愉快物质的挥发,因此白酒贮存温度不宜过低。

表 5-3　不同风味物质的沸点

名称	沸点/℃	名称	沸点/℃
甲醇	64.5	乙醇	78
正丙醇	97.2	异丁醇	107.9
水	100	乙醛	21
硫化氢	−61	异戊醇	132
甲硫醇	6	乙缩醛	102
乙硫醇	37	糠醛	162
丙烷	−42	乙酸	118.1
乳酸	122	己酸	205
乙酸乙酯	77.1	乳酸乙酯	154
己酸乙酯	167	β-苯乙醇	220

(二)化学变化

1. 缓慢的酯化反应

醇和酸生成酯,使总酯增加,酸度、酒度降低。白酒中的有机酸与乙醇等能发生酯化反应,酯化反应是一个平衡反应,与白酒中酯、醇和水的浓度有关,白酒中有机酸对酯化反应还有一定的催化作用。白酒中有多少类有机羧酸与乙醇反应就要生成多少类酯,反应通式如下:

$$RCOOH + C_2H_5OH \longrightarrow RCOOC_2H_5 + H_2O$$

酯化反应使酯类物质种类和含量增多,使白酒香气增加,对白酒酒度的下降起到了不可忽视的作用。白酒中酸含量越高,酯化反应越易进行。但白酒酯化反应的同时,也进行着酯的水解反应,对高度酒,酯化反应更强一些;而对低度酒,水解反应更胜一筹。

"扳倒井"通过对高度酒贮存的不间断分析,发现总酯前期有缓慢升高,后期有下降的趋势,这种变化对白酒的品质和风味有很大的影响,能使白酒香气更加谐调、陈香突出。但是,低度酒长时间贮存因水解作用会使口味变得淡泊,低度酒不宜长时间贮存。

2. 氧化还原反应

醇氧化生成醛、酸,使酒度降低。由于空气中的氧不断溶入酒中,酒中的各微量成分与这些溶解氧缓慢而持续发生一系列的氧化反应。

醇氧化成醛的反应通式:

$$ROH_2OH \longrightarrow RCHO + H_2O$$

醛氧化成酸的反应通式:

$$RCHO \longrightarrow RCOOH$$

硫醇氧化为二硫化物的反应通式:

$$2CH_3SH + O_2 \longrightarrow CH_3S—SCH_3 + H_2O$$
$$2C_2H_5SH + O_2 \longrightarrow C_2H_5S—S—C_2H_5 + H_2O$$

这些氧化反应是白酒中主要的氧化反应。经过氧化,新酒中的刺激性物质生成了无臭或香味物质,如硫醇氧化成二硫化物,虽也是低沸点物质,但其化学性质稳定,且臭味减轻。

白酒的老熟与白酒中复杂的氧化反应有很大关系,许多的人工老熟技术如增氧、超声波、X射线或微波等处理方法,也都是为了促进氧化作用,在微量氧化条件下缓慢氧化,使酒中产生了许多新的微量物质。

3. 缩醛反应

白酒中发生的缩醛反应可减轻白酒的辛辣味,反应通式为:

$$2R'OH + RCHO \longrightarrow RCH(OR')_2 + H_2O$$

同时,醛亦可发生自聚反应,生成聚多醛,如乙醛可生成三聚乙醛,产生一种新的带愉快香气的成分:

$$3CH_3CHO \longrightarrow (CH_3CHO)_3$$

新酒中乙醛含量较高,也是造成新酒辣味的主要原因之一,经过贮存老熟,可聚合一部分醛类,使辛辣味降低。

四、白酒的人工老熟

(一)人工老熟概述

所谓人工老热,就是人为地采用物理方法或化学方法,促进酒的老熟,以缩短贮存时间。

水和乙醇是白酒的主要成分。水分子是由 O—H 共价键构成的,因此水分子间可由氢键形成缔合分子。同时,酒精分子也带有—OH,同样可以形成缔合分子。如果水和酒精共存,就会形成两者的缔合群,这种变化成年累月地进行,使酒的物理性质起了变化,同时,酒在放置过程中,有的成分增加,有的成分减少,有的不变。因此,与新酒相比,老酒中微量成分间的比例关系发生了变化,同时发生了化学变化,自然感官上也就有很大的区别。人工催熟就是加速这种变化。

(二)几种催熟方法

名优白酒或优质酒的贮存期长,这样就占用了大量的贮存容器和库房,影响了生产资金的周转。为了缩短贮存期,人们进行了大量的新酒人工催熟的试验,下面分别作简单介绍。

1. 氧化处理

氧化处理的目的是促进氧化作用。在室温下,将装在氧气帐中的工业用氧直接通入酒内,密封存放 3～6 天,经处理的酒较柔和,但香味淡薄。

2. 紫外线处理

紫外线是波长小于 0.4 μm 的光波,具有较高的化学能量。在紫外线作用下,可产生少量的初生态氧,促进一些成分的氧化过程。某酒厂曾经用 0.253 7 μm 紫外线对酒直接照射,初步认为以 16 ℃处理 5 min 效果较好,随着处理温度的升高,照射时间的延长,变化越大,处理 20 min 后,会出现过分氧化的异味,说明紫外线对酒内微量成分的氧化过程,有一定的促进作用。

3. 声波处理

超声波的高频振荡强有力地增加了酒中各种反应的概率,还可能具有改变酒中分子结构的作用。某酒厂使用频率为 14.7 kHz、功率为 200 W 的超声波发生器,在 -20～10 ℃的各种温度下分别对酒进行处理,处理时间为 11～42 h。处理后的酒香甜味都有增加,味醇正,总酯含量有所提高。但若处理时间过长,则酒味苦;处理时间过短,则效果甚微。

4. 磁化处理

酒中的极性分子在强磁场的作用下,极性键能减弱,且分子定向排列,各种分子运动易于进行。同时,酒在强磁场作用下,可产生微量的过氧化氢。过氧化氢在微量的金属离子存在下,可分解出氧原子,促进酒中的氧化作用。某酒厂选择 3 种磁场强度分别对酒样处理 1、2、3 d,处理后酒的感官质量比原酒略有提高,味醇和,杂味减少。

5. 微波处理

微波是指波长为 1 m 至 1 mm,或频率为 30 MHz 至 200 GHz 的电磁波。微波之所以能促进酒的老熟,是因为它是一种高频振荡波,能在某瞬间将部分的酒精分子及水分子切成单独分子,然后再促进其结合成安定的缔合分子群,改变酒精水溶液及酒分子的排列,促进酒在物理性能上的老熟,使酒显得绵软。同时,分子的高速运动产生大量热量,使酒温急剧上升,加速酯化反应,总酯含量上升,酒的香味增加。

6. 激光处理

激光处理借助激光辐射场的光子的高能量,对物质分子中的某些化学键产生有力的撞击,使这些化学键断裂或部分断裂,某些大分子团或被"撕成"小分子,或成为活化络合物,自行络合成新的分子。利用激光的特性就能在常温下为酒精与水的相互渗透提供活化能,使水分子不断解体成游离氢氧根,同酒精分子亲和,完成渗透过程。有人曾用激光对酒作不同能量、不同时间的处理,结果显示,经处理后的酒变得醇和,杂味减少,新酒味也减少,相当于经过一段时间贮存的白酒。

7. 加土陶片(瓦片)催熟

实践表明,用土陶(瓦罐、瓦坛)贮存白酒的催熟效果最佳。其原因是:①土陶有很多微孔,这些微孔不漏酒,但可以透气,可促进酒的氧化作用;而且微孔还可留存微量的贮存后的老酒,这些老酒可以促进催化作用,加速新酒的物理变化和化学变化。②土陶中含有一定量的金属元素,如 Na、Ca、K、Mg、Fe、Cu、Cr 等,这些金属元素可以促进新酒的物理、化学变化,加快酒的老熟。最新的研究表明酒中含有 1 mg/L 左右的 K、Cu,有利于提高酒的口感,使酒醇厚,醇甜感增加,去新酒气。根据这些原理,在不是土陶容器的其他大容器内加入土陶片或瓦坛片,是可以加速新酒老熟,起到瓦坛贮存的效果的。

8. 加热催熟

加热可增快酒的物理变化、化学变化,促进酒的老熟。研究表明,在 40 ℃ 左右贮存 6 个月,相当于 20 ~ 30 ℃ 贮存 2 ~ 3 年的水平。所以,现在有些企业不把酒贮存在室内或洞内,而把新酒贮存在室外,酒温随着自然气候的变化而变化,这样贮存 1 年相当于贮存 3 年,但该方法损耗偏大,且要加强管理。

9. 钴60 射线处理和电子加速器处理

钴60 射线能量很大,使用它处理白酒,尚存在如下几个问题:一是处理后虽然香味有所提高,但异香突出;二是剂量难以掌握;三是利用钴源,其设备需几年更新一次。若利用电子加速器,则投资太大。

10. 声光老熟

声光作用的实质,是超声辐射场的声子借助激光辐射场的光子的高能量,对酒液中某些物质分子的化学键给以有力的撞击,使这些化学键出现断裂或部分断裂,或某些大分子团被撞击为小分子或成为活化络合物,再进行新的组合。利用声光的特性,可为乙醇与水的相互渗透提供活化能,即使水分子不断解体成游离态的氢氧根,与乙醇分子亲和而完成渗透过程。将大曲酒用声光处理 35 min,能达到自然陈酿一年多的程度。

11. 综合处理法

采用电子陈酿设备,利用磁频、超声波、紫外线及臭氧同时作用于白酒,其中磁频率为 10 MHz,输出功率为 1 000 kW 左右;超声波频率为 800 MHz,输出功率大于 800 kW;紫外线波长为 253 nm,光强 90 W 左右;臭氧为强氧化剂,能促进酯化反应。

该法对各种曲酒、普通白酒、液体发酵法白酒都有效果,尤其对清香型白酒效果更为明显,经综合设备处理的新酒,可达到自然陈化半年至一年的老熟度。

12. 化学添加剂法

如在薯干白酒中添加赖氨酸,效果较好。

综上所述,同一方法,试样不同,效果各异。一般说来,随着原酒质量的提高,人工催熟的效果就降低,即质量越差的新酒,经人工催熟后,质量提高越明显,质量好的酒,效果就差些。总之,迄今为止,对新酒的人工催熟尚无切实可行的方法,还有待于进一步深入研究与探索。

◎**复习思考题**

1. 简述白酒贮存过程中的理化变化。
2. 简述白酒老熟的机理。

第六章　调味酒

调味酒是指采用特殊工艺生产的,有特定的香味物质和独特的风味,并且能弥补基础酒存在的缺陷的功能性白酒。调味酒常具有特香、特甜、特醇、特浓、特爆、特麻等特点,其主要功能和作用是使组合的基础酒质量水平和风格特点尽可能得到提高,使基础酒的质量向好的方向变化并稳定下来。

调味酒的品种较多,各酒厂根据自己的特点和习惯,会有不同的称呼。

第一节　酱香型白酒调味酒

茅台酒新成分的发现,无疑是酱香型白酒研究的重大进展。从目前的认识来看,酱香型白酒香味成分主要特点有:①有机酸总量高,明显高于浓香型、清香型白酒。其中乙酸含量多,乳酸含量也较多,它们各自的绝对含量是各类香型白酒相应组分含量之冠。②总醇含量高,尤以正丙醇含量高,这点与清香型酒类似,它与酱香型酒"爽口""微苦"关系密切,还可起到"助香"作用。③己酸乙酯含量不高,一般在 40~50 mg/100 mL,在"窖底香"基酒中含量较多,尤其在"空杯留香"残留物中含量特多,这是研究中新的发现,故"空杯留香",己酸乙酯的作用不容忽视。

酱香型酒中,醛、酮类化合物总量是各类香型白酒相应组分含量之首。特别是糠醛含量,与其他各类香型白酒相比,酱香型白酒的糠醛含量是最高的;还有异戊醛、丁二酮和醋酚等也是含量最多的。

茅台酒中高沸点化合物多达数百种,是各香型白酒相应组分之冠。这些高沸点化合物包括高沸点的有机酸、有机醇、有机酯、芳香族化合物及氨基酸,其来源主要与茅台酒的高温制曲、高温堆积、高温接酒等工艺相关。这些高沸点化合物的存在,明显地改变了香气的挥发速度和口味刺激程度,使茅台酒具有柔和、细腻的口感。

酱香型白酒由于其生产工艺的特殊性(二次投粮、九次蒸煮、八次发酵、七次取酒,一年为一个生产周期,单轮发酵 30 d),各轮次的酱香调味酒风格迥异。根据其生产方式和感官特点不同,一般将常用的酱香型白酒调味酒分成以下几类:①酱香调味酒;②醇甜调味酒;③窖底香调味酒;④陈香调味酒;⑤其他特殊调味酒(特酸、特甜等)。

一、调味酒种类及其主要理化指标

（一）酱香调味酒

由于在酱香型白酒的生产酿造过程中，前面轮次的酒带有生沙味，故酱香调味酒一般安排在产酒风格好、数量多的中间轮次进行制作。通常是取中间轮次香气较好的糟醅。按酱香生产中的摊晾工艺先降温至要求的温度，再加入适当的高温曲粉充分搅拌。糖化时要和普通的糟醅分开另堆糖化，但要控制其和普通糟醅的糖化过程基本一致。等该糟醅达到入池发酵的要求后，立即将普通糟醅入池完毕，平整并稍加拍紧，用熟糠壳或篾片作为间隔标识；然后在制作酱香调味酒的糟醅中加入特别制作的培养液迅速拌和均匀，放入窖池的上部，用特殊的窖泥来封窖发酵，适当延长发酵期。这样窖池上部的糟醅经过发酵后，起糟单独蒸馏，蒸得的半成品酒经尝评定级，入库后恒温贮存，作为调味酒使用。此类调味酒总酸在 3～4 g/L，总酯在 5 g/L 以上，酚类、含氮化合物等复杂成分的种类和含量也很丰富。从表 6-1 可以看出，调味酒中香味物质成分复杂，且一些与酱香相关的微量成分（吡嗪类）十分丰富。

表 6-1 酱香型白酒大宗酒与调味酒的成分 　（单位：mg/100 mL）

项目	大宗酒	酱香调味酒
总酸（以乙酸计，g/L）	2.1	3.55
辛酸乙酯	0.49	1.00
乙酸乙酯	178.98	198.92
甲酸乙酯	2.17	1.83
丁酸乙酯	7.77	14.34
戊酸乙酯	5.12	3.10
己酸乙酯	15.75	7.10
乳酸乙酯	147.67	151.4
噻唑	0.41	110.67
糠醛	4.34	48.67
异丁醛	3.45	13.89
总酯（以乙酸乙酯计，g/L）	3.14	5.61
四甲基吡嗪	0.13	25.56
壬酸乙酯	—	0.61
噻吩	6.68	89.78
吡喃	1.34	56.32
吡喃酮	0.09	43.32
吡啶	1.34	178
己酸	11.48	6.89
乙酸	1.06	99.34
呋喃	0.48	34.32
三甲基吡嗪	0.15	14.67

正因如此,丰富的微量成分造就了酱香调味酒酱香突出、丰满醇厚、幽雅细腻、后味长、酱香风格典型的特点,所以被称为酱香调味酒。但由于采用了窖底和窖面的两轮发酵,有时它也带有"酱香突出、略带底香"的特殊风格。在调味时能够对酱香香气和风格起到很好的弥补和平衡作用,增加酒体醇厚感和丰满度。但实践证明,酱香调味酒如使用不当则可能导致酒体口感带酱涩味,不爽口。此类调味酒往往起画龙点睛的作用,调整酒体酱味,但应适量使用。

(二)醇甜调味酒

此类调味酒目前无特殊生产工艺。各酱香生产厂家主要从大宗酒中选取酒体醇甜感较好、后味干净的酒作为醇甜调味酒备用。醇甜调味酒总酸在 2～3 g/L,总酯在 4 g/L 以上,其酚类、含氮化合物、吡嗪类等复杂成分的种类和含量适中(表6-2)。

表6-2　酱香型白酒大宗酒与醇甜调味酒的成分　(单位:mg/100 mL)

项目	大宗酒	醇甜调味酒
总酸(以乙酸计,g/L)	2.09	2.67
仲丁醇	4.94	0.05
正丙醇	107.95	125.3
异丁醇	13.60	21.35
仲戊醇	0.32	2.70
正丁醇	8.09	26.39
活性戊醇	7.41	9.69
异戊醇	35.31	49.28
正己醇	1.51	16.72
1,2-丙二醇	18.94	8.57
亚油酸乙酯	0.48	2.24
油酸乙酯	0.77	1.68
棕榈酸乙酯	1.06	3.13
总酯(以乙酸乙酯计,g/L)	3.21	4.61
β-苯乙醇	1.58	0.83
己酸	11.48	91.15
己酸丁酯	0.15	0.27
三甲基吡嗪	0.49	1.00
辛酸乙酯	0.13	1.76
丙酸	—	6.66

续表

项目	大宗酒	醇甜调味酒
四甲基吡嗪	0.13	5.74
戊酸	1.52	6.36
十二酸乙酯	0.09	3.32
苯丙酸乙酯	—	0.11
己酸乙酯	11.48	24.15
1,3-丙二醇	1.05	1.91

白酒中的甜味主要源自醇类（多元醇）物质，从表6-2可以看出，醇甜调味酒醇类物质十分丰富，尤其是多元醇，且含量较高。醇甜调味酒的特点是酱香幽雅，入口醇甜柔和，尾净，谐调。调味时合理使用醇甜调味酒能够使酒体更加柔和，增加酒体细腻度和回甜感，但使用不当反而会导致风格减弱。

（三）窖底香调味酒

窖底香调味酒的制作方法类似于浓香型双轮底调味酒，即将优质糟醅放在窖底连续发酵2个或以上轮次的周期（取3~6次酒来制作），通常是取发酵正常、香气较好的未取酒底糟，用特制的培养液迅速拌和均匀，先在窖底撒上适量的谷壳和高温曲粉，然后将拌和好的糟醅放入窖底，处理平整，稍拍紧，在上面用一层谷壳或篾片作为标识，再将已达到糖化要求的普通糟醅依次盖在上面，装满窖池后封窖发酵。经一定的发酵周期，将窖底酒醅取出单独蒸馏，尝评分级、入库恒温洞藏后作为调味酒使用。目前，一些企业在尝试制作三轮底、四轮底或更多轮调味酒，以提高窖底香调味酒的质量，增加调味酒窖底香的馥郁程度。

窖底香调味酒香味成分中（表6-3），醛类、挥发性的低沸点乙酯类的含量较高，总酸在2.0~3.0 g/L，总酯在6 g/L以上，均高于同批生产的其他调味酒。己酸乙酯含量达1 g/L以上，这与其酒体放香好有关。

表6-3　酱香型白酒大宗酒与窖底香调味酒的成分　　（单位:mg/100 mL）

项目	大宗酒	窖底香调味酒
总酸(以乙酸计,g/L)	2.53	2.85
乙酸乙酯	178.98	348
乳酸乙酯	167.67	228
己酸乙酯	15.75	148.13
乙醛	23.13	36.07
正丙醇	0.29	0.36
异丁醇	0.50	2.50
乙缩醛	21.87	42.12

续表

项目	大宗酒	窖底香调味酒
2-甲基丁醛	3.46	5.13
异戊醛	6.03	14.54
丁二酸二乙酯	0.19	0.65
乙酸	114.89	179.87
总酯(以乙酸乙酯计,g/L)	4.24	6.28
癸酸乙酯	0.12	4.56
丁二酸二乙酯	0.18	0.67
丁酸乙酯	16.76	39.78
异戊酸	0.27	4.67
苯乙酸乙酯	0.48	0.78
己酸	11.48	118.46
丙酸	5.61	3.76
戊酸乙酯	5.12	23.75
油酸乙酯	0.77	2.98
亚油酸乙酯	0.48	7.89
戊酸	1.52	3.57

从表6-3可以看出,窖底香调味酒的酯类物质非常丰富,尤其是四大酯含量相对较高,这正是此类调味酒放香好的主要原因。

这类调味酒按其感官特点可分为1~3个级别,具有窖底香突出、带酱香、入口香大、醇厚丰满、后味长、放香好等特点,以窖底香为主与酱香相结合的复合香气非常馥郁、幽美,在调味时可增加酒体放香、醇厚感以及细腻感。但实践证明,窖底香调味酒使用不当会出现冲淡酱味的缺点。

(四)陈香调味酒

陈香调味酒并无特殊制作工艺,通常是选香气较好的调味酒经长期贮存而成。在贮存过程中,随着时间的延长,散发出一种特殊的舒适的陈香味。此类调味酒通常定为陈香调味酒。大宗酒与陈香调味酒的GC-MS理化分析结果见表6-4。

表6-4 酱香型白酒大宗酒与陈香调味酒的成分 (单位:mg/100 mL)

项目	大宗酒	陈香调味酒
辛酸乙酯	0.86	2.32
乙酸乙酯	121.43	87.92
甲酸乙酯	2.43	15.56

续表

项目	大宗酒	陈香调味酒
乙缩醛	4.55	34.34
壬醛	0.32	8.98
苯甲醛	0.37	7.45
戊酸乙酯	5.12	4.35
己酸乙酯	7.56	12.32
庚酸乙酯	0.30	0.76
四甲基吡嗪	0.13	2.19
壬酸乙酯	—	0.61
丁酸	5.76	9.74
戊酸	1.45	5.98
十二酸乙酯	0.12	0.08
丙酸	—	13.19
己酸	12.34	56.98
乙酸	56	103.45
三甲基吡嗪	0.48	2.24

从表6-4可以看出,陈香调味酒酸高、酯低,酸酯差异比较大,这与酱香型白酒贮存过程中酸增、酯减的老熟变化有关。正因如此,造就了其"酱香突出,陈香幽雅舒适,细腻圆润、回味悠长、个性突出"的特点。调味时适当添加可以增加酒体陈味和醇厚感,但通常此类调味酒需通过长时间的贮存制得,过量使用会带来成本增加和延续性等问题。

(五)其他调味酒

生产用调味酒通常选用以上4类调味酒或大宗酒中特点较为鲜明的酒种。除此之外,其他调味酒还可粗略分为3种:特甜调味酒、特酸调味酒和特爽调味酒。下面主要介绍前两种。

1. 特甜调味酒

此类调味酒总酸在1~1.5 g/L,总酯在2.5 g/L以上,各项指标较为均衡,且相对较低。大宗酒与特甜调味酒 GC-MS 理化分析结果见表6-5。

表6-5 **酱香型白酒大宗酒与特甜调味酒的成分** (单位:mg/100 mL)

项目	大宗酒	特甜调味酒
总酸(以乙酸计,g/L)	2.32	1.23
仲丁醇	5.04	18.58
正丙醇	12.48	32.15

续表

项目	大宗酒	特甜调味酒
异丁醇	13.20	12.3
仲戊醇	0.83	2.88
正丁醇	5.36	13.89
活性戊醇	6.64	13.15
异戊醇	0.13	45.90
正己醇	3.50	5.64
1,2-丙二醇	22.88	0.99
1,3-丙二醇	1.42	1.27
β-苯乙醇	0.87	0.43
总酯(以乙酸乙酯计,g/L)	4.32	3.45
油酸乙酯	1.00	1.82
三甲基吡嗪	0.11	—
辛酸乙酯	0.51	2.42
丙酸	1.51	1.4
四甲基吡嗪	0.09	—
戊酸	0.46	0.96
十二酸乙酯	0.17	—
苯丙酸乙酯	0.11	—
己酸	6.84	66.68
棕榈酸乙酯	2.64	5.84
亚油酸乙酯	1.65	3.78

从表6-5可以看出,特甜调味酒的各项指标较为均衡,但醇类物质相对较高,这与其甜味有关。此类调味酒的主要特点为甜味突出、尾味干净、酒体醇和。其主要用于增加酒体甜味及其谐调感,但使用过多往往会影响酒体的酱香风格。

2. 特酸调味酒

此类调味酒总酸约5 g/L,总酯在6.5 g/L以上,各种酸相对其他调味酒也较高。大宗酒与特酸调味酒GC-MS理化分析结果见表6-6。

表6-6　酱香型白酒大宗酒与特酸调味酒的成分（单位:mg/100 mL）

项目	大宗酒	特酸调味酒
总酸(g/L)	2.12	5.21
乙酸	131.84	373.98

续表

项目	大宗酒	特酸调味酒
丙酸	8.61	9.38
己酸	11.48	43.78
丁酸	6.68	54.43
乳酸	23.45	108.67

从表6-6可以看出,此类调味酒中酸类物质非常丰富且含量较高,尤其是四大酸。该酒特点为:酸味突出、后味回甜。其主要用于增加酒体醇厚度,适量可增加酒体细腻感;在低度白酒中使用可以掩盖水味,延长后味,使用过多则会影响酒体口感。

二、调味酒感官特征及其功能

每一种调味酒的调味功能与其感官特征及理化指标密切相关,不同的调味酒其功能不同。

1. 酱香调味酒

感官特征:微黄透明,酱香特别突出;幽雅细腻、醇厚丰满、回味悠长,空杯留香持久。

调味功能:增加酒体酱香风格、醇厚感和丰满度。

2. 醇甜调味酒

感官特征:微黄透明,醇甜、柔和、爽口,尾净味长。

调味功能:增加酒体细腻度和回甜感。

3. 窖底香调味酒

感官特征:微黄透明,窖底香突出带酱香;入口放香挺拔,细腻丰满,后味长。

调味功能:调整酒体放香、醇厚感及细腻度。

4. 陈香调味酒

感官特征:微黄透明、陈香突出、细腻圆润、回味悠长,个性突出。

调味功能:增加酒体酱香陈味及醇厚感。

5. 特甜调味酒

感官特征:甜味突出、尾味干净,酒体醇和。

调味功能:增加酒体甜味和酒体谐调感。

6. 特酸调味酒

感官特征:酸味突出,后味回甜。

调味功能:增加酒体醇厚感及细腻感,掩盖低度酒的水味。

影响酱香调味酒调味功能及效果的因素很多,如基酒情况、调味酒添加量等。每种风格的调味酒都有其独特的优点,在调味过程中应结合使用,取长补短。这样使用调味酒既能达到满意的调味效果,又能节约成本。

第二节　浓香型白酒调味酒

　　浓香型白酒的香味组分,以酯类成分占绝对优势,无论在数量上还是在含量上都居首位,酯类成分约占香味成分总量的60%;其次是有机酸类化合物,占总量的14%～16%;醇类占第三位,约占总量的12%;羰基类化合物(不含乙缩醛)则占总量的6%～8%;其他类物质仅占总量的1%～2%。

　　浓香型白酒香味成分中酯类的绝对含量占各成分之首,其中己酸乙酯的含量又是各香味成分之冠,是除乙醇和水之外含量最高的成分。它不仅绝对含量高,而且阈值较低,在味觉上还带有甜味、爽口。因此,己酸乙酯的高含量、低阈值决定了这类香型白酒的主要风味特征。除己酸乙酯外,浓香型白酒酯类组分含量较高的还有乳酸乙酯、乙酸乙酯、丁酸乙酯,共4种酯,称浓香型酒的“四大酯类”,这四类酯的含量和比例,在很大程度上左右着浓香型白酒的质量和典型性。

　　有机酸类化合物是浓香型白酒中重要的呈味物质,它们的绝对含量仅次于酯类含量,约为总酯含量的1/4。其主要酸类是与“四大酯类”相对应的“四大酸”,其含量都在10 mg/100 mL以上。其含量顺序一般为乙酸＞己酸＞乳酸＞丁酸。总酸含量的高低对浓香型白酒的口味有很大的影响,它与酯含量的比例也会影响酒体的风味特征。

　　醇类化合物是浓香型白酒中又一呈味物质。它的总含量仅次于有机酸含量。一般醇与酯的比例在浓香型白酒组分中为1:5左右。高碳链的醇及多元醇在浓香型白酒中含量较少,它们大多刺激性小,较难挥发,并带有甜味,对酒体起到调节口味刺激性的作用,使酒体口味变得浓厚而甜。

表 6-7　部分浓香型调味酒的主要香味成分　　　　　　（单位:mg/100 mL）

成分	双轮底酒	窖香酒	曲香酒	陈味酒	泥香酒	甜味酒	酸味酒	苦味酒
己酸乙酯	401	373	218	270	258	282	216	117
乳酸乙酯	162	136	200	118	118	145	152	152.2
乙酸乙酯	114	107	146	144	61	92	242	123
丁酸乙酯	39	44	30	20	24	33	30	12
戊酸乙酯	15	17	10	8	10	13	12	2.5
棕榈酸乙酯	7.2	6.5	7.1	7.3	7.0	1.1	7.4	0.6
亚油酸乙酯	6.4	6.3	6.9	7.0	7.1	5.9	6.4	9.9
乙酸叔丁酯	6.7	4.3	5.5	6.4	4.3	4.8	7.3	3.6

续表

成分	双轮底酒	窖香酒	曲香酒	陈味酒	泥香酒	甜味酒	酸味酒	苦味酒
油酸乙酯	5.0	4.7	5.4	5.8	5.3	4.5	5.2	7.8
辛酸乙酯	8.4	7.7	5.5	4.5	6.1	4.5	5.2	3.2
甲酸乙酯	6.5	5.9	6.1	6.7	6.0	5.5	14	18
乙酸正戊酯	5.3	5.9	5.4	8.1	4.3	6.6	9.8	4.2
庚酸乙酯	7.0	6.9	4.0	4.3	4.9	5.1	4.5	1.8
乙酸	43	40	45	61	39	36	73	43
己酸	56	60	31	38	56	45	25	223
乳酸	14	15	32	63	34	28	27	27
丁酸	22	32	17	10	27	23	18	12
甲酸	3.0	4.8	4.3	1.2	2.3	1.1	3.1	2.7
戊酸	3.5	4.5	2.0	2.0	3.4	3.3	2.4	0.9
棕榈酸	1.8	1.3	4.3	2.2	1.4	2.9	1.7	3.7
亚油酸	1.2	0.7	2.2	1.4	1.3	1.6	1.5	2.7
油酸	1.3	0.9	3.2	1.9	1.2	2.0	1.5	2.7
辛酸	1.1	1.2	0.5	0.7	1.5	0.7	0.5	0.5
异丁酸	1.0	1.2	0.7	0.7	0.8	0.8	1.7	0.8
丙酸	1.1	1.2	1.0	0.8	1.1	0.8	1.7	0.6
异戊酸	1.1	1.3	0.6	0.5	0.8	1.0	1.2	0.4
庚酸	0.7	0.9	0.3	0.4	0.8	0.4	0.3	0.2
乙缩酸	56	63	58	63	201	125	121	234
乙醛	42	31	31	30	116	52	43	134
双乙酰	11	8.4	62.	12	4.3	7.3	7.0	4.4
醋醯	7.5	6.8	4.9	20	5.4	7.5	6.5	8.6
异戊醛	7.5	6.3	7.3	9.0	4.3	6.1	7.3	3.0
丙醛	4.1	5.0.	4.9	3.2	2.9	2.2	3.5	2.7
异丁醛	1.8	2.8	2.8	2.4	1.3	1.7	2.4	1.3
糠醛	1.5	1.2	1.2	1.1	0.6	1.8	2.4	0.8
正丁醛	1.2	1.6	2.5	1.9	0.8	0.9	1.5	0.7
丙酮	0.8	1.2	0.9	0.9	0.4	0.4	0.6	0.6
丁酮	0.2	0.4	0.1	0.1	0.03	0.1	0.9	0.03

续表

成分	双轮底酒	窖香酒	曲香酒	陈味酒	泥香酒	甜味酒	酸味酒	苦味酒
丙烯酮	0.9	1.7	1.2	1.2	1.1	0.7	0.5	0.8
异戊醇	33	42	33	31	40	41	36	44
正丙醇	19	17	19	19	16	16	27	12
甲醇	12	13	17	12	6.3	12	15	6.0
异丁醇	10	11	12	13	14	13	15	13
正丁醛	9.4	11	9.9	4.4	8.0	7.6	11	4.7
仲丁醇	7.9	13	7.5	3.6	4.4	7.4	18	1.7
正己醇	9.1	11	9.1	3.0	7.4	8.2	3.2	4.0
2,3-丁二醇	3.7	4.4	3.5	1.1	2.9	2.2	1.1	2.2
β-苯乙醇	0.3	0.4	0.4	0.4	0.5	0.3	0.6	0.5

一、双轮底调味酒

双轮底酒酸、酯含量高,浓香和醇甜突出,糟香味大,有的还具有特殊香味,是调味酒的主要来源。所谓"双轮底"发酵,就是将已发酵成熟的酒醅起到黄水能浸没到的酒醅位置,再从此位置开始在窖的一角(或直接留底糟)留约1甑(或2甑)量的酒醅不起,在另一角打黄水坑,将黄水舀完、滴净,然后将这部分酒醅全部铺平于窖底,在面上装好篾片(或隔一层熟糠),再将入窖粮糟依次盖在上面,装满后封窖发酵。隔醅篾以下的底醅经两轮发酵,称为"双轮底糟"。在发酵期满蒸馏时,将这一部分底醅单独进行蒸馏,产的酒叫作"双轮底"酒。

蒸双轮底糟时,进行细致的"量质摘酒"就可摘出优质调味酒。

为了进一步提高双轮底酒质量,制作时可在底糟中加入适量的酯化液、黄水、曲粉、酯化酶、一般曲酒、窖泥培养液等,不一定每样都加,也不能多加。做双轮底发酵要考虑下述条件:①窖池正常,即窖泥好、窖池不漏水;②糟醅发酵正常;③气温超过20 ℃不宜制作;④一个窖不宜连续做;⑤蒸双轮底糟时,不要在底锅中加入黄水、酒尾、酒精等,可加部分高度曲酒,以利香味成分提取。在勾兑优质酒时,往往要在基础酒中加入一些双轮底酒,即在组合基础酒时加入5% ~10%的双轮底酒。因此,组合基础酒不仅利用了双轮底酒组合功能,也利用了它的调味功能。许多调味酒都具有组合与调味的双重功能。

二、陈酿调味酒

选用生产中正常的窖池(老窖更佳),将发酵期延长到半年或1年,以便增加陈酿时间,产生特殊的香味。半年发酵的窖一般采用4月入窖,11月开窖(避过热季高温)蒸馏;1年发酵的窖,采用3月或11月装窖,到次年3月或11月开窖蒸馏。这些发酵周期长的窖池,一定要加强窖池管理,防止窖皮因干燥裂口,以致母糟霉烂造成损失。蒸馏时可根据酒质情况,做好"量质摘酒",摘取调味酒。这种发酵周期长的酒,具有良好的糟香味,窖香浓郁,后味余长,尤其具有陈酿味,故称陈酿调味酒。陈酿调味酒酸、酯含量特高。

制作陈酿调味酒时,可在主发酵期结束后(一般封窖后 20 d 左右),加入酯化液、黄水、酯化酶、窖泥培养液、一般曲酒等,效果会更好。蒸馏后,酒醅要采取特殊工艺加以利用,不要丢掉。

三、陈味调味酒

选择优质的双轮底酒、特殊风格的酒或优质的合格酒贮存 3 年以上,酒质变得醇和、浓厚,具有独特的风格和特殊的味道,通常带有一种"中药味",实际上是"陈味"。用这种酒调味或组合,可提高基础酒的风格和陈酿味,去除部分新酒味。现在,散装酒销售中陈味酒销量都很好,好的陈味酒更是奇缺。陈味酒为什么具有特殊的作用? 从香味成分检测来看,除总酯含量略有上升外,其他变化均无规律,其作用机理尚未弄清。

四、浓香调味酒

选择好的窖池和季节,在正常生产粮醅入窖发酵 15~20 d 时,往窖内回酒,使糟醅乙醇含量达到 7% 左右,每 1 m³ 窖容积灌 50 kg 窖泥功能菌培养液(含菌数不低于 4×10^8 个/mL),再发酵 100 d,开窖蒸馏,量质摘酒即成。采用回酒、灌培养液、延长发酵期等工艺措施,使所产调味酒酸、酯成倍增长,香气浓郁,是优质的浓香调味酒。本法的原理是增大酸、酯生化反应的底物浓度,适当延长发酵期,增加酯化时间,从而达到制备调味酒的目的。浓香调味酒对提高勾兑酒的前香和增加浓厚感有显著的效果。

五、曲香调味酒

选择质量好、曲香味大的优质麦曲,按 2% 的比例加入双轮底酒中,装坛密封 1 年以上。在贮存中每 3 个月搅拌一次,取上清液(或过滤液)作调味酒用。酒脚(残渣)可拌和在双轮底糟或底糟上回蒸,蒸馏后的酒可继续浸泡麦曲。依此循环,进一步提高曲香调味酒的质量,从而提高基础酒的曲香味。

六、酒头、酒尾调味酒

取双轮底糟或延长发酵期的酒醅蒸馏的酒头,混装在酒坛中,贮存 1 年以上备用。制取的方法是,每甑取 0.25~0.5 kg(注意除去冷凝器上留下的酒尾浑浊部分)。酒头中杂质含量多、杂味重,但其中含有大量的芳香物质,己酸乙酯、乙酸乙酯特别多,醛类、酚类也多。使用得当,可提高基础酒的前香和喷头。

选双轮底糟或延长发酵周期的粮糟酒尾,方法有三:①每甑取酒尾 30~40 kg,乙醇含量在 15% 左右,装入麻坛,贮存 1 年以上。②每甑取前半截酒尾 25 kg,乙醇含量 20%,加入质量较好的丢糟黄水酒,比例可为 1:1,混合后酒精含量在 50% 左右,密封贮存。③将酒尾倒入底锅内重蒸,酒精含量控制在 40%~50%,贮存 1 年以上。酒尾中含有较多的高沸点香味物质,酸酯含量高,杂醇油、高级脂肪酸和酯也高,由于含量比例很不协调(乳酸乙酯特高),味道很怪,单独尝评,香和味都很特殊。酒尾调味酒可以提高基础酒的后味,使酒体回味悠长和浓厚。酒尾中的油状物主要是亚油酸乙酯、棕榈酸乙酯、油酸乙酯等,它们相对分子质量较大,难溶于水,是酒中呈味不可缺少的物质。

七、黄水

黄水中总酸含量很高,主要是乳酸,其次是乙酸、己酸、丁酸、丁二酸等,因此将黄水作为白酒的酸性调味液是黄水的一个重要利用途径。由于黄水杂质多、异味重、变异性大、不稳定等,不能直接使用,因此除对黄水质量做出要求外,必须对黄水进行处理,方能用于调味。

制备方法:取一定量的新鲜优质黄水,加入95%(体积分数)的食用酒精,以凝固和絮积其中的有机物、蛋白质、机械杂质。酒精用量多少要视黄水情况而定,可分次加入,以不再有固体析出物为度。静置过滤(也可离心处理),滤液中加入活性炭(根据不同情况灵活掌握用量),进行脱臭、脱胶、脱色等以除去杂味。过滤后便可作为白酒的酸性调味液。欲得到更高质量的黄水调味液,可将活性炭处理后的滤液于专用设备中加热回流 2 ~ 3 h,蒸馏,分段收集蒸馏液,分别进行色谱检测和感官评定,择优者作调味液用。

八、酸性调味酒

固态发酵法或半固态发酵法生产白酒时,在生产过程中由于种种原因,会生产出一些酸味较重(含酸量较高)的酒,这些酒若无其他怪杂味,即可作为酸性调味酒。采用延长发酵期提高酒的酸度,高酸调味酒的总酸含量较高,可达到 200 mg/100 mL 以上,高酸调味酒贮存期必须在 2 年以上,才能用于调味。高酸调味酒可以弥补酒的苦涩味、酒体单薄等缺陷,使酒体后味绵长。大曲酱香型白酒的总酸含量大大高于浓香型曲酒,因此大曲酱香型白酒可以作为浓香型白酒的酸性调味酒。大曲酱香型白酒生产工艺独特、周期长,以致酸高、复杂成分丰富,用它作调味酒,效果十分显著,就口感来说,被调过的酒味长、厚实、丰满。

九、甜浓型调味酒

甜浓型调味酒味甜、浓突出,香气很好。酒中己酸乙酯含量高,庚酸乙酯、己酸酒、庚酸等含量较高,并含有较高的多元醇。它能克服基础酒香气差、后味短淡等缺陷。

十、香浓型调味酒

香浓型调味酒香气正,主体香突出、香长,前喷后净。酒中己酸乙酯、丁酸乙酯、乙酸乙酯等含量高。同时,庚酸乙酯、乙酸、庚酸、乙醛等含量较高,乳酸乙酯含量较低,能克服基础酒香浓差、后味短淡等缺陷。

十一、香爽型调味酒

香爽型调味酒突出了丁酸乙酯、己酸乙酯的混合香气,香度大、爽口。酒中丁酸乙酯含量很高,己酸乙酯含量也高,但乳酸乙酯含量低,能克服基础酒带面糟或丢糟气,提前香。

十二、爽型调味酒

爽型调味酒的特征是香而清爽、舒适,以前香而味爽为主要特点,后味也较长。这种调味酒用途广泛,副作用也小,能消除基础酒的前香味,对前香、味爽都有较好作用。

十三、木香型调味酒

木香型调味酒带木香气味。酒中戊酸乙酯、己酸乙酯、丁酸乙酯、糠醛等含量较高,能消除基础酒的新酒味,增加陈味。

◎复习思考题

1. 试述酱香型调味酒风味物质组成。
2. 试述浓香型调味酒风味物质组成。

第七章　白酒品评

第一节　白酒品评概述

白酒品评,就是用人的感觉器官,按照各类白酒的质量标准来检验酒质优劣的方法。品评快速而准确,在酒类行业中起着极为重要的作用,是产品分类、分级、勾兑调味效果、成品出库前检验的重要方法。白酒品评的意义和作用主要有以下几点。

(1)白酒品评是确定质量等级和评优的重要依据

在白酒生产中,应快速、及时检验原酒。通过品尝,量质接酒,分级入库,按质并坛,以加强中间产品质量的控制,同时又可以掌握酒在贮存过程中的变化情况,总结规律。国家行业管理部门通过举行评酒会、产品质量研讨会等,检评质量、分类分级、评优、颁发质量证书,对推动白酒行业的发展和产品质量的提高起到了重要的作用,举行这些活动,也需要品评来提供依据。

(2)白酒品评可检验勾兑调味的效果

勾兑调味是白酒生产的重要环节,通过勾兑调味,能巧妙地对基础酒和调味酒进行合理搭配,使酒平衡、谐调、风格突出。通过品评,可以迅速有效地检查勾兑与调味的效果,及时改进勾兑和调味的方法,使产品质量稳定。

(3)白酒品评是鉴别假冒伪劣产品的重要手段

假冒伪劣白酒不仅使消费者在经济上蒙受损失,还给消费者身体健康带来严重威胁,而且使生产企业的合法权益和声誉受到严重侵犯。实践证明,品评是识别假冒伪劣白酒直观而又简便的手段。

(4)白酒品评可为改进工艺和提高产品质量提供科学依据

通过品评,可对厂间、车间同类产品进行比较,找出差距,及时发现问题,总结经验教训,以便进一步提高产品质量,吸收先进技术,改进生产工艺,为进一步改进工艺和提高产品质量提供科学依据。

(5)品评省时省力,效果较好

白酒的品评同物理化学分析方法相比,不仅灵敏度较高,速度较快,节省费用,而且比较准确,即使微小的差异,也能察觉。

一、品酒的环境与条件

（一）品酒的环境

①品评地点应远离震动、噪声、异常气味,保证环境安静舒适。

②应有制备样品的准备室和感官品评工作的品评室。两室应有效隔离,避免空气流通造成气味污染;品评人员在进入或离开品评室时不应穿过准备室。

③温度和湿度。品评室以温度 16～26 ℃、湿度 40%～70% 为宜。

④气味和噪声。品评建筑材料和内部设施应不吸附和不散发气味;室内空气流动、清新,不应有任何气味。品评期间噪声应控制在 40 dB 以下。

⑤颜色和照明。a. 品评室墙壁的颜色和内部设施的颜色宜使用乳白色或中性浅灰色,地板和椅子可适当使用暗色。b. 照明可采用自然光线和人工照明相结合的方式,若利用室外日光要求无直射的散色光,光线应充足、柔和、适宜。若室外光线不能满足要求,应提供均匀、无影、可调控的人工照明设备,灯光的色温宜采用 6 500 K。

（二）品酒设施用具

（1）评酒桌（台）

①品评室内应设有专用评酒桌,宜一人一桌,布局合理,使用方便。

②桌面颜色宜为中性浅灰色或乳白色,高度 720～760 mm,长度 900～1 000 mm,宽度 600～800 mm。

③桌与桌之间留有 1 000 mm 左右的距离或增设高度 300 mm 以上的挡板,保障品评人员舒适且不相互影响。

④评酒桌的配套座椅高低合适,桌旁应放置痰盂或设置水池,以便吐漱口水。

（2）品酒杯

①准备人员按样品数量准备器具,宜使用统一的设备器具。

②蒸馏酒尝评一般采用郁金香形酒杯。郁金香形酒杯采用无色无花纹的玻璃杯,脚高、肚大、口小、杯体光洁、厚薄均匀。标准白酒品酒杯外形尺寸如图 7-1 所示,分有杯脚［图 7-1（a）］和无杯脚［图 7-1（b）］,均为无色透明玻璃材质,满容量 50～55 mL,最大液面处容量为 15～20 mL。有条件可在杯壁上增加容量刻度。

（三）品酒时间

品酒最佳时间一般在 9:00—11:00 及 14:00—17:00。为避免人员疲劳,每轮次中间应休息 10～20 min。

（四）品酒人员基本要求

白酒感官品评人员应符合下列要求:

①身体健康,视觉、嗅觉、味觉正常,具有较高的感官灵敏度。

②通过专业训练与考核,掌握了正确的品评规程及品评方法。

③熟悉白酒的感官品评用语,具备准确、科学的表达能力。

④了解白酒的生产工艺和质量要求,熟悉相关香型白酒的风味特征。

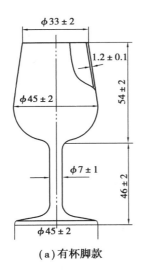

（a）有杯脚款

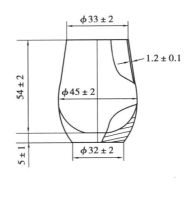

（b）无杯脚款

图7-1　白酒品酒杯

⑤不易受个人情绪及外界因素影响,判断、评价客观公正。

⑥品评人员处于感冒、疲劳等影响品评准确性的状态时不宜进行品酒;品评前不宜食过饱,不宜吃刺激性强和影响品评结果的食物;不能使用带有气味的化妆品、香水、香粉等;评酒过程中不能抽烟;保持良好的身体状况。

（五）品酒员要严格遵守品酒规则

①品酒员一定要休息好,保证睡眠时间。要做到精力充沛,感觉器官灵敏,有效地参加品酒活动。

②品酒期间,品酒人员不得搽香水、香粉或使用香味浓的香皂。不得带有芳香性的食物、化妆品和用具进品评室。

③品酒前半小时不准吸烟。

④品酒期间不能饮食过饱,不能吃刺激性强的影响品酒效果的食物,如辣椒、生葱、大蒜以及过甜、过咸、过油腻的食品。

⑤品酒时要注意安静。要独立思考,暗评时不许相互交谈和互看品评结果。

⑥品酒期间和休息时不准饮酒。

⑦白酒品评人员要注意防止品评效应的影响。

⑧品完一轮后要休息半小时,以恢复味觉。

二、品酒的方法与步骤

（一）品酒的方法

1.明评与暗评

明评又分为明酒明评和暗酒明评。明酒明评是公开酒名,白酒品评人员之间明评明议,最后统一意见,打分并写出评语。暗酒明评是不公开酒名,酒样由专人倒入编号的酒杯中,由白酒品评人员集体评议,最后统一打分,写出评语,并排出名次顺位。

暗评是酒样密码编号,从倒酒、送酒、评酒一直到统计分数、写综合评语、排出顺位的全过程,分段保密,最后公布品酒结果。

2. 其他品酒法

根据国内外品酒的实践,品酒方法还可以分为:

①一杯品评法:先拿一杯酒样1,品后取走,再拿一杯酒样2,继续评,要求品评人员评出酒样1和酒样2是否相同,若不同,评出其差异,主要训练和考核品评人员的记忆力(再现性)。

②二杯品评法:一次两杯酒样,一杯是标准酒,另一杯是酒样,评出两者是否有差异(如无差异、有差异、差异小、差异大等)及各自的优缺点(也可能两者为同一酒样)。

③三杯品评法:一次三杯酒样,其中两杯是相同的,要求品出哪两杯相同,不同的有何差异,以及差异程度如何。可提高品评人员的重现性和辨别能力。

④顺位品评法:将几种酒样(一般为5杯左右)分别编号,然后要求品评人员按酒度的高低或酒质的优劣,顺序排位,分出名次。

⑤记分品评法:按酒样的色、香、味、格的差异打分,写出评语。目前多以100分为满分,其中色10分,香25分,味50分,格15分。

(二)品评的步骤

白酒的品评主要包括色泽、香气、口味和风格4个方面。具体品评的步骤如下:

1. 眼观色

白酒色泽的评定是通过人的眼睛来确定的。先把酒样放在评酒桌的白纸上,用眼睛正视和俯视,观察酒样有无色泽和色泽深浅,同时做好记录。在观察透明度、有无悬浮物和沉淀物时,要把酒杯拿起来,然后轻轻摇动,进行观察。根据观察,打分并作出色泽的品评结论。

2. 鼻闻香

白酒香气的评定是通过人的鼻子判断的。当酒样上齐后,首先注意酒杯中酒量的多少,把酒杯中多余的酒样倒掉,使同一轮酒样中酒量基本相同之后才嗅闻其香气。在嗅闻时要注意:

①鼻子和酒杯的距离要一致,一般在1~3 cm。

②吸气量不要忽大忽小,吸气不要过猛。

③嗅闻时,只能对酒吸气,不能呼气。

在嗅闻时先顺次进行,辨别酒的香气和异香,再反序进行嗅闻。经反复几次嗅闻后,香气突出的和气味不正的首先确定下来,之后再对香气相近的进行对比嗅闻,最后确定闻香结果,写出评语。

3. 口尝味

白酒的口味是通过人的味觉确定的。先将盛酒样的酒杯端起,抿少量酒样于口腔中,品尝其味,并反复品尝辨别,最后打分并写出品尝结果。在品尝时注意:

①每次入口量要保持一致,以0.5~2 mL为宜。

②酒在口腔中停留时间应保持一致,一般停留5~10 s,仔细辨别其味道,然后咽下或吐出。

③酒样进口后,一般采用两种方法来体验酒的香味:一是蠕动法或振动法,利用上、下嘴

唇的来回张闭,使酒液在口腔中运动;二是平铺法,酒进口后,立即将酒液平铺于舌面,把嘴闭严,让酒气充满口腔。

④酒样下咽后,立即张口吸气,闭口呼气,辨别酒的后味。

⑤品尝时,先按闻香的好坏排序,先从香淡的开始品尝,由淡而浓,再由浓而淡反复几次,注意把爆香和异香的酒放到最后品尝。

⑥品尝次数不宜过多,一般不超过3次。每次品尝后用水漱口,防止味觉疲劳。

4.综合起来看风格

根据色、香、味的品评情况,综合判定白酒的典型风格。

(三)品酒效应

品评人员要加强心理素质的训练,克服偏爱心理、猜测心理、不公正心理及老习惯心理,培养轻松、和谐的心理状态。在品评过程中,要防止和克服顺序效应、后效应和顺效应。

1.顺序效应

有甲、乙两种酒,品评时,先尝甲,后尝乙,如果偏爱先品尝的甲酒,那么这种现象叫作正的顺序效应;如果偏爱乙酒,则叫作负的顺序效应。因此,在安排品评时,必须先从甲乙,反过来由乙到甲,进行相同次数的品评。

2.后效应

在品评前一种酒时,往往会产生影响后一种酒的现象,这种现象叫作后效应。例如,用0.5%的硫酸或氯化锰的水溶液漱口后,再含清水,口中有甜味感。我国白酒品评的习惯,是尝一杯酒后,休息片刻,回忆其味,用温热淡茶漱口,以消除口中余味,然后再尝另一杯,以消除后效应。

3.顺效应

人的嗅觉和味觉经过长时间的连续刺激,就会变得迟钝,以致最后变得无知觉,这种现象就叫作顺效应。为了避免发生这种现象,每次品评的酒样不宜过多,如酒样多时则应分组进行。

为了避免这些心理和生理效应的影响,品评时应先正序品评,再反序品评,如此反复几次,再慢慢地体会自然的感受。

四、品酒标准

(一)品酒标准的主要依据

白酒品评的主要依据是《白酒感官品评导则》(GB/T 33404—2016)。

(二)品酒标准

根据《白酒感官品评导则》中感官评定的要求,将白酒的品评标准分述如下。

1.外观

将酒杯拿起,以白色评酒桌或白纸为背景,采用正视、俯视及仰视方式,观察酒样有无色泽及色泽深浅。然后轻轻摇动,观察酒液澄清度、有无悬浮物和沉淀物。

2.香气

①一般嗅闻,首先将酒杯举起,置酒杯于鼻下10~20 mm微斜30°,头略低,采用匀速缓

慢的吸气方式嗅闻其静止香气。嗅闻时只能对酒吸气,不要呼气。再轻轻摇动酒杯,增大香气挥发聚集,然后嗅闻。

②特殊情况下,将酒液倒空,放置一段时间后嗅闻空杯留香。

3.口味口感

①每次入口酒量应保持一致,一般保持在0.5~2.0 mL,可根据酒度和个人习惯调整。

②品尝时,舌尖、舌边首先接触酒液,并通过舌的搅动,使酒液平铺于舌面和舌根部,以及充分接触口腔内壁。酒液在口腔内停留时间以3~5 s为宜,仔细感受酒质并记下各阶段口味及口感特征。

③最后可将酒液咽下或吐出,缓慢张口吸气,使酒气随呼吸从鼻腔呼出,判断酒的后味(余味、回味)。

④通常每杯酒品尝2~3次,品评完一杯,可清水漱口,休息片刻后,再品评另一杯。

4.风格

综合香气、口味、口感等特征感受,结合各香型白酒风格特点,作出总结性评价。判断其是否具备典型风格或独特风格(个性)。

(三)记分标准

记分标准为:100分为满分,其中色10分、香25分、味50分、格15分(表7-1、表7-2)。

表7-1　白酒品评记录表

轮次:　　　　　品酒员:　　　　　　　　年　　月　　日

酒样编号	品酒设计				总分100分	评语	名次
	色10分	香25分	味50分	格15分			
1							
2							
3							
4							
5							

表7-2　白酒品评评分标准

内容	评分	评语
色泽(10分)	10	无色透明
	-4	浑浊
	-2	沉淀
	-2	悬浮物
	-2	带色(酱香型除外)

续表

内容	评分	评语
香气 （25分）	25	具有本品固有芳香味
	−2	放香不足
	−2	香气不纯
	−2	香气不正
	−3	带有异香
	−4	有不愉快的气味
	−5	有杂醇油臭
	−7	有其他臭味
口味 （50分）	50	具有本香型的口味特点
	−2	欠绵软
	−2	欠回甜
	−2	淡薄
	−3	冲辣
	−3	后味淡
	−2	后味短
	−3	后味苦（小曲酒放宽）
	−3	焦煳味
	−5	涩味
	−5	辅料味
	−5	酒稍味
	−5	杂醇油味
	−5	糠腥味
	−5	其他邪杂味
风格 （15分）	15	风格突出
	−5	风格不突出
	−5	偏格
	−5	错格

（一）浓香型白酒的品评术语

（1）色泽

无色，晶亮透明，清亮透明，清澈透明，无色透明，无悬浮物，无沉淀，微黄透明，稍黄、浅黄、较黄，灰白色，乳白色，微浑、稍浑，有悬浮物，有沉淀，有明显悬浮物等。

（2）香气

窖香浓郁、较浓郁，具有以己酸乙酸为主体的醇正谐调的复合香气，窖香不足，窖香较小，窖香醇正，窖香较醇正，有窖香，窖香不明显，窖香欠醇正，窖香带酱香，窖香带陈味，窖香带焦烟气味，窖香带异香，窖香带泥臭味，窖香带其他香等。

（3）口味

绵甜醇厚，醇和，香醇甘润，甘洌，醇和味甜，醇甜爽净，净爽，醇甜柔和，绵甜爽净，香味谐调，香醇甜净，醇甜，绵软，绵甜，入口绵，柔顺，平淡，淡薄，香味较谐调，入口平顺，入口冲，冲辣、燥辣，刺喉，有焦味，稍涩、涩、微苦涩、苦涩，稍苦，后苦，稍酸，酸味大，口感不快，欠净，稍杂，有异味，有杂醇油味，酒稍子味，邪杂味较大，回味悠长，回味较长，尾净味长，尾子干净，回味欠净，后味淡，后味短，余味长，余味较长，生料味，霉味等。

（4）风格

风格突出，典型，风格明显，风格尚好，具有浓香风格，风格尚可，风格一般，典型性差，偏格，错格等。

（二）酱香型白酒的品评术语

（1）色泽

微黄透明，浅黄透明，较黄透明。其余参见浓香型白酒。

（2）香气

酱香突出、较突出，酱香明显，酱香较小，具有酱香，酱香带焦香，酱香带窖香，酱香带异香，窖香露头，不具酱香，有其他香，幽雅细腻，较幽雅细腻，空杯留香幽雅持久，空杯留香好、尚好，有空杯留香，无空杯留香等。

（3）口味

绵柔醇厚，醇和，丰满，醇甜柔和，酱香显著、明显，入口绵，入口平顺，有异味，邪杂味较大，回味悠长、长、较长，回味短，回味欠净，后味长、短、淡，后味杂，焦烟味，稍涩、涩、苦涩，稍苦，酸味大、较大，有生料味、霉味等。

（4）风格

风格突出、较突出，风格典型、较典型，风格明显、较明显，风格尚好、一般，具有酱香风格，典型性差、较差，偏格，错格等。

（三）清香型白酒的品评术语

（1）色泽

参考浓香型白酒。

（2）香气

清香醇正，清香雅郁，清香馥郁，具有以乙酸乙酯为主体的清雅谐调的复合香气，清香较醇正，清香欠醇正，有清香，清香较小，清香不明显，清香带浓香，清香带酱香，清香带焦烟味，清香带异香，不具清香，其他香气，精香等。

（3）口味

绵甜爽净，绵甜醇和，香味谐调，自然清调，酒体醇厚，醇甜柔和，口感柔和，香醇甜净，清爽甘洌，清香绵软，爽洌，甘洌爽净，入口绵，入口平顺，入口冲，冲辣、燥辣、暴辣，落口爽净、欠净、尾净、回味长、回味短、回味干净、后味淡、后味短、后味杂、稍杂、寡淡、有杂味、有邪杂味、杂味较大、有杂醇油味、酒稍子味、焦煳味、涩、稍涩、微苦涩、苦涩、后苦、较酸、过甜、有生料味、霉味、有异味、刺喉等。

（4）风格

风格突出、典型，风格明显，风格尚好，风格尚可，风格一般，典型性差，偏格，错格，具有清、爽、绵、甜、净的典型风格等。

（四）米香型白酒的品评术语

（1）色泽

参考浓香型白酒。

（2）香气

米香清雅、醇正、蜜香清雅、突出，具有米香，米香带异香，其他香等。

（3）口味

绵甜爽口，适口，醇甜爽净，入口绵、平顺，入口冲、冲辣，回味怡畅、幽雅，回味长，尾子干净，回味欠净。其余参考浓香型白酒。

（4）风格

风格突出、较突出，风格典型、较典型，风格明显、较明显，风格尚好、尚可，风格一般，固有风格，典型性差，偏格，错格等。

（五）凤香型白酒的品评术语

（1）色泽

参考浓香型白酒。

（2）香气

醇香秀雅，香气清芳，香气雅郁，有异香，具有以乙酸乙酯为主、一定量的己酸乙酯为辅的复合香气，醇香醇正、较正等。

（3）口味

醇厚丰满，甘润挺爽，诸味谐调，尾净悠长，醇厚甘润，谐调爽净，余味较长，较醇厚，甘润谐调，爽净，余味较长，有余味等。

（4）风格

风格突出、较突出，风格明显、较明显，具有本品固有的风格，风格尚好、尚可、一般，偏格，错格等。

（六）其他香型白酒的品评术语

（1）色泽

参考浓香型白酒。

（2）香气

香气典雅、独特、幽雅，带有药香，带有特殊香气，浓香谐调，芝麻香气，带有焦香，有异香，香气小等。

（3）口味

醇厚绵甜，回甜，香绵甜润，绵甜爽净，香甜适口，诸香谐调，绵柔，甘爽，入口平顺，入口冲、冲辣、刺喉、涩、稍涩、苦涩、酸、较酸、甜、过甜、欠净、稍杂，有异味，有杂醇油味，有酒稍子味，回味悠长、较长、长、回味短，尾净香长，有焦煳味，有生料味，有霉味等。

（4）风格

风格典型、较典型，风格独特、较独特，风格明显、较明显，具有独特风格，风格尚好、尚可、一般，典型性差，偏格，错格等。

五、品酒要点

1.浓香型白酒

（1）代表酒

四川泸州老窖特曲。

（2）感官评语

无色透明（允许微黄）、窖香浓郁、绵甜醇厚、香味谐调、尾净爽口。

（3）品评要点

①色泽：无色透明（允许微黄），无沉淀物。

②依据香气浓郁的大小分出流派和质量差。凡香气大、窖香浓郁突出，且浓中带陈的特点为川派，而以口感醇、绵甜、净、爽为显著特点的为江淮派。

③品评酒的甘爽程度，是区别不同酒质量的重要依据。

④绵甜是优质浓香型白酒的主要特点，也是区分酒质的关键所在，体现为甜得自然舒畅，酒体醇厚。稍差的酒不是绵甜，只是醇甜或甜味不突出。这种酒体显单薄，味短，陈味不够。

⑤品评后味长短、干净程度，也是区分酒质的要点。

⑥香味谐调，是区分白酒质量，是区分酿造发酵酒和固液态配制酒的主要依据。酿造酒中己酸乙酯等香味成分通过生物途径合成，是一种复合香气，自然感强，故香味谐调，且持久。而添加己酸乙酯等香精、香料的酒，往往香大于味，酒体显单薄，入口后香和味很快消失，香与味均短，自然感差。如香精纯度差，添加比例不当，更是严重影响酒质，其香气给人一种厌恶感，闷香，入口后刺激性强。当然，如果香精、酒精纯度高、质量好，通过精心勾调，也能使酒的香和味趋于谐调。

⑦浓香型白酒中最易品出的不良口味是泥臭味、涩味等，这主要与新窖泥和工艺操作不当、发酵不正常有关。这种泥味偏重，严重影响酒质。

2.酱香型白酒

（1）代表酒

贵州茅台酒。

（2）感官评语

微黄透明、酱香突出、幽雅细腻、酒体醇厚、回味悠长、空杯留香持久。

（3）品评要点

①色泽上：微黄透明。

②香气，酱香突出，酱香、焦香、煳香的复合香气，酱香＞焦香＞煳香。

③酒的酸度高,酒体醇厚、丰满、口味细腻、幽雅。

④空杯留香持久,且香气幽雅舒适;反之则香气持久性差、空杯酸味突出,酒质差。

3. 清香型白酒

(1)代表酒

山西汾酒。

(2)感官评语

无色透明、清香醇正、醇甜柔和、自然谐调、余味净爽。

(3)品评要点

①色泽为无色透明。

②主体香气:以乙酸乙酯为主,乳酸乙酯为辅的清雅,醇正的复合香气,细闻有幽雅、舒适的香气,没有其他杂香。

③由于酒度较高,入口后有明显的辣感,且较持久,但刺激性不大(这主要与爽口有关)。

④口味特别净,质量好的清香型白酒没有任何杂香。

⑤尝第二口后,辣感明显减弱,甜味突出,饮后有余香。

⑥酒体突出清、爽、绵、甜、净的风格特征。

4. 米香型白酒

(1)代表酒

桂林三花酒。

(2)感官评语

无色透明、蜜香清雅、入口绵甜、落口爽净、回味怡畅。

(3)品评要点

①闻香以乳酸乙酯和乙酸乙酯及适量的 β-苯乙醇为主体复合香气,β-苯乙醇香气明显。

②口味特别甜,有发闷的感觉。

③回味怡畅,后味爽净,但较短。

④口味柔和、刺激性小。

5. 凤香型白酒

(1)代表酒

陕西西凤酒。

(2)感官评语

无色透明,醇香秀雅、甘润挺爽,诸味谐调、尾净悠长。

(3)品评要点

①闻香以醇香为主,即以乙酸乙酯为主,己酸乙酯为辅的复合香气。

②入口后有挺拔感,即立即有香气往上蹿的感觉。

③诸味谐调,指酸、甜、苦、辣、香五味俱全,搭配谐调,饮后回甜,诸味浑然一体。

④西凤酒既不是清香,也不是浓香。如在清香型酒中品评就要找它含有己酸乙酯的特点;如在浓香型酒中品评就要找它乙酸乙酯远远大于己酸乙酯的特点。不过近年来,西凤酒己酸乙酯有升高的情况。

6. 药香型白酒

（1）代表酒

贵州董酒。

（2）感官评语

清澈透明、浓香带药香、香气典雅、酸味适中、香味谐调、尾净味长。

（3）品评要点

①香气浓郁,酒香、药香谐调、舒适。

②入口丰满,有根霉产生的特殊味。

③后味长,稍带有丁酸及丁酸乙酯的复合香味,后味稍有苦味。

④酒的酸度高,明显。

⑤董酒是大、小曲并用的典型,而且加入十几种中药材。故既有大曲酒的浓郁芳香、醇厚味长,又有小曲酒的柔绵、醇和味甜的特点,且带有舒适的药香、窖香及爽口的酸味。

7. 豉香型白酒

（1）代表酒

广东玉冰烧酒。

（2）感官评语

玉洁冰清、豉香独特、醇厚甘润、余味爽净。

（3）品评要点

①闻香突出豉香,有特别明显的油哈味。

②酒度低,但酒的后味长。

8. 芝麻香型白酒

（1）代表酒

山东景芝白干。

（2）感官评语

清澈透明、香气清冽、醇厚回甜、尾净余香,具有芝麻香风格。

（3）品评要点

①入口后焦煳香味突出,细品有类似芝麻香气（近似焙炒芝麻的香气）,有轻微的酱香。

②口味较醇厚。

③后味稍有苦味。

9. 特香型白酒

（1）代表酒

江西四特酒。

（2）感官评语

酒色清亮、酒香芬芳、酒味醇正、酒体柔和、诸味谐调、香味悠长。

（3）品评要点

①清香带浓香是主体香,细闻有焦煳香。

②入口类似庚酸乙酯,香味突出,有刺激感。

③口味较柔和,绵甜,稍有糟味。

④浓、清、酱白酒特征兼而有之,但又不靠近哪一种香型。

10.兼香型白酒

(1)酱中带浓

①代表酒:湖北白云边酒。

②感官评语:

清澈透明(微黄)、芳香、幽雅、舒适、细腻丰满、酱浓谐调、余味爽净、悠长。

③品评要点:

a.闻香以酱香为主,略带浓香。

b.入口后,浓香也较突出。

c.口味较细腻、后味较长。

d.在浓香酒中品评,其酱味突出;在酱香型酒中品评,其浓香味突出。

(2)浓中带酱

①代表酒:黑龙江玉泉酒。

②感官评语:

清亮透明(微黄)、浓香带酱香、诸味谐调、口味细腻、余味爽净。

③品评要点:

a.闻香以浓香为主,带有明显的酱香。

b.入口绵甜、较甘爽。

c.浓、酱谐调,后味带有酱香。

d.口味柔顺、细腻。

11.老白干型白酒

(1)代表酒

河北衡水老白干。

(2)感官评语

无色或微黄透明,醇香清雅,酒体谐调,醇厚挺拔,回味悠长。

(3)品评要点

①香气是以乳酸乙酯和乙酸乙酯为主体的复合香气,谐调、清雅、微带粮香。

②入口醇厚,不尖、不暴,口感很丰富,又能融合在一起,这是突出的特点,回香微有乙酸乙酯香气,有回甜。

12.馥郁香型白酒

(1)代表酒

湖南酒鬼酒。

(2)感官评语

芳香秀雅、绵柔甘洌、醇厚细腻、后味怡畅、香味馥郁、酒体净爽。

(3)品评要点

①闻香浓中带酱,且有舒适的芳香,诸香谐调。

②入口有绵甜感,柔和细腻。

③具有前浓、中清、后酱的独特口味特征。

第二节 白酒品评训练

品评是判定酒质好坏和勾兑与调味水平的主要依据,而勾调和调味又都是在品评的基础上进行的。所以说具有较高的品酒技能才能勾调优质成品酒,有人形容勾兑是"画龙",调味是"点睛",但品评是"画龙"和"点睛"的掌控者。中国白酒是以含淀粉质的粮谷类为原料,以曲药为糖化发酵剂,采用固态(个别酒为半固态和液态)发酵,经蒸馏、贮存和勾调而成的含酒精的饮料。品评是一门艺术,也是一门科学,还是一种职业。品评是利用我们的感觉器官,对白酒的感觉特征和质量进行分析。每种酒都具有特有的颜色、酒度、香气、味道,这些特征对我们的感觉来说,就是各种各样的刺激,这些刺激在神经感觉器上产生信息,并通过神经纤维传往大脑,神经感觉器包括视网膜、味觉细胞、嗅觉纤毛以及其他各种黏膜等。对白酒的质量评价,往往在很大程度上以感官品评为主,理论指标为辅。品评和仪器检测是两种不同方式的检测。高效液相色谱和气相色谱是对白酒定量的检测;品评是对白酒定性的检测,并且品评具有快速、准确、灵敏、简便等特点。企业要发展必须要完善技术体系,加快技术进步,不断壮大品酒师队伍,保障企业产品质量,以酒质指导生产,以酒质定位市场。企业通过长期对品酒员关于白酒品评训练,增加企业品酒员的人数,提高品酒员的专业技能,加强员工对白酒的认识,提高生产技师的品酒能力。

一、品酒员的基本功要求

(1)检出力

检出力是指对香及味有很灵敏的检出能力,即嗅觉和味觉都极为敏感。在考核品酒员时常用一些与白酒不相干的砂糖、味精、食盐、橘子汁等物质进行测验,其目的就在于检查品酒员的检出力。检出力体现了品酒员的基本素质,也是品酒员的基础条件。

(2)识别力

这比检出力提高了一个台阶,要求对酒检出之后,要有识别能力。例如品酒员测验时,要求其对白酒典型类型及化学物质作出判断,并对其特征、谐调性、酒的优点、酒的问题等作出回答。又如,应对己酸乙酸、乳酸乙酯、乙酸、乳酸等简单物质有识别能力。

(3)记忆力

记忆力是品酒员基本功的重要一环,也是必备条件。在品酒过程中,品酒员要记住其尝评的白酒的特点,再次遇到该酒时,其特点应立即被反映出来。例如,品酒员测验时,采用同种异号或在不同轮次中出现的酒样进行测试,以检验品酒员对重复性与再现性的反应能力。

（4）表现力

表现力是凭借着识别力、记忆力找出白酒问题的所在，将品尝结果准确地表述出来。掌握主体香气成分及化学名称和特性，能够熟悉本厂生产工艺的全过程，提供白酒生产工艺条件、贮存、勾兑上的改进意见。

二、品酒员的训练

品酒员应掌握有关人体感觉器官的生理知识，了解感觉器官、组织结构和生理机能，正确地运用和保护它们；同时要掌握酒中各种微量成分的呈香呈味特征与品酒专业术语。

1. 色的感觉练习

酒的颜色一般用眼直接观察、判别。我国白酒一般无色、透明，而有些白酒有自然物的颜色，如酱香型白酒、其他香型白酒的色泽应允许微黄色。同是一个色，透明度（深浅程度）、纯度就不一样。品酒员应能区别各种色相（红、橙、黄、绿、青、蓝、紫）和分开微弱的色差。具备了这一基本功能品酒员就能在品酒中找出各类酒在色泽上的差异。

色的感觉练习操作如下。

（1）第一组

取黄血盐或高锰酸钾，配制成浓度为 0.1%、0.2%、0.25%、0.3% 的水溶液，观察透明度，反复比较。高锰酸钾要随用随配，可事先在杯底密码编号，以分辨不同的浓度。盛液后，将各杯次序打乱，然后通过目测法，将各杯按透明度次序排好。是否正确，可以看杯底的编号加以验证。开始时各杯浓度级差间隔可以大些，然后逐步缩小级差间隔，不断提高准确性。

（2）第二组

取大曲陈酒（贮存 2 年以上的）、新酒、60 度酒精和白酒（一般白酒）进行颜色比较。

（3）第三组

选择浑浊、失光、沉淀和有悬浮物的样品，认真加以区别。

2. 嗅觉训练

人与人的嗅觉差异较大，有的人嗅觉非常灵敏，除先天生理条件外，还必须加以练习，才能达到高的灵敏度，才能鉴别不同的香气程度的差异、描述对香的感受。作为品酒员应该熟识各种花、果的芳香。这是品酒员必须具备的又一的基本功。

嗅觉的分组练习如下。

（1）第一组

取香草、苦杏、菠萝、柑橘、柠檬、杨梅、薄荷、玫瑰、茉莉、桂花等各种香精、香料、果香气，分别配制成浓度 1 mg/kg 的水溶液，先公开嗅闻，再进行密码编号，闻、测区分是何种芳香。溶液浓度，可根据本人情况自行设计，配成 2 mg/kg、3 mg/kg、4 mg/kg、5 mg/kg 不等。

（2）第二组

取甲酸、乙酸、丙酸、丁酸、戊酸、己酸、庚酸、辛酸、乳酸、苯乙酸以及酒石酸等，分别配成 0.1% 的酒度为 54% vol 酒精溶液或水溶液，进行嗅闻，以了解各酸类物质在酒中所产生的气味，记下各自的特点，加以区别。

（3）第三组

取甲酸乙酯、乙酸异戊酯、丙酸乙酯、丁酸乙酯、戊酸乙酯、己酸乙酯、庚酸乙酯、辛酸乙酯等，分别配成 0.01%～0.1% 的酒度为 54%vol 的酒精溶液，进行嗅闻，以了解酯类物质在酒中所产生的气味，记下各自的特点，加以区别。

（4）第四组

取乙醇、丙醇、正丁醇、异丁醇、戊醇、异戊醇、正己醇等，分别配成 0.02% 的酒度为 54%vol 的酒精溶液，进行嗅闻，以了解各醇类物质在酒中所产生的气味，记下各自的特点，加以区别。

（5）第五组

取甲醛、乙醛、乙缩醛、糠醛、丁二酮等，分别配成 0.1%～0.3% 的酒度为 54% vol 的酒精溶液，进行嗅闻，以了解醛、酮类物质在酒中所产生的气味，记下各自的特点，加以区别。

（6）第六组

取阿魏酸、香草醛、丁香酸等分别配成 0.001%～0.01% 的酒度为 54%vol 的酒精溶液，进行嗅闻，以了解酚类在酒中所产生的气味。

（7）第七组

取酒度为 60%vol 的酒精、液态法白酒、一般白酒、浓香型大曲酒、清香型大曲酒、米香型白酒、其他香型白酒等，进行嗅闻，以了解上述酒型所产生的不同气味。

（8）第八组

取黄水、酒头、酒尾、窖泥、霉糟、糠蒸馏液、各种曲药、木材、橡胶、软木塞、金属等进行嗅闻，区分异常气味。有的物质可用酒度为 54%vol 的酒精浸出液，澄清，取上层清液，分别进行嗅闻。

3.味觉的练习

味觉的分组练习如下。

（1）第一组

取乙酸、乳酸、丁酸、己酸、琥珀酸、酒石酸、苹果酸、柠檬酸等，分别配成不同浓度（0.1%、0.05%、0.025%、0.0125%、0.00325%）的 54%vol 的酒精溶液，进行品尝，区别并记下它们不同浓度的味道。

（2）第二组

取乙酸乙酯、乳酸乙酯、丁酸乙酯、戊酸乙酯、己酸乙酯、庚酸乙酯、壬酸乙酯、月桂酸乙酯等，分别配成不同浓度（0.1%、0.05%、0.025%、0.012 5%、0.006 25%）的 54%vol 的酒精溶液，进行品尝，区别并记下它们不同浓度的味道。

（3）第三组

味的区别：取甜味的砂糖 0.75%，咸味的食盐 0.2%，酸味的柠檬酸 0.015%，苦味的奎宁 0.000 5%，涩味的单宁 0.03%，鲜味的味精（80%）0.1%，辣味的丙烯醛 0.001 5%，分别配成各自的水溶液和无味的蒸馏水进行对比品尝并鉴别。

（4）第四组

异杂味的区别：取黄水、酒头、酒尾、窖泥液、糠蒸馏液、丢糟液、霉糟液、底锅水等，分别用

54%的酒精配成适当溶液,进行品尝,或再进行密码编号测试,区别和记下各种味道的特点。

（5）第五组

酒精度高低:取同一基酒兑成酒度为65%、60%、50%、45%、40%、32%、18%、15%、12%的酒;品评区别不同酒度的酒,并排成由低至高的顺序。

（6）第六组

名酒香型的鉴别:取茅台、汾酒、泸州特曲、三花酒、董酒、五粮液、景芝白干(芝麻香)等进行评尝,写出其香型及标准评语。

（7）第七组

对同一香型酒质的鉴别:取浓香型中的五粮液、古井贡酒、洋河大曲、双沟大曲、泸州特曲、剑南春等,进行评尝,写出各酒相同和差异的情况。

（8）第八组

各类酒的鉴别:取大曲酒、小曲酒、麸曲酒、串香酒、酒精兑成54%vol,进行对比和品评,加以区别,记下特征。

4. 白酒中的香及来源

白酒中的各种香味成分主要来源于粮食、曲药、辅料、发酵、蒸馏和贮存,形成了如糟香、窖香、陈香、浓香等不同的香气。正常的香气可分为陈香、浓香、糟香、曲香、粮香、馊香、窖香、泥香和其他些特殊香气;不正常的香气有焦香、胶香等。

（1）陈香

香气特征上表现为浓郁而略带酸味的香气。陈香可分为窖陈、老陈、酱陈、油陈和醇陈等。

①窖陈:具有窖底香的陈或陈香中带有老窖泥香气,似臭皮蛋气味,比较舒适细腻,是由窖香浓郁的底糟或双轮底酒经长期贮存后形成的特殊香气。

②老陈:老酒的特有香气,丰满、幽雅,酒体一般略带微黄,酒度一般较低。

③酱陈:有点酱香气味,似酱油气味和高温陈曲香气的综合反映。所以,酱陈似酱香又与酱油区别,香气丰满,但比较粗糙。

④油陈:带脂肪酸酯的油陈香气,既有油味又有陈味,但不油哈,很舒适宜人。

⑤醇陈:香气欠丰满的老陈香气(清香型尤为突出),清雅的老酒香气,这种香气是由酯含量较低的基础酒贮存所产生的。

浓香型白酒中没有陈香味都不会成为名优酒,要使酒具有陈香是比较困难的,都要经过较长时间的贮存,这是必不可少的。

（2）浓香

浓香是指各种香型的白酒突出自己的主体香的复合香气,更准确地说它不是浓香型白酒中的"浓香"概念,而是指具有浓烈的香气或者香气很浓。它可以分为窖底浓香和底糟浓香,一个是浓中带老窖泥的香气,如酱香型白酒中的窖底香;一个是浓中带底糟的香气,香气丰满怡畅。

（3）糟香

糟香是固态发酵白酒的重要特点之一,是白酒自然感的体现,它略带焦香气和焦烟香气、固态白酒的固有香气以及母糟发酵的香气,一般要经过长发酵期的高质量母糟经蒸馏才能产生。

（4）曲香

曲香是指具有高中温大曲的成品香气,香气很特殊,是空杯留香的主要成分,是四川浓香型名酒所共有的特点,也是区别四川省外浓香型名白酒的特征之一。

（5）粮香

粮食的香气怡人,各种粮食有各自的独特香气,是构成酒中粮香各种成分的复合香气。这在日常生活中是常见的,浓香型白酒采用混蒸混烧的方法,就是想获得更多的粮食香气。

（6）馊香

馊香是白酒中常见的一种香气,是蒸煮后粮食放置时间太久,开始发酵时产生的似2,3-丁二酮和乙缩醛的综合气味。

（7）窖香

窖香是指具有窖底香或带有老窖香气,比较舒适细腻,一般川派浓香型白酒中窖香比较普遍,是窖泥中各种微生物代谢产物的综合体现;而江淮派的浓香型白酒厂家因缺少老窖泥,一般不具备窖底香。

（8）泥香

泥香是指具有老窖泥香气,似臭皮蛋气味,比较舒适细腻,不同于一般的泥臭、泥味,又区别于窖香,比窖香粗糙,或者说窖香是泥香恰到好处的体现,浓香型白酒中的底糟酒含有舒适的窖泥香气。

（9）特殊香气

不属于上述香气的其他正常香气统称为特殊香气,如芝麻香、木香、豉香、果香等。木香是指白酒中带有木头气味的香气,难以描述。

（10）焦香

焦香是指酒中含有类似于物质烧煳形成的气味。

（11）胶香

胶香应该说是胶臭,是指酒中带有塑胶味,令人不快。

5. 白酒中的味

白酒中的味可分为:醇(醇厚、醇和、绵柔等)、甜、净、谐调、味杂、涩、苦、辛等。任何白酒都要做到醇、甜、净、爽、谐调。

（1）醇和

入口和顺,没有强烈的刺激感。

（2）绵软

刺激性极低,口感柔和、圆润。

（3）清冽甘爽

口感纯净,回甜、爽适。

（4）爆辣

粗糙,有灼烧感,刺激性强。

（5）上口

入口腔时的感受，如入口醇正、入喉净爽、入口绵甜、入口浓郁、入口甘爽、入口冲、冲劲大、冲劲强烈等。

（6）落口

酒液咽下时，舌根、软腭、喉等部位的感受，如落口甜、落口淡薄、落口微苦、落口稍涩、欠净等。

（7）后味

酒中香味成分在口腔中持久的感觉，如后味怡畅、后味短、后味苦、后味回甜等。

（8）余味

饮酒后，口中余留的味感，如余味绵长、余味干净等。

（9）回味

酒液咽下去后回返到口中的感觉，如有回味、回味悠长、回味醇厚等。

（10）臭味

臭味主要是臭气的反映，与味觉关系极小。

（11）苦味

由于苦味物质的阈值一般比较低，所以在口感上特别灵敏，而且持续时间较长。另外，苦味反应较慢，说酒有后苦而无前苦就是这个原因。适当的苦味能丰富和改进酒体风味，但苦味大，不易消失就不令人喜欢了。

（12）酸味

酸味是由于舌黏膜受到氢离子刺激而引起的，白酒中酸味要适宜。酸味物质少，酒味糙辣，反之，酸量过大，酒味淡，后味短，酸涩味重。酒中酸味物质适中，可使酒体醇厚丰满。

（13）涩味

当口腔黏膜蛋白质凝固时，会引起收敛的感觉，此时感觉到的滋味便是涩味。因此，涩味不是作用于味蕾而产生的，而是刺激感觉神经末梢而产生的，所以它不能作为一种味而单独存在。白酒中的涩味是不谐调的苦、酸、甜的综合结果。

6.白酒中杂味鉴别与来源

提高白酒质量的措施，就是"去杂增香"。香味与杂味之间并没有明显界限。某些单体成分原本是呈香的但因其过浓，组分间失去平衡，以致香味也变成了杂味；也有些本应属于杂味，但在微量情况下，可能还是不可缺少的成分。要防止邪杂味突出，除加强生产管理外，在勾调时还应注意成分间的相乘与相杀作用，掩盖杂味出头，使酒味纯净。常见白酒杂味如下。

（1）糠味

糠味是白酒杂味中最常见的影响白酒质量的杂味。在糠味中，又经常夹带着尘土味或霉味，给人粗糙不快的感觉。另外，其还会造成尾味不净、后味中糠味突出的缺陷。

糠味主要来源于稻糠，酿酒时切忌用糠过多，既影响质量，又增加成本，并降低酒糟作为饲料的价值。为了有效地清除糠味，应在糠中酒水润料，杂味易随水蒸气排出，并更有效地杀死杂菌。在清蒸时火力要较蒸酒时大，时间要够（30 min 以上）。清蒸完毕后，应及时出甑摊晾，收堆装袋后备用。酒糟中的稻壳尽可能回收利用，可使酒中糠味降低。

（2）臭味

白酒中常含有臭味成分，新酒的臭味主要来源于丁酸及丁酸乙酯等高级脂肪酸酯，还有醛类和硫化物，这些臭味物质在新酒中是不可避免的。蒸馏时采取提高流酒温度的方法，可以排出大部分臭味；在贮存过程中，少量的臭味成分也可以逐渐消失。但高沸点臭味成分（糠臭、糠醛臭、窖泥臭）却难以消除。

挥发性硫化物呈现较重的臭味，其中硫化氢（60 ℃）为臭鸡蛋、臭豆腐的臭味；乙硫醚（91 ℃）是盐酸水解化学酱油时产生的似海带的焦臭味；乙硫醇（36 ℃）是日光照射啤酒的日光臭或乳臭；丙烯醛则有刺激催泪的作用，还有脂肪蜡烛燃烧不完全时冒出的臭气；而硫醇有韭菜、卷心菜、葱类的腐败臭。

在质量差的浓香型白酒中，最常见的是窖泥臭，有时窖泥臭味并不突出，但却在后味中显露出来。窖泥臭主要是培养窖泥的营养成分比例不合理、窖泥发酵不成熟、酒醅酸度过大、出窖时混入窖泥等因素造成的。

窖泥及酒醅发酵过程中会生成硫化物等臭味物质，其前体物质主要来自蛋白质中的含硫氨基酸，其中半胱氨酸产硫化氢能力最为显著，胱氨酸次之；梭状芽孢杆菌、芽孢杆菌、大肠杆菌、变形杆菌、枯草杆菌及酵母菌能水解半胱氨酸，并生成丙酮酸、氨及硫化氢。

在众多微生物中，生成硫化物臭味能力最强的是梭状芽孢杆菌。窖泥中常会添加豆饼粉和曲粉，氮源极为丰富，所以在窖泥培养过程中，必然会产生硫化物，其中以硫化氢为主。发酵过程中，在温度、糖浓度、酸度大的情况下硫化物生成量加大。酵母菌体自溶以后，其蛋白质也是生成含硫化合物的前体物质。

（3）油臭

在形成乙酯的脂肪酸中，棕榈酸为饱和脂肪酸，油酸及亚油酸为不饱和脂肪酸。亚油酸乙酯极为活泼而不稳定，是引起白酒浑浊、产生油臭的主要物质来源。

白酒在贮存过程中出现的油臭味主要成分是亚油酸乙酯被氧化分解而成的壬二酸半乙醛乙酯（SAEA），其在常温下是无色液体，熔点为 3 ℃，凝固点为 −10 ℃。

谷物中的脂肪在其自身或微生物（特别是霉菌）的脂肪酶的作用下，生成甲基酮，这种成分造成脂肪的油臭。在长时间缓慢作用下，脂肪酸经酯化反应生成酯，又进一步氧化分解，便出现油脂酸败的气味。含脂肪多的原料，如碎米、米糠、玉米，若不脱胚芽，在高温多湿情况下贮存，就容易出现这种现象。这些物质落入酒中，将会出现油臭、苦味及霉味。

酒精浓度越低，越容易产生油臭。酒精浓度在30%以上时，油臭物质的溶解速度随酒精浓度增加而增大，油臭是脂肪被空气氧化造成的，因此，贮酒液接触空气越多，产油臭物质越多。所以，贮存酒时，应尽量减少液面与空气接触。日光照射能够促进壬二酸半乙醛乙酯的生成，所以酒库应避免日光直射。

（4）其他杂味

除以上杂味外，白酒中常见邪杂味如下。

①苦味。一般情况下,酒中苦味伴有涩味。白酒中苦味有的是由原料带来的,如发芽马铃薯中的龙葵碱,高粱及橡子中的单宁及其衍生物、黑斑病的番薯酮。使用霉烂原辅料,则出现苦涩味,并带有油臭。五碳糖过多时,生成焦苦味的糠醛。蛋白质过多时,产生大量高级醇(杂醇油),其中丁醇、戊醇等皆呈苦味。用曲量过大或蛋白质过多时,大量酪氨酸发酵生成酪醇,酪醇的特点是香而奇苦,这就是"曲大酒苦"的症结所在。

白酒是开放式发酵生产的,如果侵入大量杂菌,则会造成发酵异常,这也是苦味物质形成的原因之一。所以在白酒生产过程中应加强卫生管理,防止杂菌侵袭。

苦味一般在低温下较敏感,在尝评白酒时,如果气温低,如在北方的冬季,酒微带苦味或有苦味,当同酒样升温至 15~25 ℃时,就尝不到苦味。有时后味带苦的酒,在勾兑中可以增加酒的陈味。

②霉味。酒中带有的霉味是常见的杂味。霉味多是原料及辅料的霉变、窖池"烧包漏气"及霉菌丛生所造成的。停产期间在窖壁上长满青霉,则酒味必然出现霉苦。清洁卫生管理不善,酒醅内混入大量高温细菌,不但苦杂味重,还会导致出酒率下降,而且难以及时扭转。夏季停产过久,易发生此类现象。酒库潮湿、通风不良,库内长满霉菌,白酒会出现霉味。

③腥味。白酒中有腥味会使人极为厌恶。出现腥味多因白酒接触了铁锈。接触铁锈,会使酒色发黄、浑浊,并出现腥味。铁罐贮酒因涂料破损难以及时发现,或管路、阀门为铁制最容易出现此现象。用血料、石灰涂酒篓、酒箱、酒海长期存酒,血料中的铁溶于酒内,导致酒色发黄,并带有腥味,还容易引起浑浊沉淀。用河水及池塘水酿酒,因其中有水草,也会出现腥味。

④尘土味。尘土味主要是辅料不洁,其中夹杂大量尘土、草芥,加上清蒸不善,尘土味未被蒸出,蒸馏时蒸入酒内造成的。此外,白酒对周边气味有极强的吸附力,若酒库卫生管理不善,容器上布满灰尘,尘土味就会被吸入酒内。酒中的尘土味在贮存过程中,会逐渐减少,但很难完全消失。

⑤橡胶味。橡胶味是令人难难以忍受的杂味。一般是用于输送白酒的橡胶管和瓶盖内的橡胶垫的橡胶味被酒溶出所致。酒内一旦溶入橡胶味,很难清除。因此,在整个白酒生产及包装过程中,切勿与橡胶接触。

⑥辣味。白酒的辣味是不可避免的,也是白酒的微量成分中必不可少的东西,但是不能太辣。白酒中的辣味成分有糠醛、杂醇油、硫醇和乙硫醚,还有微量的乙醛。此外,如果白酒生产不正常产生丙烯醛,则白酒的刺激性就更大了。

⑦涩味。白酒的涩味是不谐调的酸甜苦味造成的,白酒中呈涩味的物质主要有单宁、醛类、过多的乳酸及其酯类,这些物质有凝固神经蛋白质的作用,进入口腔、舌面和上颚有不润滑感。

第三节 白酒品评考试答题要领

白酒是一种食品,它的质量优劣除根据理化分析,特别是卫生指标的判定外,感官检验也是非常重要的。白酒的感官质量包括色泽、香气、口味和风格,另外还可以增加酒体和个性等内容。由于感官检验到目前为止还要依靠人们的感觉器官来完成,因此感觉器官不能有缺陷(含色盲、嗅盲、味盲),并有较高的灵敏度。白酒品酒员应具备的基本条件可归纳为5条:①健康的身体,很少感冒,心态平和;②较强的业务能力,能实现"四力",即检出力、识别力、记忆力和表现力;③熟练的品酒技巧,含按序品评、重点突出,牢记第一感等;④良好的职业道德,如实事求是、坚持原则等;⑤较高的检评水平,含准确性、重复性、再现性和稳定性好。为此,品酒员要经过集中培训,自我练习,不断提高,符合考核委员会的考试要求。

一、品酒考核、鉴定方式

品酒考核分为理论知识考试和技能考核。理论知识考试以笔试、机考等方式为主,主要考核从业人员从事本职业应掌握的基本知识和相关知识;技能考核主要采用现场操作进行,主要考核从业人员从事本职业应具备的技能水平。理论知识考试、技能考核均实行百分制,成绩皆达60分以上(含60分)者为合格。

二、品酒考核、鉴定答题要点

(一)理论部分

践行白酒行业职业道德,掌握白酒酿造、贮存、勾调、食品风味物质、分析检测、安全及相关法律法规基本知识。近年来,全国性考试的试题采取选择题形式。

答题要点:对于选择题,要看清题意,认真审题,再行选择,切忌匆忙行事。如未标明单选或多选,则要注意是否存在多项选择。

(二)实操部分

1. 单体成分识别题

所谓单体成分,即白酒中的微量香味成分,主要有酸、醇、酯、醛、酮等物质。有关资料介绍,从不同香型的白酒中已检出单体成分342种。白酒中常见的单体成分的名称及其气味特征举例如下:乙酸(酸气味),乙醛(辣味),乳酸(涩味),丁酸(汗味),己酸(脂肪味),丙三醇(甜味),双乙酰(馊酸味),正己醇(杏仁味),乙缩醛(单乳气、甜涩味),异戊醇(杂醇油气、苦涩味),异丁醇(苦味),己酸乙酯(苹果香、甜味),乳酸乙酯(青草气、甜味),乙酸乙酯(果香),戊酸乙酯(菠萝香),丁酸乙酯(菠萝香、脂肪味),β-苯乙醇(玫瑰香),等等。一般通过认真闻嗅或品尝后,根据感觉到的气味特征,确认该试样中所含香精的名称,写出具体的化学名称。

答题要点：①记住不同香精的香气和口味的同时，要注意同一香精当其浓度不同时所呈现的气味差异性；②基质不同，即溶解单体的溶剂不同时，单体所显示的香气或口味也会有些变化。

2. 酒度排列题

如命题为"对酒度的鉴别"，则一般要求按照各酒样所含酒度的高低，顺序排列，实际是排列杯号。

答题要点：①按照主考老师的指令排序，从高到低或从低到高，不可随意颠倒序列；②可能有两杯酒样的酒度是相同的，确认后标出；③有时酒样的酒基不尽相同，如干扰物质参与其中，所以要以尝味为主，辅以闻香或摇杯看酒花；④如闻香时刺激感小，而尝味的刺激感大，该试样的酒度往往较高；⑤可尝试用视觉观察试样的色度，协助判断酒度的高低。

3. 香型识别（或鉴别）题

香型识别（或鉴别）题也称白酒典型性鉴别题。目前，我国白酒有 12 种香型，其中浓香、清香、酱香、米香、药香和豉香 6 种往往是考核品酒员的首选酒样。一般通过品评，结合各香型白酒的风格特点，确认各酒样的香型归属。

答题要点：①熟悉的、易确认的酒样先择出，不太熟悉的香型白酒，可反思其应有的风格；②尽量以闻香为主、品尝为辅，着重领会各酒样香气的独特之处；③区分较难辨的酒样，如遇清香与米香型白酒时，其中口味较净的一杯，可试判为清香型；④对于类似题型，如"同香型白酒之间不同风格的认识和辨别"，则要从该香型白酒的共性中找出个性，常见于浓香型白酒，其中泸州老窖特曲，突出窖香浓郁，窖底香气大，余香悠长；古井贡酒，陈香兼有糟香，香气大而味长；洋河大曲，以淡雅的醇陈香略带清香和绵柔的口感著称；等等。

4. 质量差鉴别题

质量差鉴别题可理解为对感官质量差异的排序，近年来，这类试题的比重大有上升趋势。该类试题一般特指某香型白酒的质量差。品评后，可由质量优的酒样开始，依次按质排序。

答题要点：①先将质量最优和最差的择出，再鉴评其余的酒样；如有重复的酒样也要尽量列出。②有时在同一原酒中，加入相同浓度而不同数量的食用酒精，注意区分其差异性。③如出现某酒样的香型与命题（或提示）的香型不一致，则可按偏格或错格论处，再按所得总分排序。④如书写评语时，必须与确认的香型保持一致，并有所侧重地加以描述。

5. 寻找质量欠缺题

白酒感官质量上存在的欠缺主要有香气不正，香气过大，杂醇油气，糠味，涩味，苦味，土腥味，生粮味，窖泥味，酒稍子味，欠爽净，甜味过大或者香味不谐调，等等。

答题要点：①欠缺的用语，既通俗易懂，又属于本行业的行话，文字简练，宜粗不宜细。②如酒样中存在几种质量欠缺，要找出其中特别突出的一种；③如试卷上提出了几种可能存在的欠缺，要认真推敲，再从中选择，如某杯酒样中找不出上述质量欠缺，可判为"基本无欠缺"。

6. 重复性题

重复性题又叫准确性题,题型有多种,要求从中找出感官质量完全一样的酒样。酒样中可能是有两杯质量一样,也可能是有多杯质量一样。

答题要点:①品评酒样时,要着重抓住各杯酒样的个性特征,从中找出一个最突出的特点,即一杯酒样中只能确认一个特点,切忌贪多、全面评价。必要时可检查空杯留香的情况。②注意试卷的提示:"列出感官质量相同的酒样杯号"与"如有感官质量相同的,请列出酒样的杯号",两者是略有差异的。前者暗示有重复的酒样,后者则可能存在也可能不存在质量相同的酒样。③不要轻易列出连等式,如有 5 杯酒样,品评后判为"A 杯 = B 杯 = D 杯"。④有时提示"某杯酒为标样酒",要求指出其余酒样中哪一杯与标样酒相同。可能有几种情况:a. 有一杯与标样酒的感官质量相同。b. 有两杯酒样的质量相同,但与标样酒的质量不同;c. 有 3 杯酒样(含标样酒)的感官质量相同。⑤本题型所提供的酒样一般为 5 杯,可能有一杯酒样、两杯酒样,3 个酒样相同,5 杯为同一酒样等不同组合。⑥抓住酒样的个性特点是重点,先看酒色,再鉴别香气,往往以味觉为突出点,最后判断确认。

7. 再现性题

该类试题的实质与重复性题基本一致,只是难度比出现在同一轮的重复性题大一些。常见的题型是"单向对比品尝",也叫两两品尝。

答题要点:①参阅重复性题的有关条款;②酒样中可能有重复性的酒样,如确认存在,可先择出,再找再现性酒样;③每轮次中对每个酒样的评分、评语与风格特征必须认真记录,并妥善保存;④对确认的再现性酒样,必须用文字加以表述,即本轮的×杯酒样与上轮的×杯酒样等同,不得以判断分一致取而代之;⑤找酒样的突出缺点,往往利于识别再现性的酒样。

◎ 复习思考题

1. 试述十二种香型白酒的感官评语。

2. 试述十二种香型白酒品评的要点。

3. 试述白酒品评的标准。

4. 试述酒度排列题和重复性再现题的答题要点。

5. 简述顺序效应和后效应。

第八章　白酒勾兑工艺

第一节　白酒勾兑工艺概述

　　白酒勾兑即酒的掺兑、调配，包括基础酒的组合和调味，是平衡酒体，使之形成（保持）一定风格的专门技术。白酒勾调是曲酒生产工艺中的一个重要环节，对稳定和提高曲酒质量以及提高名优酒率均有明显的作用。现代化的勾兑先进行酒体设计，按统一标准和质量要求进行检验，最后按设计要求和质量标准对微量香味成分进行综合平衡的一种特殊工艺。

　　我国传统白酒的生产基本上是手工操作，采用敞开式发酵，多种微生物共酵，尽管采用的原料、工艺大致相同，但影响质量的因素众多，因此每个发酵容器（缸、池、罐、窖等）所产的酒，酒质都是不一致的。酱香型酒即使是同一个窖，不同轮次蒸馏出来的酒也差异甚大；清香型、浓香型及其他香型的酒，不同季节、不同班组、不同发酵容器生产的酒，质量各异。如果不经勾兑，每坛酒分别包装出厂，酒质不可能相同，质量各异便很难保持其特有的风格质量。因此，通过勾兑才能统一酒质、标准，使每批出厂的酒，做到质量基本一致，使具有不同特点的基础酒统一在一个质量上，也就是"弥补缺陷，发扬长处，取长补短"，使酒质更加完美。所以，勾兑调味就显得更加重要。

一、勾兑的原理

　　在蒸馏白酒中，约98％是乙醇和水；其余还有上千种微量成分，它们的总和很难超过2％，其中相当部分含量虽微，但作用颇大。这些成分的存在使白酒有别于酒精。当它们在酒中含有一定的绝对量，成分之间以某种量比关系存在时，便决定着白酒的风格和质量。

　　客观地说，同厂不同车间、同车间不同生产时间生产的白酒，所含的主要微量成分的量及其量比关系不一致，因此感官质量不一，特点各异。要使酒体完美、风格突出、出厂产品质量平衡、稳定，勾兑便必不可少。从本质上来讲，勾兑技术就是对酒中微量成分的掌握和应用。

　　白酒的勾兑，讲究的是以酒调酒：一是以初步满足该产品风格、特点为前提组合好基础酒;二是针对基础酒尚存在的不足进行完善、调味。前者是粗加工,是成型;后者是精加工,是美化。成型得当,美化就容易些,其技术性和艺术性均在其中。

二、勾兑的作用

白酒的生产中采取自然接种制曲,生产过程中多是开放式的,因此影响白酒产量、质量的因素很多,造成酒质的不一致。如果不经勾兑平衡酒体,按照自然存放的顺序灌装出厂,酒质就极不一致,批次之间的质量差别可能就非常明显,很难保持出厂产品质量的平衡、稳定及其独特风格。勾调是名优酒生产工艺中非常重要的一个环节,由尝评、勾兑和调味三部分组成,对稳定酒质、提高优质酒的比率起着极为显著的作用。

通过勾兑,可以统一酒质、统一标准,保证酒质稳定,保持产品市场信誉。

通过勾兑,可以取长补短,弥补客观因素造成的半成品酒缺陷,改进酒质,增加效益。

三、勾兑的结果

1.好酒和差酒相互勾兑,可使差酒的酒质变好

差酒的香味成分中有一种或数种含量偏高或偏低,当它与其他酒组合时,偏高的香味成分得到稀释,偏低的香味成分得到补充,经勾兑后酒质变好。

2.差酒与差酒勾兑,有时会变成好酒

一种差酒中的香味成分有一种或数种含量偏高,另一种差酒中的香味成分有一种或数种含量偏低,二者恰好相反。经组合后相互得到补充,差酒就变成好酒。

3.好酒和好酒勾兑,有时质量变差

这种情况在勾兑不同香型白酒时容易发生。因为各种香型白酒的主要香味成分差异较大,尽管都是质量较好的酒,但由于主要香味成分含量差异较大,经勾兑后,彼此的香味成分、量比关系被破坏,以致香味变淡或出现杂味,甚至改变了香型。

四、勾兑的步骤

(一)选酒

在勾兑前,必须根据设计要求选择合适的合格酒,除按勾兑原则挑选、使用酒外,为进一步提高合格酒的利用率,实现效益的最大化,还可将各等级酒分为带酒、大宗酒和搭酒三类来使用:带酒是指具有某种特殊香味的酒,主要是部分精华酒;大宗酒是指无独特香味的一般性酒,香醇、尾净,风格也初步具备;搭酒是指有一定可取之处,但香差味杂的酒。

(二)小样勾兑

经过选酒过程后,对各种基础酒的感官特征(香气和口味)及它们的主要理化参数有了进一步的了解。接下来就是通过试样试验,搞清楚各种基酒之间的最佳搭配比例,这就是小样勾兑工作。在进行大批量勾兑之前进行小样试验,一方面便于修改,确定最佳配方;另一方面,也可以避免因大批量勾兑失败而造成损失。小样勾兑过程中应注意以下几点。

①在保证基础酒质量档次的前提下,尽可能地考虑成本因素,选用的基础酒成本与最终产品的质量档次、成本对应。

②参考基础酒理化分析数据,尽可能地使基酒之间的配比最终达到设计的理化参数指标。

③尽可能避免使用带有损害最终成品酒香气和口味的基础酒。若要选用,应处理合格后才能使用。

④小样勾兑应该准确。勾兑过程中,应仔细、认真、全面地记录下香气和口味变化,以便找出基础酒之间的添加量和变化关系。

⑤小样勾兑应尽可能地做出几种风味明显不同的小样勾兑样品,以便从中找出最佳样品。

小样的勾兑方法多种多样,这里介绍以下几种。

(1)数字组合法

随着分析手段的不断完善,根据白酒的微量成分,进行合理的、科学的组合已成为现实。该方法首先要求确定组合酒的香型以及类型,因不同香型酒的微量成分比例关系是不同的,即使是同一香型不同类型的酒,在微量成分量比关系上也存在一定的差异,故首先要确定香型和类型或分析出本厂定型、畅销产品的有关数据,以此控制参照依据。其次是分析各罐原酒的色谱骨架成分,这是进行数字组合的基础。最后根据数字原理 $\partial = \sum \partial \times w / \sum w$ 进行数据组合。其中 ∂ 表示组合成功酒样微量成分含量(mg/100 ml); $\sum \partial$ 表示罐酒微量成分含量(mg/100 mL), w 表示组合取各罐酒的质量(kg)。

(2)逐步添加法

①大宗酒的掺兑:将选出的大宗酒,每一缸约取 500 mL(在缸内搅动后取样),装入瓶子,贴上标签,标明缸号、酒的质量,从库房移入勾兑调味室。然后,以与每缸酒的质量的1/5 000对等的量倒入大烧杯内,即 250 kg 的倒入 50 mL,225 kg 的倒入 45 mL,200 kg 的倒入 40 mL,掺兑到一起,经充分搅拌后,尝评其香味,确定是否合格,合格后再进行下一步。若不合格,则研究不合格的原因,再个别调整大宗酒的比例,甚至加入部分带酒等,再进行掺兑、尝评鉴定;抑或重新选酒,反复进行,直到合格为止。

②试加搭酒:在已经合格的大宗酒中,按1%左右的比例,逐渐添加搭酒,边添加,边尝评。根据尝评的结果,测定搭酒的性质是否适合,以及确定添加量。若此搭酒的性质不合,则另选搭酒,或不用搭酒。若搭酒不起坏作用,则搭酒可尽量多加,这也是勾兑的作用和目的。

③添加带酒:在已经加过搭酒的大宗酒中,认为合适的,根据尝评结果,可添加不同香味的带酒,按3%左右的比例逐渐加入,边加边尝评,以确定带酒的性质是否适合,以及添加带酒的量。这样可以使酒的质量在恰到好处的情况下,尽可能少加带酒,达到既能提高产品质量,又能节约好酒的目的。

④勾兑验证检查:将勾兑好的基础酒,加浆到所需酒度,一般在52%vol ~ 53%vol,进行尝评,若无大的变化,小样试验勾兑即算完成。一瓶拿去化验检查理化指标,一瓶留下尝评,两者都合格后,即为小样合格基础酒。如两者明显不合格,则应找出原因,继续调整,直到合格为止。

（3）等量对分法

该法遵循等量对分原则,增减酒量,使勾兑完善。等量对分法通过实例来说明。

例如:有 A、B、C、D 四种酒,各自的数量、特点、缺点如下:

A 酒:香味好、醇和感差,250 kg;

B 酒:醇香好、香味差,200 kg;

C 酒:风格好、稍有杂味,225 kg;

D 酒:醇香陈味好,香气稍差,240 kg。

第一步:以数量最少的 B 酒为基础,其他酒与之相比得到等量比例关系,即 A 酒（250/200）:B 酒（200/200）:C 酒（225/200）:D 酒（240/200）= 1.25:1:1.125:1.2,按此比例关系勾兑小样,即 A 酒 125 mL,B 酒 100 mL,C 酒 112.5 mL,D 酒 120 mL 混合均匀。然后品尝,结果是杂味、香不见,说明有杂味的 C 酒量过多,应该减少 C 酒用量,A 酒太少,应增加其用量,增加量应遵循对分原则。

第二步:按对分原则,减少 C 酒为 1.125/2 = 0.56;增加 A 酒为 1.25 + 1.25/2 = 1.88,因此比例调整为:A:B:C:D = 1.88:1:0.56:1.2,即 A 酒 188 mL,B 酒 100 mL,C 酒 65 mL,D 酒 120 mL,混合均匀之后品尝,结果是杂味消失但香气仍不足,说明带有杂味的 C 酒用量合适,而 A 酒用量仍然偏少,需要增加用量。

第三步:还是按对分原则增加 A 酒,即 1.88 + 1.25/2 = 2.51。再次调整比例为:A:B:C:D = 2.51:1:0.56:1.20,即 A 酒 251 mL,B 酒 100 mL,C 酒 56 mL,D 酒 120 mL,混合均匀之后品尝,结果是香气浓郁,达到合格基础酒的要求。因此可以进一步试验 A 酒能否减少到最合适量。

第四步:按对分原则减少 A 酒用量为 2.51 - (1.25/2)/2 = 2.20,因此比例调整为:A:B:C:D = 2.20:1:0.56:1.20,即 A 酒 220 mL,B 酒 100 mL,C 酒 56 mL,D 酒 120 mL,组合均匀后品尝,如酒质基本完满,就可以不再组合。如仍有不理想之处,可按对分法再次调整,直至达到最理想的效果。

对于多坛（5 坛以上）酒,其组合方式有以下两种。

①从多坛酒中首先选出香味特点突出的带酒和具有某种缺陷的搭酒,其他香味基本相似的作为主体酒,这样就可以采取逐步添加法进行组合,效果是相当不错的。

②逐坛品尝,将香味相似的酒分为 4 个组,分别确定各组的香味特点,做好记录,然后采用等量对分法进行勾兑。该法虽步骤较烦琐,工作量较大,但组合的效果显著,易学易懂。

（三）正式勾兑（大批量勾兑）

经过小样勾兑,基本上确定了几个较为满意的样品。但小样勾兑的总量较小,小样放大后微小的误差变成较大的偏差,因此,应该对确定的配方进行一次性的调配验证,并且在小样的基础上进一步扩大样品总量,扩大后的样品与小样试验进行对比、修正,直至满意为止。最后再对扩大样品进行感官和理化评定,若无较大出入,即可确定配方,投入批量勾兑过程。

正式勾兑也就是对小样勾兑的一个放大过程,大样勾兑一般都在 5 000 kg 左右装的铝桶内进行。在扩大勾兑样品配方的基础上,根据使用基础酒的酒度、使用量和比例进行基础酒的掺兑,将小样勾兑确定的大宗酒,用酒泵泵入铝桶搅拌均匀后,取样尝评。若与原小样合格基础酒无大的变化,即按小样勾兑比例,经换算扩大。将搭酒和带酒用量泵入酒桶,再加浆到需要的酒度,搅拌均匀后,成为调味的基础酒。如香味发生了变化,可进行必要的调整,直到符合标准为止。

1. 批量勾兑计算

①容量比批量计算。如果小样勾兑试验时采用容量(如以 mL 为单位)比配方,则可直接按容量比计算批量勾兑的配比数量(如:换算为 100 L、1 000 L、10 000 L 等)。

②质量比批量计算。如果小样勾兑试验时采用质量(如以 g 为单位)比配方,则将 g 批量换算为 g 或 kg。例如前述 A 酒(2.20):B 酒(1.00):C 酒(0.56):D 酒(1.20),那么批量勾兑时可取 A 酒 220 kg、B 酒 100 kg、C 酒 56 kg、D 酒 120 kg。

2. 批量勾兑方法

批量勾兑多采用铝制大罐或其他较大容器,其容量大小根据批量勾兑数量而定,如 2 t 罐、5 t 罐、10 t 罐等。按小样勾兑所确定的比例,首先计算用量,然后用泵先分别将基础酒(大宗酒)泵入大罐,并依次将搭酒和带酒泵入,搅拌均匀后,静置沉淀备用。

3. 批量勾兑的验证

批量勾兑后,经搅拌均匀,取出少量,与小样勾兑试验的样品进行对照品评验证。经品评认定基础酒。基础酒是调味的基础,其质量除理化指标全部合格外,口感标准应达到:香气浓郁醇正,香与味谐调,绵甜较醇和,余香较长,尾净。如有出入,应分析原因,进行必要的调整,使之达到基础酒的要求,方可进行正式调味。

五、勾兑时各种酒的比例关系

1. 不同糟源酒的比例

不同糟源酒有各自的特点,具有不同的特殊香和味,它们之间的香味成分的量比关系也有明显的区别。将它们按适当的比例混合,才能使酒质全面、风格典型、酒体完美,才能达到提高酒质的目的。勾兑时,不同糟源酒的比例一般是双轮底酒 10%,粮糟酒 65%,其他糟源酒 25%。

2. 陈酒和一般酒的比例

一般来说,贮存 2 年以上的酒称为陈酒,它具有醇厚、绵软、清爽、陈味明显的特点,但也存在香味较淡的缺陷。

通常,酒贮存期较短,香味较浓,有燥辣感。因此,在组合基础酒时,要添加一定量的陈酒使酒质全面,口味谐调。陈酒和一般酒的组合比例为:陈酒 20%,一般酒(贮存 6 个月以上的合格酒)80%。

3. 老窖酒和新窖酒的比例

"千年老窖万年糟"决定了老窖池比新窖池生产的基础酒的微量香味成分含量高、种类丰富,在感官上表现为老窖池所产基础酒丰满、醇厚、风格典型;新窖池所产基础酒则醇和、淡雅。两种类型基础酒恰当的组合比例可提高酒的质量,使酒体香气幽雅、口感醇厚、风格典型。随着科学技术的发展,有些新窖池也能产部分优质基础酒,但与老窖池产的基础酒相比仍有一定差异。因此,在组合时,新窖池所产基础酒的比例应低于 20%,这样才能保证酒质稳定、风格全面。

4. 不同发酵期酒的比例

发酵期的长短与酒质有着密切关系。发酵期较长(60 d 以上)的酒香味浓、醇厚,但前香不突出;而发酵期短(45 d 左右)的酒闻香较好,但醇厚感较差,挥发性香味物质多,前香突出。按适宜的比例组合,既可提高酒的香气和喷头,又具有一定的醇厚感,对突出酒的风格十分有利。具体能否添加以及添加比例应在酒体设计实践中,根据设计目标、酒体要求有选择性地进行。

5. 不同季节所产酒的比例

由于不同季节的入窖温度和发酵温度不同,因此,产出酒的质量有很大的差异。尤其是夏季(淡季)和冬季(旺季)所产的酒,各有其特点和个性。因此在组合时应注意它们的比例。

以浓香型白酒为例,一般以 9 月、10 月所产的酒为一类,11 月、12 月、1 月、2 月所产的酒为一类,3 月、4 月、5 月、6 月所产的酒为一类;或者以大转排所产的第一排酒为一类(一般是在每年的 9 月、10 月),小转排所产的酒为一类(一般是在每年的 5—7 月),其他季节所产的酒为一类。不同季节产酒的组合比例一般为 1:3(淡季:旺季)左右。

六、勾兑中应注意的问题

1. 做好小样勾兑

勾兑是细致且复杂的工作,极其微量的香味成分都可能引起酒质的变化,因此,要先进行小样勾兑,经品尝合格后,再大批量勾兑。

2. 掌握合格酒的质量情况

每坛酒都必须有详细的卡片介绍。卡片上记录有入库日期、生产车间和班组、窖号、窖龄、糟源类别、酒度、重量、质量等级、主要香味成分含量等。

3. 做好勾兑的原始记录

不论是小样勾兑,还是正式勾兑,都应做好原始记录,以提供研究、分析数据,并从中找到规律性的东西,有助于提高勾兑水平。

4. 对杂味酒的处理

带杂味的酒,尤其是带苦、酸、涩、麻味的酒要进行具体分析,视情况做出正确处理。

5. 确定合格酒的质量标准

根据合格酒的主要香味成分的量比关系,其质量大体分为 7 种类型:

①己酸乙酯 > 乳酸乙酯 > 乙酸乙酯;浓香好,味醇甜,典型性强。

②己酸乙酯 > 乙酸乙酯 > 乳酸乙酯;喷香好,清爽醇净,舒畅。

③乳酸乙酯 > 乙酸乙酯 > 己酸乙酯;闷甜,味香短淡,用量恰当,可使酒味醇和净甜。

④乙缩醛 > 乙醛;异香突出,带馊味。

⑤丁酸乙酯 > 戊酸乙酯;有陈味,类似中药味。

⑥丁酸 > 己酸 > 乙酸 > 乳酸;窖香好。

⑦己酸 > 乙酸 > 乳酸;浓香好。

七、勾兑中调味的作用

1.添加作用

在基础酒中添加特殊酿造的微量香味成分,可改变基础酒质量,提高并完善酒的风格。一种是基础酒没有这类香味成分,调味酒中这类香味成分含量较多。这种香味成分在基础酒中得到稀释后,符合它本身的放香阈值而呈现出愉快的香气,使基础酒变得谐调、完美,突出了酒体的风格。

由于白酒中香味成分的阈值较低,一般在十万分之一到百万分之一的范围内,其含量稍微增加一点,就能达到它的界限值,表现出单一或综合的香气。

另一种是基础酒中某种香味成分含量较少,达不到放香阈值,香味不能显现出来。调味酒中这种香味成分含量较多,添加调味酒后,在基础酒中增加了该种物质的含量,并达到或超过其阈值,基础酒中就会呈现出该种香味成分特有的香气。

2.化学反应

调味酒中的乙醛与基础酒中的乙醇进行缩合,可生成乙缩醛。它是白酒中的呈香呈味物质,随着贮存期的延长,其含量会有所增加。部分白酒生产企业,以白酒中乙缩醛的含量作为判断白酒贮存期的依据。

乙醇和有机酸起作用可以生成酯类物质,这是白酒中重要的呈香呈味物质。这些反应进行得极为缓慢,而且不一定同时发生。

3.平衡作用

每一种优质白酒典型风格的形成,都是由许多香味成分之间相互缓冲、烘托、谐调和平衡复合而成的。

根据调味的目的,添加调味酒是以需要的香味强度打破基础酒中原有的平衡,重新调整基础酒中香味成分的量比关系,促使平衡向需要的方向移动,以排除异杂味,增加需要的香味,达到调味的效果。

4.分子重排

酒质的好坏与酒中分子的排列有一定的关系,当进行半成品酒调味时,添加的调味酒的微量成分引起量比关系的改变或增加了新的微量成分,从而影响各分子间原来的排列,致使酒中各分子间重新排列,改变了原来状况,突出了一些微量成分的作用,同时也有可能掩盖了另一些分子的作用,显示了调味的功能。

八、调味的程序

1.确定基础酒的优缺点

主要是确定基础酒的酒质情况,要进行仔细的尝评和分析检验确定基础酒的质量状况,明确基础酒存在的缺陷,做到心中有数,以便"对症下药",有针对性地解决问题。

2.选择调味酒

根据基础酒的质量确定选择需要的调味酒。所选调味酒,要能解决基础酒的不足,弥补基础酒的缺陷。

首先,要全面地了解各种调味酒的功能,每种调味酒对基础酒所起的各种作用。如酒头调味酒可解决放香不足的问题,酒尾调味酒可解决回味不足的问题,双轮底调味酒既能增加香气又能使口味醇甜,陈酿调味酒能调醇、增酯和增酸,酯香调味酒既可提高进口香又可增加后味,老酒调味酒可提高基础酒的风格和陈醇味,曲香调味酒可以提高基础酒的曲香味,酱香调味酒可使基础酒香味增长和饱满,醇甜调味酒可以增加基础酒的甜味和醇和感、压制燥辣味,等等。然后,根据基础酒的实际质量情况,确定选用哪几种调味酒。选用的调味酒性质要与基础酒所需要的相符合,并能弥补基础酒的缺陷。调味酒选取是否恰当,关系甚大,选对了效果显著,且调味酒用量少;选取不当,则调味酒用量大,效果不明显,甚至会越调越差,达不到调味的目的。

3. 小样调味的工具和方法

调味常用的工具有 50 mL、100 mL、500 mL 和 1 000 mL 量筒,60 mL 无色无花纹酒杯,100 mL 或 200 mL 具塞三角瓶,玻璃棒,不同规格的刻度吸管,2 mL 玻璃注射器及 Φ5½号针头,500 mL、1 000 mL 烧杯等。

使用注射器时,将调味酒吸入注射器中,用 Φ5½号针头试滴。

滴加时不要用力过大,注射器拿的角度要一致,等速点加,不能成线。一般 1 mL 能滴加近 200 滴,这与注射器中酒的量、手拿的角度和挤压力的大小等密切相关。

按 1 mL 滴加 200 滴计算,每滴即为 0.005 mL,50 mL 的基础酒中加 1 滴即为 1/10 000。

4. 调味的三种方法

(1)分别加入调味酒法

对每一种调味酒进行优选,最后得出不同调味酒的用量,并逐个解决基础酒中存在的问题。

例如组合好的基础酒浓香差、陈味不足,应先解决浓香差的问题,选择一种浓香调味酒进行滴加,从万分之一开始,依次增加。每次滴加后都要认真品尝,记录滴加后的变化,直到达到要求为止。但是,如果该调味酒的添加量达到千分之一还不能解决浓香差的问题,则应重新选择调味酒,再按上述方法滴加。然后再滴加陈酒解决基础酒的陈味不足。

(2)同时加入数种调味酒法

针对基础酒的缺陷和不足,先选定几种调味酒,分别记录其主要特点,各以万分之一的量开始滴加,逐一优选,再根据尝评情况,增加或减少不同种类和数量的调味酒,直到符合质量标准为止。采用此法比较省时,但需要一定的调味技术和经验,才能顺利进行。

(3)加入综合调味酒法

根据基础酒的不足,结合调味经验,选取不同特点的调味酒,按一定的比例组合成综合调味酒,然后以 1/10 000 的比例逐滴加入基础酒中,通过尝评找出最合适的添加量。若滴加 1/1 000 以上仍找不到合适的量,应更换调味酒或调整各种调味酒的比例。

5. 调味酒用量的计算

粗略计算法是根据小样调味时调味酒用量的比例,以体积为依据,计算大样调味时的调味酒用量,即调味酒的用量 = 小样调味的比例(%)× 基础酒的数量(质量)。若全部换算为体积计算,较为准确。

6. 大样调味

根据小样调味试验和基础酒的实际质量,计算出调味酒的用量,将调味酒加入基础酒中,搅拌均匀后再进行品尝,如与调味后的小样质量相符,则调味完成。若质量不一致,则应在已经添加了调味酒的基础上,再次调味,直到满意为止。

第二节　白酒勾兑调味的技术关键

一、白酒勾兑调味的基础条件

（一）要求勾兑员有较高的品酒水平

对于勾兑员来说,品酒与勾兑是密不可分的。凡是食品的风格质量评价,感官鉴别的作用是决定性的,虽然科学发展至今,人们已经剖析出白酒香味成分达360余种,但人的感觉器官是最灵敏的,是任何先进仪器分析都无法取而代之的。同样的原材料(基酒、酒精、香料、调味酒等),不同的勾兑员勾兑出的产品的风格质量大不相同,这与勾兑员的品酒能力(包括实践经验)密切相关。因此,品酒水平是做好勾兑工作的先决条件。要成为优秀的品酒师,在品尝技术的要求上,必须具备以下3方面的基本素质:①具有尽量低的味觉和嗅觉的感觉阈值(敏感性);②对同一产品的各次品尝结果保持一致(准确性);③精确地表达所获得的感觉(精确性)。要想上述素质得以提高,就需要经过长期艰苦的磨炼。此外,具有实事求是的工作态度和良好的职业道德也是一个优秀品酒师应该具备的。

（二）深刻认识各种香型白酒的微量成分及风味特征

白酒中各种微量成分的含量多少和适当的比例关系是构成各种名白酒的风味和香型的重要组成部分。各种白酒的微量成分有许多共同点,亦有其特殊性(特征组分),要善于分析、总结,这是做好白酒勾兑调味的重要基础工作。

（三）有高质量的基础酒和调味酒

传统白酒的勾兑就是酒勾酒,没有添加其他成分。因此,要勾兑出高品质的产品,必须要有高质量的基础酒和风格、作用各异的高质量调味酒。

二、白酒勾兑调味的技术关键

（一）准确认识基础酒和调味酒

白酒的勾兑,主要是依靠人的味觉和嗅觉,逐坛选取能相互弥补缺陷的若干坛酒组合在一起。如何认识基础酒,了解其优缺点,如何搭配才能取长补短,就"非一日之功"了。不同香型、风格的酒厂,尤其是名优酒厂,由于生产有长期的延续性,合格的基础酒是什么特点,通过多年的色谱分析和品评,积累了大量的数据和经验,要善于总结、分析、思考,从而指导勾兑。

当今白酒勾兑,经常采用多种组合方式,如何确定多种组合方式,一是靠人,二是靠白酒的色谱定量分析数据,三是计算机及相关软件系统。最后一种方式就是计算机的色谱成分组合,其组合的最终结果都能满足设定的多种成分的含量要求,但还要依赖于人,靠人的经验来确定其中哪一种或几种组合方式更符合实际要求。

依靠色谱定量分析数据进行组合,只包含了或者说只解决了白酒中一部分成分的组合,并没有也解决不了其余复杂成分的组合问题,所以还得依赖勾兑员准确、高水平的品评,对各种基础酒有清晰的辨别能力,才能组合出高质量的基础酒。

合格的基础酒组合好以后,选择哪些调味酒才能"画龙点睛",就要求勾兑员要有丰富的实践经验。

(二)根据市场变化进行酒体设计

市场上最畅销的是中低度白酒,其酒精含量一般为35%~46%。生产这个范围酒度的酒,降度除浊是必需的工艺步骤,在这个酒度范围内相溶好的物质大部分被除去,有的则损失殆尽。也就是说,这些主要表现呈味性质的物质的浓度和味感强度被充分降低了。与度数高的酒相比,这些物质浓度之间的差异相当大,他们对酒的呈味作用已不再是影响白酒口味的重要物质。

中低度酒中的各种物质,即使它们与高度酒有高度近似或大体相同的色谱骨架成分,这些成分之间的相互作用、液相中的相溶性、气相中的相溶性、味阈值和嗅阈值、相应的味感和嗅感强度、味觉转变区间、酒的酸性大小等,均发生了强烈的改变。因此,不能用高度酒的一般经验规律来认知、解释或代替低度酒的规律。例如,同样用量的酸在52%vol的白酒中酸性小,在38%vol的酒中酸性就大得多。

用较高度的酒加浆降度、除浊,还是一个多种可溶性成分的浓度同时被降低的过程,本来就含量不多的复杂成分的浓度亦相应降低,以致酒的质量和风格发生根本的变化。下面以38%vol浓香型白酒(表8-1)为例,介绍35%vol~46%vol中低度酒酒体设计与具体酒度及色谱骨架成分中的几个重要物质含量的关系。

表8-1 38%vol浓香型白酒的色谱骨架成分 （单位:mg/100 mL）

成分	含量	成分	含量
己酸乙酯	190~205(300~324)	乳酸乙酯	140~160(221~253)
乙酸乙酯	80~110(126~172)	丁酸乙酯	20~30(32~47)
戊酸乙酯	3~5(4.7~7.9)	正丁醇	10~15(16~24)
正丙醇	20~30(32~47)	异戊醇	20~35(32~55)
异丁醇	10~15(16~24)	乙缩醛	40~70(63~110)
乙醛	40~70(63~110)		

应该重点考虑的物质如下:

①乳酸乙酯,它是骨架成分中唯一既能与水又能与乙醇互溶的乙酯,它不仅在香和味方面做出贡献,而且起着助溶的作用,对克服低度酒的水味、增加浓厚感有着特殊的功效。一

般低度白酒的乳酸乙酯含量应为 140～160 mg/100 mL。

②正丙醇与乳酸乙酯情况相似,它既可与水、乙醇互溶,也可与其他乙酯互溶。正丙醇可把不溶于水的乙酯和杂醇等带入水中,又可把不溶于酯和杂醇等的水带入酯和杂醇等之中,故选基础酒时,正丙醇含量稍高,对克服低度酒的水味和提高品质有很大的好处。

③乳酸乙酯含量稍高,会影响酒的放香,会降低其他香气物质的嗅阈值,乙缩醛和乙醛亦应有所提高。

④乙酸乙酯沸点较低,与水的相溶性较好,中低度白酒应有较高的含量。

⑤低度酒应是较低的酸值。

⑥低度酒因降度、去浊,复杂成分损失较多,故应配以高质量的调味酒(特别是复杂成分含量丰富),才能保证其特有的风格。

其他酒度的中低度白酒,色谱骨架成分应该是什么,可根据名优酒的研究报告和本厂实际情况灵活运用,切忌生搬硬套。

(三)准确计量

白酒勾兑调味从小样到大样,要使用一些工具和容器,由于计量不够准确,因此酒质有差异的事经常发生,应引起足够的重视。

1. 勾兑罐计量

勾兑罐是勾兑组合基础酒必备的容器,有大有小,小的 1～2 t,大的超过 100 t。现在各厂使用的勾兑罐无论大小,大多没有计量装置,罐内装多少酒只靠经验来定,有的插一竹竿作为计量,误差一般在 0.2%～0.5%,这些误差造成小样与大样之间的差距,应引起高度重视。大罐组合酒时应以流量计或正确称重计量,才能保证计量的准确。

2. 小样勾兑时的计量

从 20 世纪 80 年代开始,白酒勾兑技术逐步在全国普及和应用。那时勾兑小样都推荐使用 2 mL 的医用注射器和配套的 Φ5½号不锈钢针头,作为滴加调味酒或酒用香料的计量仪器。应该说这种计量方法的应用,在 20 世纪 80 年代勾兑技术推广普及的初期,是勾兑计量上的一个进步,它比原来用竹提扯兑的方法细致准确得多,而且使用习惯了也相当方便。但是,随着勾兑技艺的深入研究,人们发现 2 mL 医用注射器针仅是一种工具,不是计量用的仪器,针筒上的刻度误差太大,其数值只能供参考,不能作为计量依据。由于 Φ5½号针头的针尖斜截面的大小和不锈钢细管的直径大小很难规范制作,因此,人们运用这一工具时,滴出液体的体积始终不准确,无法控制。另外,勾兑人员在操作时力量、角度和方向的掌握不同,也会导致误差。

随着勾兑技艺的深入研究和勾兑水平的提高,精密的计量仪器——色谱进样器(又称微量进样器)逐步广泛运用于白酒勾兑中,即用多规格的色谱进样器(微量注射器)。若勾兑小样要适当放大,则可用移液管或刻度吸管。

此外,需要特别提醒的是,小样制作和生产放样都应以容积为单位,并控制相对计量误差,这样才能保证小样酒与生产的大样酒质量较为一致。

(四)水质

降度用水即是加浆水,是指经软化脱盐或通过反渗透处理后的白酒加浆降度用水。

降度用水是生产中低度白酒重要的原料,它不同于一般酿造用水,对其有特定的要求:

①总硬度应小于 1.783 mmol/L;低矿化度,总盐量少于 100 mg/L;不宜用蒸馏水。

②NH₃ 含量应低于 0.1 mg/L。

③铁含量应低于 0.1 mg/L。

④铝含量应低于 0.1 mg/L。

⑤不应含有腐殖质的分解物。将 10 mg 高锰酸钾溶解在 1 L 水中,若 20 min 内完全褪色,则这种水不能作为降度用水。

⑥自来水应用活性炭将氯吸附,并经过滤后使用。

若水质不符合规定,应予净化。

第三节　白酒酒度的换算和勾兑的计算

在白酒生产中,计算出酒率均以 65%(v/v)为准,但在实际生产中又以酒的质量计算出酒率,白酒厂在交库验收时,一般采用粗略的计算方法,将实际酒度折算为 65%(v/v)后确定出酒率。另一方面,在低度白酒生产和白酒勾兑过程中,均涉及酒度的换算,本节将针对白酒生产中的酒度换算和勾兑的计算进行分析,并提出可行的计算方法。

一、体积百分数与质量百分数的换算

1.$v\%$ 的应用

白酒酒度是以体积百分数 $v\%$ 或 v/v,即 100 mL 酒溶液中含有的乙醇毫升数表示。体积百分数 $v\%$ 与质量百分数 $w\%$ 的换算式为

$$v\% = \frac{w\% \times d_4^{20}}{0.789\ 34}$$

$$w\% = \frac{v\% \times 0.789\ 34}{d_4^{20}}$$

式中　$v\%$——体积百分数;

　　　$w\%$——质量百分数;

　　　d_4^{20}——白酒在 20 ℃时与同体积的水在 4 ℃时的比重;

　　　0.789 34——纯酒精在 20 ℃时的比重。

［例1］　已知 50%(v/v)白酒相应的比重为 0.930 17,请计算其质量百分数。

解:根据上述换算式可知质量百分数为:

$$w\% = \frac{v\% \times 0.789\ 34}{d_4^{20}} = \frac{50\% \times 0.789\ 34}{0.930\ 17}$$

$$= 42.43\%$$

酒精比重与百分含量对照表(20 ℃)就是根据体积百分数与质量百分数的换算关系制订出来的。

2. w% 的应用——酒度换算

将不同酒度换算成 65% (v/v) 酒度的计算方法有两种。

(1)折算法

计算原理:在折算中,明确纯酒精质量不变,根据质量百分数进行换算。换算公式为:

65% (v/v) 白酒的质量×65% (v/v) 白酒的质量百分数 = 原酒的质量×原酒度的质量百分数 = 纯酒精质量

[例2]　已知 86% (v/v) 白酒 1 000 kg,求折算成 65% (v/v) 的白酒质量是多少?

解:查酒精比重与百分含量对照表得:

$$86\% (v/v) 的 w_1\% = 80.63\%$$
$$65\% (v/v) 的 w_2\% = 57.16\%$$

根据换算公式得 65% (v/v) 的白酒的质量为:

$$w_2 = \frac{w_1\% \times w_1}{w_2\%} = \frac{1\,000 \text{ kg} \times 80.63\%}{57.16\%} = 1\,410.6 \text{ kg}$$

即 1 000 kg 86% (v/v) 的白酒折算成 65% 白酒为 1 410.6 kg。

(2)利用折算因子换算表的方法

该方法适用于 30% ~80% (v/v) 的原酒。方法是:查折算因子[各种酒度折算成 65% (v/v) 的折算因子]表,得知各种酒度的折算因子,再与原酒质量相乘即得各种高于或低于 65% (v/v) 的原酒折成 65% (v/v) 的质量。

[例3]　100 kg 45% (v/v) 白酒折合成 65% (v/v) 的白酒是多少千克?

解:查表得折算因子为 0.662 0,则有 0.662 0×100 kg = 66.20 kg

即 100 kg 45% (v/v) 白酒折合成 65% (v/v) 白酒为 66.20 kg。

[例4]　100 kg 75% (v/v) 的白酒折合成 65% (v/v) 白酒是多少千克?

解:查表得折算因子为 1.186 5,则有 1.186 5×100 kg = 118.65 kg

即 100 kg 75% (v/v) 的白酒折合成 65% (v/v) 白酒为 118.65 kg。

二、低度白酒生产中酒度、加浆量计算

低度白酒一般是用高度白酒加浆降度制成,因此在实际操作中涉及酒度的计算和加浆量的计算。设:原酒度为 $v_1\% (v/v)$,比重为 $(d_4^{20})_1$,质量百分数为 $w_1\%$,降度后的酒度为 $v_2\% (v/v)$,比重为 $(d_4^{20})_2$,质量百分数为 $w_2\%$。

1. 求所需原酒质量

$$原酒质量 = 降低酒度后酒的质量 \times \frac{v_2\% \times \dfrac{0.789\,34}{(d_4^{20})_2}}{v_1\% \times \dfrac{0.789\,34}{(d_4^{20})_1}}$$

$$= 降低酒度后酒的质量 \times \frac{v_2\% \times (d_4^{20})_1}{v_1\% \times (d_4^{20})_2}$$

$$= 降低酒度后酒的质量 \times \frac{w_2\%}{w_1\%}$$

2.求降低酒度后酒的质量

$$降低酒度后酒的质量 = 原酒质量 \times \frac{v_1\% \times (d_4^{20})_2}{v_2\% \times (d_4^{20})_1}$$

$$= 原酒质量 \times \frac{w_1\%}{w_2\%}$$

3.求降低酒度后酒的酒度

$$v_2\% = \frac{原酒质量}{降低酒度后酒的质量} \times v_1\% \times \frac{(d_4^{20})_2}{(d_4^{20})_1}$$

4.求降低酒度为 $v_2\%$ 的原酒酒度

$$v_1\% = \frac{降低酒度后酒的质量}{原酒质量} \times v_2\% \times \frac{(d_4^{20})_1}{(d_4^{20})_2}$$

5.低度白酒加浆量的计算方法

设:原酒度为 $v_1\%(v/v)$,质量百分数为 $w_1\%$,原酒质量为 w,加浆降度后的酒度为 $v_2\%$ (v/v),质量百分数为 $w_2\%$,求加浆量为多少?

计算原理:白酒在加浆降度过程中,其纯酒精质量不变,即纯酒精质量 $= w_1\% \times w =$ $w_2\% \times (w + 加浆量)$ 则有

$$加浆量 = \frac{w_1\%}{w_2\%} - 1 \times w。$$

[例5]　将 1 000 kg 50%(v/v)的高度酒降度制成 30%(v/v)低度酒,求所需加浆量?

解:查表 50%(v/v)质量百分数为 42.43%,30%(v/v)质量百分数为 24.61%,故有:

$$加浆量 = \left(\frac{42.43\%}{24.61\%} - 1\right) \times 1\ 000\ kg = 724\ kg$$

[例6]　要配制 1 000 kg 70%(v/v)的酒,求用 98%(v/v)的酒精多少千克?需加浆(水)多少千克?

解:查表得:70%(v/v)的质量百分数为 62.39%,98%(v/v)的质量百分数为 96.82%,因在配制过程中,纯酒精质量不变,故需 98%(v/v)的酒精质量:

$$m_{98\%} = \frac{1\ 000\ kg \times 62.39\%}{96.82\%} = 644.4\ kg$$

需加浆量: $m_浆 = 1\ 000\ kg - 644.4\ kg = 355.6\ kg$

三、白酒勾兑计算

用两种以上不同酒度的白酒勾兑制成成品酒时,酒度的计算尤为重要。设: $v_1\%(v/v)$ 为酒度较高酒的酒度; $v_2\%(v/v)$ 为酒度较低酒的酒度; $v\%(v/v)$ 为勾兑后酒的酒度; $w_1\%$ 为较高酒度酒的质量百分数; $w_2\%$ 为较低酒度酒的质量百分数; $w\%$ 为勾兑后酒的质量百分数; w_1 为较高酒度原酒的质量; w_2 为较低酒度原酒的质量; w 为勾兑后酒的质量。

计算方法：

$$w = \frac{w_1 \times w_1\% + w_2 \times w_2\%}{w\%}$$

$$= \frac{w_1 \times v_1\% \times \dfrac{0.789\ 34}{(d_4^{20})_1} + w_2 \times v_2 \times \dfrac{0.789\ 34}{(d_4^{20})_2}}{v\% \times \dfrac{0.789\ 34}{d_4^{20}}}$$

通过对酒度换算和勾兑计算的方法分析和实例论述,总结出在实际应用中只要掌握体积百分数和质量百分数的换算关系及在酒度调整中其纯酒精质量不变的原理,便可采用上述计算方法解决白酒生产中的计算问题,从而更加准确地控制生产和进行质量管理。

◎复习思考题

1.试述白酒勾兑的原理及方法。

2.试述白酒勾兑的条件。

3.试述白酒勾兑的关键技术。

第二篇

实验篇

实验一　不同酒度酒样的辨识

一、实验目的

(1)掌握酒度的测定方法及操作；

(2)掌握食用酒精降度的方法；

(3)通过嗅觉、味觉辨识不同酒度的酒样。

二、实验器材

75%vol 食用酒精酒样。

0—100 ℃玻璃温度计；0—30%规格酒精计(玻璃浮计)；30%—60%规格酒精计(玻璃浮计)；60%—100%规格酒精计(玻璃浮计)；100 mL 玻璃量筒；250 mL 具塞三角瓶；标准品酒杯。

三、实验步骤

(一)酒度的测定

(1)把欲测量的酒样先盛入 100 mL 玻璃量筒内,酒内不应有脏物或浑浊现象。

(2)将玻璃温度计擦净竖立于玻璃量筒中(酒样温度应在 0~40 ℃,否则应升温或降温),然后再将 30%—60%量程的酒精计擦净徐徐浸入玻璃量筒中,这时会出现 3 种情况：

①液面在分度标尺范围内,这样可准备读数；

②液面低于分度标尺或酒精计歪斜,这时可将酒精计取出更换 0—30%规格的；

③液面高于分度标尺或酒精计沉底了,这时可将酒精计取出更换 60%—100%规格的。

(3)读数。

液面在分度标尺范围内静置 5 分钟后即可读数,读数位置是液面与分度标尺相切的地方(按下缘读取),记下酒精计示值,同时读取温度计示值。

(4)查表(温度在 0~40 ℃的酒精浓度的换算)。

在换算表的横向上查找记下的酒精计示值,在换算表的纵向上查找记下的温度计示值,二者都查到后,酒精计示值从上往下查,温度计示值从左往右查,二者相交处的数值即欲测量酒样的实际酒度。

(5)根据检测结果,记下酒样的酒度(醇含量%)。

[注意事项]

1.温度计必须按规定的浸入深度或尾部长度浸入介质测温,如此才可得准确示值。本实验中温度计浸入深度为 50 mm。

2. 玻璃浮计:

（1）使用前必须全部揩拭干净,不得用手直接擦抹。

（2）最高分度线以下切勿用手握持,以免影响读数。

（3）液体温度与玻璃浮计标准温度不符时,记取的读数应予以校正。

（4）读数时须注意玻璃浮计与液面接触处应有良好的弯月面,否则读数不准,须重新清洁管茎后再读数;作精密测定时,应以同样的方法测定若干次,取其平均值。

（5）读数时,除特殊规定(如弯月面上缘读数)外,均以液面的水平线与玻璃浮计管茎相交处读取之;玻璃浮计应妥善保管,不得置于易受震动及温度骤变处。

（6）如发现分度纸位置移动,玻璃管有裂痕、挫伤或表面有污秽附着无法去除时,该玻璃浮计立即不能使用。

（7）玻璃浮计允许误差为 ±1 个最小分度。

3. 使用完毕后,将仪器清净、揩干,并按规定摆放位置放入包装箱。

（二）食用酒精的降度方法

设:原食用酒精的酒度为 $v_1\%(v/v)$,质量百分数为 $w_1\%$,质量为 w,加浆降度后的酒度为 $v_2\%(v/v)$,质量百分数为 $w_2\%$。

求:加浆量为多少?

计算原理:白酒在加浆降度过程中,其纯酒精质量不变,即:

$$纯酒精质量 = w_1\% \times w = w_2\% \times (w + 加浆量)$$

则有

$$w_1\% \times w = w_2\% \times w + w_2\% \times 加浆量$$
$$w_1\% \times w - w_2\% \times w = w_2\% \times 加浆量$$
$$(w_1\% - w_2\%) \times w = w_2\% \times 加浆量$$
$$加浆量 = [(w_1\%/w_2\%) - 1] \times w$$

[实例]　将 1 000 kg 50%(v/v)的食用酒精降度制成 30%(v/v)的低度酒,求所需加浆量。

解:查表可知:50%(v/v)的食用酒精的质量百分数为 42.43%,30%(v/v)的食用酒精的质量百分数为 24.61%,则

$$加浆量 = [(42.43\%/24.61\%) - 1] \times 1 000 \text{ kg} = 724 \text{ kg}$$

（三）不同酒度的酒样尝评

取 10 mL 刻度玻璃管,配制酒度为 35%vol、40%vol、45%vol、50%vol、55%vol、60%vol、65%vol 的酒样,通过尝评辨识不同酒度酒样。

四、实验记录

酒度	35%vol	40%vol	45%vol	50%vol	55%vol	60%vol	65%vol
风味特征							

实验二　视觉训练

一、实验目的

白酒的视觉鉴定,即对白酒的外观特征,如色调、光泽、透明度、悬浮物、沉淀等通过人眼观察进行判断。本实验通过不同色差的化学溶液训练一个没有色盲、视觉正常的人,在光度正常、环境良好等条件下,正确检定不同颜色溶液的能力。

二、实验器材

亚铁氰化钾[$K_4Fe(CN)_6 \cdot 3H_2O$];蒸馏水。

精密电子天平;10 mL移液器(或移液管);50 mL烧杯;玻璃棒;标准品酒杯。

三、实验步骤

(1)取6只洁净的50 mL烧杯,编号,分别精确称取亚铁氰化钾0,0.02,0.03,0.04,0.05,0.06 g加入烧杯中。

(2)各加入20 mL蒸馏水,搅拌均匀。

(3)取6只洁净品酒杯,分别在杯底标上1—6,依次加入10 mL 0—0.3%亚铁氰化钾溶液。

(4)在正常光线下观其色泽,由浅至深排列次序。

(5)对排好顺序的溶液,查看杯底进行验证,连续进行三次。

四、实验记录

轮次	杯号					
	1	2	3	4	5	6
1						
2						
3						

说明:正确打√,错误打×。

实验三 嗅觉训练(一)

一、实验目的

对植物材料的嗅觉认识。

二、实验器材

1%香蕉、菠萝、葡萄、玫瑰、茉莉、香草、广柑、橘子、柠檬、杨梅、桂花、猕猴桃等芳香物质;95% vol 食用酒精;蒸馏水。

1 mL 移液器(或移液管);玻璃棒;标准品酒杯;50 mL 容量瓶;1 000 mL 容量瓶;标签纸。

三、实验步骤

(1)取 2 只 1 000 mL 洁净容量瓶,取 95% vol 食用酒精降度至 52% vol 备用。

(2)取 12 只 50 mL 容量瓶,分别标记为香蕉、菠萝、葡萄、玫瑰、茉莉、香草、广柑、橘子、柠檬、杨梅、桂花、猕猴桃,然后分别加入 0.5 mL 1%香蕉、菠萝、葡萄、玫瑰、茉莉、香草、广柑、橘子、柠檬、杨梅、桂花、猕猴桃芳香物质,52% vol 食用酒精定容,振荡摇匀,制成溶液,备用。

(3)取 12 只洁净品酒杯,分别在杯底标上香蕉、菠萝、葡萄、玫瑰、茉莉、香草、广柑、橘子、柠檬、杨梅、桂花、猕猴桃,依次加入 9 mL 52%食用酒精溶液后,分别加入 1 mL 1%香蕉、菠萝、葡萄、玫瑰、茉莉、香草、广柑、橘子、柠檬、杨梅、桂花、猕猴桃芳香物质的溶液。

(4)进行明嗅,以了解各种植物香精在酒中所产生的气味。记住各自的特点,认真加以区别。

四、实验记录

物质种类	香蕉	菠萝	葡萄	玫瑰	茉莉	香草
风味特征						
物质种类	广柑	橘子	柠檬	杨梅	桂花	猕猴桃
风味特征						

说明:用玫瑰、香蕉、菠萝、橘子、香草、柠檬、茉莉、桂花等芳香物质还可分别配制 1~8 mg/L 的水溶液,编号,倒入酒杯中,以 5 杯为一组,嗅闻香气,并写出其香气特征。

实验四　嗅觉训练（二）

一、实验目的

对酿酒材料的嗅觉认识。

二、实验器材

黄浆水、酒头、酒尾、糠蒸馏液、稻谷糠壳、窖泥、浓香型白酒酒糟、酱香型白酒酒糟、高温大曲、中温大曲、小曲、橡木片、高粱粉、玉米粉、大米粉、糯米粉、小麦粉、绿豆粉;95% 食用酒精;蒸馏水。

1 mL 移液器(或移液管);10 mL 移液管;玻璃棒;标准品酒杯;50 mL 容量瓶;1 000 mL 容量瓶;标签纸。

三、实验步骤

(1)取 2 只 1 000 mL 洁净容量瓶,取 95% 食用酒精降度至 52% 备用。

(2)取 14 只 50 mL 容量瓶,分别标记为 2% 的稻谷糠壳、窖泥、浓香型白酒酒糟、酱香型白酒酒糟、高温大曲、中温大曲、小曲、橡木片、高粱粉、玉米粉、大米粉、糯米粉、小麦粉、绿豆粉,各加入 49 mL 52% 食用酒精后,分别加入 1 g 稻谷糠壳、窖泥、浓香型白酒酒糟、酱香型白酒酒糟、高温大曲、中温大曲、小曲、橡木片、高粱、玉米粉、大米粉、糯米粉、小麦粉、绿豆粉,振荡摇匀,浸泡 30 d 备用;另取 4 只 50 mL 容量瓶,各加入 49 mL 52% 食用酒精后,分别加入 1 mL 黄浆水、酒头、酒尾、糠蒸馏液,配成 2% 溶液,振荡摇匀,备用。

(3)取 18 只洁净品酒杯,分别在杯底标上 0.1% 黄浆水、酒头、酒尾、糠蒸馏液、稻谷糠壳、窖泥、浓香型白酒酒糟、酱香型白酒酒糟、高温大曲、中温大曲、小曲、橡木片、高粱粉、玉米粉、大米粉、糯米粉、小麦粉、绿豆粉溶液,依次加入 19 mL 52% 食用酒精溶液后,再分别加入 1 mL 1% 黄浆水、酒头、酒尾、糠蒸馏液、稻谷糠壳、窖泥、浓香型白酒酒糟、酱香型白酒酒糟、高温大曲、中温大曲、小曲、橡木片、高粱粉、玉米粉、大米粉、糯米粉、小麦粉、绿豆粉溶液。

(4)进行明嗅,以了解各种酸类物质在酒中产生的气味。记住各自的特点,认真加以区别。

四、实验记录

物质种类	黄浆水	酒头	酒尾	糠蒸馏液	稻谷糠壳	窖泥	浓香型白酒酒糟	酱香型白酒酒糟
风味特征								

续表

物质种类	小曲	橡木片	高粱粉	玉米粉	大米粉	糯米粉	小麦粉	高温大曲
风味特征								
物质种类	中温大曲	绿豆粉						
风味特征								

实验五　味觉训练(一)

一、实验目的

认识味觉(酸、甜、苦、鲜、辣、咸、涩)。

二、实验器材

砂糖;食盐;柠檬酸;奎宁;单宁;味精;丙烯醛;蒸馏水。

1 mL 移液器(或移液管);10 mL 移液管;玻璃棒;标准品酒杯;50 mL 容量瓶;1 000 mL 容量瓶;标签纸;分析天平。

三、实验步骤

(1)取 7 只 50 mL 容量瓶,分别标记为砂糖 0.75%、食盐 0.2%、柠檬酸 0.015%、奎宁 0.000 5%、单宁 0.03%、味精 0.1%、丙烯醛 0.001 5%,分别配成各自的水溶液。

(2)取 7 只洁净品酒杯,分别在杯底标上砂糖 0.75%、食盐 0.2%、柠檬酸 0.015%、奎宁 0.000 5%、单宁 0.03%、味精 0.1%、丙烯醛 0.001 5%,加入上述味觉物质的溶液进行品评鉴别,记住各自的特点,认真加以区别。

四、实验记录

风味物质	砂糖	食盐	柠檬酸	奎宁	单宁	味精	丙烯醛
风味特征							

实验六　味觉训练(二)

一、实验目的

认识常见原料、发酵中间品、发酵产物、副产物等样品中风味物质的味觉。

二、实验器材

黄浆水、酒头、酒尾、窖泥液、糠蒸馏液、丢糟液、底锅水、粳米浸出液、糯米浸出液、高粱浸出液、小麦浸出液、玉米浸出液;蒸馏水。

1 mL 移液器(或移液管);10 mL 移液管;玻璃棒;标准品酒杯;50 mL 容量瓶;1 000 mL 容量瓶;标签纸。

三、实验步骤

(1)取 2 只 1 000 mL 洁净的容量瓶,取 95% 食用酒精降度至 52% 备用。

(2)取 12 只 50 mL 容量瓶,分别标记为 1%(体积比)黄浆水、酒头、酒尾、窖泥液、糠蒸馏液、丢糟液、底锅水、粳米浸出液、糯米浸出液、高粱浸出液、小麦浸出液、玉米浸出液,用 52% 的食用酒精配制 1% 的以上溶液,振荡摇匀,备用。

(3)取 12 只洁净品酒杯,分别在杯底标上标记为 0.1% 黄浆水、酒头、酒尾、窖泥液、糠蒸馏液、丢糟液、底锅水、粳米浸出液、糯米浸出液、高粱浸出液、小麦浸出液、玉米浸出液;分别加入 9 mL 52% 酒精,然后各加入 1% 黄浆水、酒头、酒尾、窖泥液、糠蒸馏液、丢糟液、底锅水、粳米浸出液、糯米浸出液、高粱浸出液、小麦浸出液、玉米浸出液各 1 mL。

(4)进行尝评,以了解各种异杂味风味物质在酒中所产生的气味。记住各自的特点,认真加以区别。

四、实验记录

风味物质	食用酒精	黄浆水	酒头	酒尾	窖泥液	糠蒸馏液	丢糟液
风味特征							
风味物质	底锅水	粳米浸出液	糯米浸出液	高粱浸出液	小麦浸出液	玉米浸出液	
风味特征							

实验七　白酒风味物质的品评辨识(一)

一、实验目的

(1)醇类、醛类风味物质的品评辨识;

(2)不同酒度中风味物质的品评辨识。

二、实验器材

醇类风味物质:异戊醇、正丁醇、甘油、正戊醇、正己醇、异丁醇、正丙醇(7种);醛类风味物质:乙醛、乙缩醛、糠醛、双乙酰(4种),食用酒精。

1 mL 移液管;1 L 容量瓶;100 mL 量筒;250 mL 具塞三角瓶;标准品酒杯;酒度计。

三、实验步骤

(1)取 2 只 1 L 洁净容量瓶,取 95% 食用酒精降度定容至(38%、52%)1 L 备用。

(2)在具塞三角瓶中,每种风味物质(正丁醇、甘油、异丁醇、正丙醇)按 10 μL/mL 加入 38%、52% 两种酒度酒样中配制成品评用稀释液;其余风味物质(异戊醇、正戊醇、正己醇、乙醛、乙缩醛、糠醛)按 5 μL/mL 加入 38%、52% 两种酒度酒样中配制成品评用稀释液。

(3)品评每种风味物质纯溶液、38% 和 52% 酒样稀释液。

四、实验记录

	风味物质	异戊醇	正丁醇	甘油	正戊醇	正己醇	异丁醇	正丙醇
感官特征	纯溶液							
	38%酒样稀释溶液							
	52%酒样稀释溶液							
	风味物质	乙醛	糠醛	乙缩醛	双乙酰			
感官特征	纯溶液							
	38%酒样稀释溶液							
	52%酒样稀释溶液							

实验八　白酒风味物质的品评辨识(二)

一、实验目的

(1)酸类风味物质的品评辨识;

(2)不同酒度中风味物质的品评辨识。

二、实验器材

酸类风味物质:己酸、丁酸、乙酸、乳酸、辛酸、庚酸、丙酸、戊酸(8 种);食用酒精。

1 mL 移液管;1 L 容量瓶;100 mL 量筒;250 mL 具塞三角瓶;标准品酒杯;酒度计。

三、实验步骤

(1)取 2 只 1 L 洁净容量瓶,取 95% 食用酒精降度定容至(38%、52%)1 L 备用。

(2)在具塞三角瓶中,每种风味物质(己酸、丁酸、乙酸、辛酸、庚酸、丙酸、戊酸)按 30 μL/mL 加入 38%、52% 两种酒度酒样中配制成品评用稀释液;乳酸按 40 μL/mL 加入 38%、52% 两种酒度酒样中配制成品评用稀释液。

(3)品评每种风味物质纯溶液、38% 和 52% 酒样稀释液。

四、实验记录

	风味物质	乳酸	辛酸	丁酸	庚酸	丙酸
感官特征	纯溶液					
	38%酒样稀释溶液					
	52%酒样稀释溶液					

	风味物质	乙酸	己酸	戊酸		
感官特征	纯溶液					
	38%酒样稀释溶液					
	52%酒样稀释溶液					

实验九　白酒风味物质的品评辨识(三)

一、实验目的

(1)酯类风味物质的品评辨识;

(2)不同酒度中风味物质的品评辨识。

二、实验器材

酯类风味物质(甲酸乙酯、乙酸乙酯、乳酸乙酯、丙酸乙酯、丁酸乙酯、正戊酸乙酯、己酸乙酯、辛酸乙酯、庚酸乙酯、乙酸异戊酯、亚油酸乙酯、油酸乙酯共 12 种);食用酒精。

1 mL 移液管;1 L 容量瓶;100 mL 量筒;250 mL 具塞三角瓶;标准品酒杯;酒度计。

三、实验步骤

(1)取 2 只 1 L 洁净容量瓶,取 95% 食用酒精降度定容至(38%、52%)1 L 备用。

(2)在具塞三角瓶中,每种风味物质(乳酸乙酯、甲酸乙酯、油酸乙酯)按 4 μL/mL 加入 38%、52% 两种酒度酒样中配制成品评用稀释液;风味物质(丁酸乙酯、正戊酸乙酯、辛酸乙酯、丙酸乙酯、亚油酸乙酯、乙酸异戊酯、庚酸乙酯)按 3 μL/mL 加入 38%、52% 两种酒度酒样中配制成品评用稀释液;其余风味物质(己酸乙酯、乙酸乙酯)按 40 μL/mL 加入 38%、52% 两种酒度酒样中配制成品评用稀释液。

(3)品评每种风味物质纯溶液、38% 和 52% 酒样稀释液。

四、实验记录

风味物质		甲酸乙酯	乳酸乙酯	油酸乙酯	丁酸乙酯	正戊酸乙酯	己酸乙酯
感官特征	纯溶液						
	38%酒样稀释溶液						
	52%酒样稀释溶液						
风味物质		辛酸乙酯	丙酸乙酯	亚油酸乙酯	乙酸异戊酯	庚酸乙酯	乙酸乙酯
感官特征	纯溶液						
	38%酒样稀释溶液						
	52%酒样稀释溶液						

实验十　中国白酒品评(一)

一、实验目的

中国白酒 12 种香型的品评辨识。

二、实验器材

酱香型标准白酒、浓香型标准白酒、清香型标准白酒(大曲清香、小曲清香、麸曲清香)、米香型标准白酒、兼香型标准白酒(浓兼酱、酱兼浓)、特香型标准白酒、凤香型标准白酒、芝麻香型标准白酒、药(董)香型标准白酒、老白干香型标准白酒、豉香型标准白酒、馥郁香型标准白酒。

标准品酒杯。

三、实验步骤

(1)取 5 个标准品酒杯,每杯加入各种标准白酒 15 mL,15 个白酒标准酒样分 3 轮次进行。

(2)眼观色。

白酒色泽的评定是通过人的眼睛来确定的。先把酒样放在评酒桌的白纸上,正视和俯视,观察酒样有无色泽和色泽深浅,同时做好记录。在观察透明度、有无悬浮物和沉淀物时,要把酒杯拿起来,然后轻轻摇动,使酒液游动后进行观察。根据观察,对照标准,打分,做出色泽的鉴评结论。

(3)鼻闻香。

白酒的香气是通过鼻子判断确定的。当被评酒样上齐后,才嗅闻其香气。在嗅闻时要注意:

a.鼻子和酒杯的距离要一致,一般在 1 ~ 3 cm。

b.吸气量不要忽大忽小,吸气不要过猛。

c.嗅闻时,只能对酒吸气,不要呼气。

当不同香型混在一起品评时,先分出各编号属于何种香型,然后按香型依次进行嗅闻。对不能确定香型的酒样,最后综合判定。为保证嗅闻结果的准确性,可把酒滴在手心或手背上,靠手的温度使酒挥发来闻其香气,或把酒倒掉,放置 10 ~ 15 min 后嗅闻空杯。后一种方法是确定酱香型白酒空杯留香的唯一方法。

(4)口尝味。

白酒的味是通过味觉确定的。先将盛酒的酒杯端起,吸少量酒样于口腔内,品尝其味。

在品尝时要注意：

　　a. 每次入口量要保持一致,以 0.5~1.5 mL 为宜。

　　b. 酒样布满舌面,仔细辨别其味道。

　　c. 酒样下咽后,立即张口吸气,闭口呼气,辨别酒的后味。

　　d. 品尝次数不宜过多,一般不超过 3 次。每次品尝后用水漱口,防止味觉疲劳。

　　品尝要按闻香的顺序进行,先从香气小的酒样开始,逐个品评。在品尝时把异杂味大的异香和暴香酒样放到最后尝评,以防味觉刺激过大而影响品评结果。

　　(5)看风格,判香型。

四、实验记录

白酒香型	兼香型标准白酒		清香型标准白酒		
	浓兼酱	酱兼浓	大曲清香	小曲清香	麸曲清香
感官特征					
白酒香型	米香型标准白酒	酱香型标准白酒	浓香型标准白酒	特香型标准白酒	凤香型标准白酒
感官特征					
白酒香型	芝麻香型标准白酒	药(董)香型标准白酒	老白干香型标准白酒	豉香型标准白酒	馥郁香型标准白酒
感官特征					

实验十一　中国白酒品评(二)

一、实验目的

(1)能品评、辨识浓香型质差白酒;
(2)能品评、辨识酱香型质差白酒;
(3)能品评、辨识兼香型质差白酒。

二、实验器材

浓香型质差白酒、酱香型质差白酒、兼香型质差白酒。
郁金香形标准品酒杯。

三、实验步骤

(1)取5个郁金香形标准品酒杯,每杯加入质差白酒15 mL(每种不同香型质差白酒为1轮)。

(2)白酒的品评主要包括色泽、香气、品味、风格四个方面,辨识不同质差的浓香型、酱香型、兼香型质差白酒。

四、实验记录

白酒香型	浓香型白酒				
质差排序(从优到差)					
感官特征					
白酒香型	酱香型白酒				
质差排序(从优到差)					
感官特征					
白酒香型	兼香型白酒				
质差排序(从优到差)					
感官特征					

实验十二 中国白酒品评（三）

一、实验目的

(1)能品评、辨识大曲清香质差白酒；

(2)能品评、辨识小曲清香质差白酒；

(3)能品评、辨识麸曲清香质差白酒。

二、实验器材

大曲清香质差白酒、小曲清香质差白酒、麸曲清香质差白酒。

郁金香形标准品酒杯。

三、实验步骤

(1)取5个郁金香形标准品酒杯，每杯加入质差白酒15 mL（每种不同香型质差白酒为1轮）。

(2)白酒的品评主要包括色泽、香气、风味、风格四个方面，辨识不同质差白酒。

四、实验记录

白酒香型	大曲清香质差白酒				
质差排序（从优到差）					
感官特征					
白酒香型	小曲清香质差白酒				
质差排序（从优到差）					
感官特征					
白酒香型	麸曲清香质差白酒				
质差排序列（从优到差）					
感官特征					

实验十三　中国白酒品评（四）

一、实验目的

(1) 能品评、辨识老白干香型质差白酒；
(2) 能品评、辨识米香型质差白酒；
(3) 能品评、辨识芝麻香型质差白酒。

二、实验器材

老白干香型质差白酒、米香型质差白酒、芝麻香型质差白酒。
郁金香形标准品酒杯。

三、实验步骤

(1) 取 5 个郁金香形标准品酒杯，每杯加入质差白酒 15 mL（每种不同香型质差白酒为 1轮）。

(2) 白酒的品评主要包括色泽、香气、风味、风格四个方面，辨识不同质差白酒。

四、实验记录

白酒香型	老白干香型质差白酒				
质差排序（从优到差）					
感官特征					
白酒香型	米香型质差白酒				
质差排序（从优到差）					
感官特征					
白酒香型	芝麻香型质差白酒				
质差排序（从优到差）					
感官特征					

实验十四　中国白酒品评（五）

一、实验目的

(1)能品评、辨识浓香型酒龄酒和浓香型糟层酒;
(2)能品评、辨识浓香型窖香、糟香、粮香等典型酒体。

二、实验器材

浓香型酒龄酒和浓香型糟层酒,浓香型窖香、糟香、粮香等典型酒体。
郁金香形标准品酒杯。

三、实验步骤

(1)取 7 个郁金香形标准品酒杯,每杯加入浓香型酒龄酒 15 mL;或取 3 个品酒杯,每杯加入浓香型糟层酒 15 mL;或浓香型窖香、糟香、粮香等典型酒体各 15 mL 于 3 个酒杯中。

(2)白酒的品评:从色泽、香气、风味、风格四方面,辨识浓香型酒龄酒、糟层酒或浓香型窖香、糟香、粮香等典型酒体。

四、实验记录

白酒香型	浓香型酒龄酒						
	新酒	1 年	3 年	5 年	10 年	15 年	20 年
感官特征							
白酒香型	浓香型糟层酒						
感官特征	上层糟	中层糟	底层糟				
白酒香型	浓香型酒						
感官特征	窖香	糟香	粮香				

实验十五　中国白酒品评（六）

一、实验目的

（1）能品评、辨识不同轮次的酱香型白酒；

（2）能品评、辨识酱香型（酱香酒、醇甜酒、窖底香酒）3 种典型体基础酒样品。

二、实验器材

酱香型 7 轮次白酒酒样；酱香型（酱香酒、醇甜酒、窖底香酒）3 种典型体基础酒样品。

郁金香形标准品酒杯。

三、实验步骤

（1）取 7 个郁金香形标准品酒杯，每杯分别加入酱香型 7 轮次白酒酒样 15 mL；或取 3 个品酒杯，每杯分别加入酱香型 3 种典型体基酒样品各 15 mL。

（2）白酒的品评：从色泽、香气、风味、风格四方面，辨识酱香型 7 轮次白酒酒样和酱香酒、醇甜酒、窖底香酒 3 种典型体基础酒样品。

四、实验记录

（一）酱香型 7 轮次白酒酒样品评结果

轮次	酱香型白酒感官特征
第一轮	
第二轮	
第三轮	
第四轮	
第五轮	
第六轮	
第七轮	

（二）典型体基础酒酒样品评结果

酒样	典型体基础酒感官特征
酱香酒	
醇甜酒	
窖底香酒	

实验十六　中国白酒品评(七)

一、实验目的

认识不同酒度白酒酒花的消散时间。

二、实验器材

67% vol 浓香原度酒;70% vol 川法小曲原度酒;58% vol 酱香原度酒;蒸馏水。

秒表;量筒;酒度计;郁金香形标准品酒杯;5 mL 移液器。

三、实验步骤

(1)测定浓香原度酒、小曲原度酒及酱香原度酒酒样的酒度。

(2)将 67% 浓香原度酒、70% 川法小曲原度酒、58% 酱香原度酒分别降度为 52%、38%。

(3)取 9 个郁金香形标准品酒杯,标记为浓香 67%、浓香 52%、浓香 38%;川法小曲 70%、川法小曲 52%、川法小曲 38%;酱香 58%、酱香 52%、酱香 38%。

(4)分别在 9 个标准品酒杯中加入 15 mL 浓香 67%、浓香 52%、浓香 38%;15 mL 川法小曲 70%、川法小曲 52%、川法小曲 38%;15 mL 酱香 58%、酱香 52%、酱香 38% 白酒。

(5)分别振荡品酒杯,观察酒花颗粒大小并用秒表计数酒花消散时间,每酒度酒样重复 3 次,记录结果。

四、实验记录

杯　号		浓香型			酱香型			川法小曲		
酒　度		67% vol	52% vol	38% vol	58% vol	52% vol	38% vol	70% vol	52% vol	38% vol
酒花大小										
酒花消散 时间/s	实测值									
	平均值									

※术语解释

面花:剧烈摇动盛有酒的透明容器后,看到的酒液表层所形成的泡沫,即我们常说的酒花。

边花:面花周边紧靠酒杯壁的酒花。

里花:摇动透明盛酒容器后,酒液中形成的细小或细微点状细小泡花。

堆花:摇动透明盛酒容器后,面花的堆积厚薄度。

坐花:摇动透明盛酒容器后,酒液面花或里花的持续时间,一般指面花。

散花:摇动透明盛酒容器后,酒花的散去或消失,多指面花。

酒花从小到大,依次描述为碎沫花、小黄米花、黄米花、高粱米花、绿豆花、黄豆花、花生米花。

实验十七　中国白酒品评（八）

一、实验目的

认识不同酒龄白酒酒花的消散时间。

二、实验器材

67%vol 10 年龄浓香原度酒 500 mL;70%vol 10 年龄川法小曲原度酒 500 mL;58%vol 10 年龄酱香原度酒 500 mL;67%vol 5 年龄浓香原度酒 500 mL;70%vol 5 年龄川法小曲原度酒 500 mL;58%vol 5 年龄酱香原度酒 500 mL;67%vol 0 年龄浓香原度酒 500 mL;70%vol 0 年龄川法小曲原度酒 500 mL;58%vol 0 年龄酱香原度酒 500 mL。

秒表、10 mL 量筒;郁金香形标准品酒杯。

三、实验步骤

（一）浓香型原度酒

（1）取 3 个郁金香形标准品酒杯,分别加入 67%vol 10 年龄、5 年龄、0 年龄浓香原度酒 15 mL。

（2）分别振荡品酒杯,观察酒花颗粒大小并用秒表计数酒花消散时间,每酒度重复 3 次。

（二）小曲酒原度酒

（1）取 3 个郁金香形标准品酒杯,分别加入 67%vol 10 年龄、5 年龄、0 年龄小曲酒原度酒 15 mL。

（2）分别振荡品酒杯,观察酒花颗粒大小并用秒表计数酒花消散时间,每酒度重复 3 次。

（三）酱香型原度酒

（1）取 3 个郁金香形标准品酒杯,分别加入 58%vol 10 年龄、5 年龄、0 年龄酱香型原度酒 15 mL。

（2）分别振荡品酒杯,观察酒花颗粒大小并用秒表计数酒花消散时间,每酒度重复 3 次。

四、实验记录

杯号	浓香型(67%vol)			酱香型(58%vol)			川法小曲(70%vol)		
酒龄	10 年龄	5 年龄	0 年龄	10 年龄	5 年龄	0 年龄	10 年龄	5 年龄	0 年龄
酒花质量(面花)									

续表

杯号		浓香型(67% vol)			酱香型(58% vol)			川法小曲(70% vol)		
酒龄		10 年龄	5 年龄	0 年龄	10 年龄	5 年龄	0 年龄	10 年龄	5 年龄	0 年龄
酒花消散时间/s	实测值									
	平均值									

实验十八　中国白酒品评(九)

一、实验目的

浓香型缺陷白酒(泥味、胶味、油哈味、醛味、涩味)的品评辨识。

二、实验器材

浓香型缺陷白酒。

郁金香形标准品酒杯。

三、实验步骤

(1)取 5 个郁金香形标准品酒杯,每杯加入浓香型缺陷白酒 15 mL。

(2)白酒的品评:色泽、香气、品味和风格四个方面,辨识浓香型缺陷白酒。

(3)记录浓香型缺陷白酒特征。

四、实验记录

浓香型缺陷白酒	泥味	胶味	油哈味	醛味	涩味
感官特征					

实验十九　中国白酒勾兑

一、实验目的

了解浓香型白酒勾兑的工艺流程,掌握操作过程。

选择调味酒

产品酒体确定 ⟶ 选择基础酒 ⟶ 基础酒小样组合 ⟶ 小样酒调味⟶ 品评
鉴定⟶ 样品微调 ⟶ 品评鉴定 ⟶ 勾兑批量成品酒

二、实验器材

5 种带酒(合格酒中具有某种独特香、味的酒)500 mL;5 种大宗酒(合格酒中香、味、风格均有,综合起来能相互弥补缺陷,构成香、味、风格谐调的普通酒)500 mL;5 种搭酒(合格酒中的低等酒,有一定可取点,但香气稍不正或味稍杂的酒);5 种浓香型调味酒。

50 mL 具塞三角瓶,品酒杯。

三、实验步骤

勾兑是以相同等级的各容器单元内的酒为基础,按照各种酒的香味特点,如香、甜、醇、陈、苦、酸等,挑选出符合该等级标准的基础酒。组合的方法是逐一取样,混合做出小样,然后按照标准进行对比。待感官和理化、卫生指标合格后,即可批量勾兑,作为正式基础酒。

(1)选酒

选酒主要是依据香气与口味。凡是香气与口味基本具备而无异杂味的酒、具备单一或多种特点的酒、优缺点兼有的酒,只要能组合成合格的基础酒,均可使用。从 5 种大宗酒中选出 3 种;5 种带酒中选出 2 种;5 种搭酒中选出 1 种。

(2)小样勾兑

选好酒后,在进行批量勾兑前,必须先进行小样勾兑试验,以验证选择的酒样是否合适,以及确定各种酒的用量比例。

①大宗酒的掺兑:将选出的大宗酒,各取 10～50 mL 于具塞三角瓶中,振荡混匀,进行品评鉴定,确定该组合是否恰当;若不恰当,调整各大宗酒比例,直到恰当为止,并记录。

②加入搭酒:在已合格的大宗酒中,按约 1% 的比例逐渐添加搭酒,边添加后振荡摇匀,边品尝。根据品尝的结果,判定搭酒的性质是否适合,以及确定其添加量。若该搭酒的性质不适合,则另选搭酒,或不用搭酒。搭酒有时不但不起副作用,反而能起到良好的作用。只要不起副作用,搭酒可尽量多加,这也是勾兑的作用与目的之一。

③添加带酒:在已经加过搭酒的合格大宗酒中,根据尝评结果,确定添加的带酒类别。按约3%的比例逐渐添加,边添加后振荡摇匀,边尝评,直至符合基础酒的标准为止,并记录。

（3）组合验证

将勾兑好的基础酒,加浆降到所需酒度,进行尝评并检测理化指标。若两者都合格,该样品即为小样的合格基础酒。若不合格,要找出原因,继续进行调整,直至合格,并记录。

（4）调味

调味就是在基础酒中添加特殊酿造的含有微量芳香物质的调味酒,引起基础酒质量的变化,以提高并完善酒体风格。其流程首先是确定基础酒的优缺点,然后再选择特定风格的调味酒。

调味:取洁净的 250 mL 具塞三角瓶,加入合格基础酒 50 mL,加入选定的调味酒,按 1‰ 量逐滴加入大宗酒中,边振荡摇匀,边尝评,直到恰当为止,记录加入比例。

四、实验记录

（1）大宗酒的特点：＿＿＿＿＿＿＿＿＿＿＿＿＿＿＿＿＿＿＿＿＿＿＿＿＿＿＿

（2）搭酒的特点：＿＿＿＿＿＿＿＿＿＿＿＿＿＿＿＿＿＿＿＿＿＿＿＿＿＿＿＿

（3）带酒的特点：＿＿＿＿＿＿＿＿＿＿＿＿＿＿＿＿＿＿＿＿＿＿＿＿＿＿＿＿

（4）调味酒的特点：＿＿＿＿＿＿＿＿＿＿＿＿＿＿＿＿＿＿＿＿＿＿＿＿＿＿

（5）成品酒的特点：＿＿＿＿＿＿＿＿＿＿＿＿＿＿＿＿＿＿＿＿＿＿＿＿＿＿

浓香型白酒酒体设计实例

从下列 3 种基础酒中选酒设计一款酒度为 52% vol（相对密度为 0.926 21,质量百分浓度为 44.3118%）、500 mL 浓香型白酒产品。求酒体设计方案的各基础酒用量、加浆量、吨酒成本、己酸乙酯指标。

编号	1#	2#	3#
酒度	65.1	70	65
相对密度	0.897 40	0.885 51	0.897 64
质量百分浓度/%	57.255 9	62.392 2	57.152 7
原度己酸乙酯/(g·L^{-1})	2.9	1.8	3.52
吨酒成本/元	20 000	15 000	26 000

酒体设计过程

(一)小样组合

首先将待用基础酒样逐个倒入酒杯中,依次仔细尝评,并做好口感记录,确定基础酒的风格特点;然后根据产品口感要求,按照酒体设计的目标,大致确定选酒方向并进行小样组合。经过多次反复小样组合试验设计,最终确定 1#、2# 基础酒用于此次产品设计,并且通过多次组合确定了两个基础酒样之间的最佳搭配比例。

最佳方案 1# 基础酒用 40 mL,2# 基础酒用 20 mL。

(1)所选基础酒降度成 52% vol 的体积:

1# 降度体积为:$\dfrac{40 \times 0.897\,40 \times 57.255\,9}{0.926\,21 \times 44.311\,8} = 50.1(\text{mL})$

2# 降度体积为:$\dfrac{20 \times 0.885\,51 \times 62.392\,2}{0.926\,21 \times 44.311\,8} = 26.9(\text{mL})$

降度后总体积为:50.1 + 26.9 = 77(mL)

(2)降度成 52% vol 时各基础酒的体积百分比:

1# 降度体积百分比:$\dfrac{50.1}{77} \times 100\% = 65.06\%$

2# 降度体积百分比:$\dfrac{26.9}{77} \times 100\% = 34.94\%$

(3)52% vol 小样设计己酸乙酯含量计算:

1# 降度为 52% vol 时己酸乙酯含量为:$2.90 \times \dfrac{52}{65.1} = 2.32(\text{g/L})$

2# 降度为 52% vol 时己酸乙酯含量为:$1.8 \times \dfrac{52}{70} = 1.34(\text{g/L})$

52% vol 小样设计己酸乙酯含量为:$2.32 \times 65.06\% + 1.34 \times 34.94\% = 1.98(\text{g/L})$

(4)小样成本计算:

$20\,000 \times 65.06\% + 15\,000 \times 34.94\% = 18\,253(\text{元/t})$

(二)大样组合

按照小样设计确定的组合方案同比例进行扩大,计算出每种基础酒的大样用量。

(1)放样 500 mL 所需 1#、2# 基础酒的原度用量分别为:

1# 原度用量:$500 \times 65.06\% \times \dfrac{52}{65.1} = 259.84(\text{mL})$

2# 原度用量:$500 \times 34.94\% \times \dfrac{52}{70} = 129.78(\text{mL})$

加浆量:500 − (259.84 + 129.78) = 110.38(mL)

(2)放样 100 吨 52% vol 产品所需 1#、2# 基础酒的原度用量分别为:

1# 原度用量:$100 \times 65.06\% \times \dfrac{44.311\,8\%}{57.255\,9}\% = 50.35(\text{t})$

2# 原度用量:$100 \times 34.94\% \times \dfrac{44.311\,8\%}{62.392\,2}\% = 24.81(\text{t})$

加浆量:100 − (50.35 + 24.81) = 24.84(t)

附　录

一、20 ℃时酒精的体积分数、质量分数、密度和质量浓度对照表

体积分数/%	质量分数/%	密度/(g·mL⁻¹)	质量浓度/(g·L⁻¹)	体积分数/%	质量分数/%	密度/(g·mL⁻¹)	质量浓度/(g·L⁻¹)
0	0	0.998 23		2.2	1.745 1	0.995	17.363 7
0.1	0.079 1	0.998 08	0.789 5	2.3	1.824 7	0.994 86	18.153 2
0.2	0.158 2	0.997 93	1.578 7	2.4	1.904 03	0.994 71	18.942 3
0.3	0.237 3	0.997 79	2.367 8	2.5	1.983 9	0.994 57	19.731 3
0.4	0.316 3	0.997 64	3.155 5	2.6	2.063 6	0.994 43	20.521 1
0.5	0.395 6	0.997 49	3.946 1	2.7	2.143 3	0.994 28	21.310 4
0.6	0.474 8	0.997 34	4.735 4	2.8	2.223	0.994 14	22.099 7
0.7	0.554	0.997 19	5.524 4	2.9	2.302 7	0.993 99	22.888 6
0.8	0.633 3	0.997 05	6.314 3	3	2.382 5	0.993 85	23.678 5
0.9	0.712 6	0.996 9	7.103 9	3.1	2.462 2	0.993 71	24.467 1
1	0.791 8	0.996 75	7.892 3	3.2	2.542	0.993 57	25.256 5
1.1	0.871 2	0.996 6	8.682 4	3.3	2.621 8	0.993 43	26.045 7
1.2	0.950 5	0.996 46	9.471 4	3.4	2.701 6	0.993 29	26.834 7
1.3	1.029 9	0.996 31	10.261 0	3.5	2.781 5	0.993 15	27.624 5
1.4	1.109 2	0.996 17	11.049 5	3.6	2.861 4	0.993	28.413 7
1.5	1.138 6	0.996 02	11.340 7	3.7	2.941 3	0.992 86	29.203 0
1.6	1.268 1	0.995 87	12.628 6	3.8	3.021 2	0.992 72	29.992 1
1.7	1.347 5	0.995 73	13.417 5	3.9	3.101 2	0.992 58	30.781 9
1.8	1.427	0.995 58	14.206 9	4	3.181 1	0.992 44	31.570 5
1.9	1.506 5	0.995 44	14.996 3	4.1	3.261 1	0.992 3	32.359 9
2	1.586	0.995 29	15.785 3	4.2	3.341 1	0.992 16	33.149 1
2.1	1.665 5	0.995 15	16.574 2	4.3	3.421 1	0.992 03	33.938 3

续表

体积分数/%	质量分数/%	密度/(g·mL⁻¹)	质量浓度/(g·L⁻¹)	体积分数/%	质量分数/%	密度/(g·mL⁻¹)	质量浓度/(g·L⁻¹)
4.4	3.501 2	0.991 89	34.728 1	7.4	5.911 8	0.987 95	58.405 6
4.5	3.581 3	0.991 75	35.517 5	7.5	5.992 5	0.987 82	59.195 1
4.6	3.661 4	0.991 61	36.306 8	7.6	6.073 2	0.987 69	59.984 4
4.7	3.741 5	0.991 47	37.095 9	7.7	6.153 9	0.987 57	60.774 1
4.8	3.821 6	0.991 34	37.885 0	7.8	6.234 6	0.987 44	61.562 9
4.9	3.901 8	0.991 2	38.674 6	7.9	6.315 3	0.987 32	62.352 2
5	3.981 9	0.991 06	39.463 0	8	6.396 1	0.987 19	63.141 7
5.1	4.062 1	0.990 93	40.252 6	8.1	6.476 8	0.987 07	63.930 5
5.2	4.142 4	0.990 79	41.042 5	8.2	6.557 7	0.986 94	64.720 6
5.3	4.222 6	0.990 66	41.831 6	8.3	6.638 4	0.986 82	65.509 1
5.4	4.302 8	0.990 53	42.620 5	8.4	6.719 2	0.986 7	66.298 3
5.5	4.383 1	0.990 4	43.410 2	8.5	6.800 1	0.986 58	67.088 4
5.6	4.463 4	0.990 26	44.199 3	8.6	6.881	0.986 45	67.877 6
5.7	4.543 7	0.990 13	44.988 5	8.7	6.961 8	0.986 33	68.666 3
5.8	4.624	0.99	45.777 6	8.8	7.042 7	0.986 21	69.455 8
5.9	4.704 4	0.989 86	46.567 0	8.9	7.123 7	0.986 08	70.245 4
6	4.784 8	0.989 73	47.356 6	9	7.204 6	0.985 96	71.034 5
6.1	4.865 1	0.989 6	48.145 0	9.1	7.285 5	0.985 84	71.823 4
6.2	4.945 6	0.989 47	48.935 2	9.2	7.366 5	0.985 72	72.613 1
6.3	5.025 9	0.989 35	49.723 7	9.3	7.447 5	0.985 6	73.402 6
6.4	5.106 4	0.989 22	50.513 5	9.4	7.528 5	0.985 48	74.191 9
6.5	5.186 8	0.989 09	51.302 1	9.5	7.609 5	0.985 36	74.981 0
6.6	5.267 3	0.988 96	52.091 5	9.6	7.690 5	0.985 24	75.769 9
6.7	5.347 8	0.988 83	52.880 7	9.7	7.771 6	0.985 12	76.559 6
6.8	5.428 3	0.988 71	53.670 1	9.8	7.852 6	0.985	77.348 1
6.9	5.508 9	0.988 58	54.459 9	9.9	7.933 7	0.984 88	78.137 4
7	5.589 4	0.988 45	55.248 4	10	8.014 8	0.984 76	78.926 5
7.1	5.670 1	0.988 32	56.038 7	10.1	8.106	0.984 64	79.814 9
7.2	5.750 6	0.988 2	56.827 4	10.2	8.177 1	0.984 52	80.505 2
7.3	5.831 2	0.988 07	57.616 3	10.3	8.258 3	0.984 4	81.294 7

续表

体积分数 /%	质量分数 /%	密度 /(g·mL⁻¹)	质量浓度 /(g·L⁻¹)	体积分数 /%	质量分数 /%	密度 /(g·mL⁻¹)	质量浓度 /(g·L⁻¹)
10.4	8.339 5	0.984 28	82.084 0	13.4	10.783 6	0.980 77	105.762 3
10.5	8.420 7	0.984 16	82.873 2	13.5	10.865 3	0.980 66	106.551 7
10.6	8.502	0.984 04	83.663 1	13.6	10.947	0.980 55	107.340 8
10.7	8.583 2	0.983 92	84.451 8	13.7	11.028 8	0.980 43	108.129 7
10.8	8.664 5	0.983 8	85.241 4	13.8	11.110 6	0.980 32	108.919 4
10.9	8.745 8	0.983 68	86.030 7	13.9	11.192 5	0.980 2	109.708 9
11	8.827 1	0.983 56	86.819 8	14	11.274 3	0.980 09	110.498 3
11.1	8.908 4	0.983 44	87.608 8	14.1	11.356 1	0.979 98	111.287 5
11.2	8.989 7	0.983 33	88.398 4	14.2	11.437 9	0.979 87	112.076 6
11.3	9.071 1	0.983 21	89.188 0	14.3	11.519 8	0.979 75	112.865 2
11.4	9.152 4	0.983 09	89.976 3	14.4	11.601 7	0.979 64	113.654 9
11.5	9.233 8	0.982 98	90.766 4	14.5	11.683 6	0.979 53	114.444 4
11.6	9.315 2	0.982 86	91.555 4	14.6	11.765 5	0.979 42	115.233 7
11.7	9.396 6	0.982 74	92.344 1	14.7	11.847 4	0.979 31	116.022 8
11.8	9.478 1	0.982 62	93.133 7	14.8	11.929 4	0.979 19	116.811 5
11.9	9.559 5	0.982 51	93.923 0	14.9	12.011 4	0.979 08	117.601 2
12	9.641	0.982 39	94.712 2	15	12.093 4	0.978 97	118.390 8
12.1	9.722 5	0.982 27	95.501 2	15.1	12.175 4	0.978 86	119.180 1
12.2	9.804	0.982 16	96.291 0	15.2	12.257 4	0.978 75	119.969 3
12.3	9.885 6	0.982 04	97.080 5	15.3	12.339 4	0.978 64	120.758 3
12.4	9.967 1	0.981 93	97.869 9	15.4	12.421 4	0.978 53	121.547 1
12.5	10.048 7	0.981 81	98.659 1	15.5	12.503 5	0.978 42	122.336 7
12.6	10.130 3	0.981 69	99.448 1	15.6	12.585 6	0.978 31	123.126 2
12.7	10.211 8	0.981 58	100.237 0	15.7	12.667 7	0.978 2	123.915 4
12.8	10.293 5	0.981 46	101.026 6	15.8	12.749 8	0.978 09	124.704 5
12.9	10.375 1	0.981 35	101.816 0	15.9	12.832	0.977 98	125.494 4
13	10.456 8	0.981 23	102.605 3	16	12.914 1	0.977 87	126.283 1
13.1	10.538 4	0.981 12	103.394 4	16.1	12.996 3	0.977 76	127.072 6
13.2	10.620 1	0.981	104.183 2	16.2	13.078 5	0.977 65	127.862 0
13.3	10.701 8	0.980 89	104.972 9	16.3	13.160 7	0.977 54	128.651 1

续表

体积分数/%	质量分数/%	密度/(g·mL⁻¹)	质量浓度/(g·L⁻¹)	体积分数/%	质量分数/%	密度/(g·mL⁻¹)	质量浓度/(g·L⁻¹)
16.4	13.242 9	0.977 43	129.440 1	19.4	15.716 9	0.974 23	153.118 8
16.5	13.325 2	0.977 32	130.229 8	19.5	15.799 7	0.974 12	153.908 0
16.6	13.407 3	0.977 22	131.018 8	19.6	15.882 3	0.974 02	154.696 8
16.7	13.489 6	0.977 11	131.808 2	19.7	15.965	0.973 92	155.486 3
16.8	13.571 9	0.977	132.597 5	19.8	16.047 8	0.973 81	156.275 1
16.9	13.654 2	0.976 89	133.386 5	19.9	16.130 7	0.973 7	157.064 6
17	13.736 6	0.976 78	134.176 4	20	16.213 4	0.973 6	157.853 7
17.1	13.818 9	0.976 67	134.965 1	20.1	16.296 3	0.973 49	158.642 9
17.2	13.901 1	0.976 57	135.754 0	20.2	16.379 1	0.973 39	159.432 5
17.3	13.983 5	0.976 46	136.543 3	20.3	16.462	0.973 28	160.221 4
17.4	14.066	0.976 35	137.333 4	20.4	16.545	0.973 17	161.011 0
17.5	14.148 4	0.976 24	138.122 3	20.5	16.628	0.973 06	161.800 4
17.6	14.230 7	0.976 14	138.911 6	20.6	16.710 8	0.972 96	162.589 4
17.7	14.313 2	0.976 03	139.701 1	20.7	16.793 8	0.972 85	163.378 5
17.8	14.395 7	0.975 92	140.490 5	20.8	16.876 9	0.972 74	164.168 4
17.9	14.478	0.975 82	141.279 2	20.9	16.959 8	0.972 64	164.957 8
18	14.560 5	0.985 71	143.524 3	21	17.042 8	0.972 53	165.746 3
18.1	14.643 1	0.975 6	142.858 1	21.1	17.125 9	0.972 42	166.535 7
18.2	14.722 5	0.975 5	143.618 0	21.2	17.209	0.972 31	167.324 8
18.3	14.808 1	0.975 39	144.436 7	21.3	17.292	0.972 21	168.114 6
18.4	14.890 5	0.975 29	145.225 6	21.4	17.375 1	0.972 1	168.903 3
18.5	14.973 1	0.975 18	146.014 7	21.5	17.458 3	0.971 99	169.692 9
18.6	15.055 8	0.975 07	146.804 6	21.6	17.541 5	0.971 88	170.482 3
18.7	15.138 3	0.974 97	147.593 9	21.7	17.624 7	0.971 77	171.271 5
18.8	15.220 9	0.974 86	148.382 5	21.8	17.707 7	0.971 67	172.060 4
18.9	15.303 5	0.974 76	149.172 4	21.9	17.791	0.971 56	172.850 2
19	15.386 2	0.974 65	149.961 6	22	17.874 2	0.971 45	173.638 9
19.1	15.468 9	0.974 54	150.750 6	22.1	17.957 5	0.971 34	174.428 4
19.2	15.551 5	0.974 44	151.540 0	22.2	18.040 8	0.971 23	175.217 7
19.3	15.634 1	0.974 34	152.329 3	22.3	18.124 1	0.971 12	176.006 8

续表

体积分数 /%	质量分数 /%	密度 /(g·mL⁻¹)	质量浓度 /(g·L⁻¹)	体积分数 /%	质量分数 /%	密度 /(g·mL⁻¹)	质量浓度 /(g·L⁻¹)
22.4	18.207 5	0.971 01	176.796 6	25.4	20.717 2	0.967 67	200.474 1
22.5	18.290 8	0.970 9	177.585 4	25.5	20.801 2	0.967 56	201.264 1
22.6	18.374	0.970 8	178.374 8	25.6	20.885 3	0.967 44	202.052 7
22.7	18.457 4	0.970 69	179.164 1	25.7	20.969 3	0.967 33	202.842 3
22.8	18.540 8	0.970 58	179.953 3	25.8	21.053 3	0.967 22	203.631 7
22.9	18.624 3	0.970 47	180.743 2	25.9	21.137 5	0.967 1	204.420 8
23	18.707 7	0.970 36	181.532 0	26	21.221 5	0.966 99	205.209 8
23.1	18.791 2	0.970 25	182.321 6	26.1	21.305 8	0.966 87	205.999 4
23.2	18.874 7	0.970 14	183.111 0	26.2	21.389 9	0.966 76	206.789 0
23.3	18.958 2	0.970 03	183.900 2	26.3	21.474 2	0.966 64	207.578 2
23.4	19.011 7	0.969 92	184.398 3	26.4	21.558 3	0.966 53	208.367 4
23.5	19.125 4	0.969 8	185.478 1	26.5	21.642 6	0.966 41	209.156 3
23.6	19.209	0.969 69	186.267 8	26.6	21.727	0.966 29	209.945 9
23.7	19.292 6	0.969 58	187.057 2	26.7	21.911 2	0.966 18	211.701 6
23.8	19.376 2	0.969 47	187.846 4	26.8	21.895 6	0.966 06	211.524 6
23.9	19.459 8	0.969 36	188.635 5	26.9	21.979 8	0.965 95	212.313 9
24	19.543 4	0.969 25	189.424 4	27	22.064 2	0.965 83	213.102 7
24.1	19.627 1	0.969 14	190.214 1	27.1	22.148 7	0.965 71	213.892 2
24.2	19.711	0.969 02	191.003 5	27.2	22.233	0.965 6	214.681 8
24.3	19.794 7	0.968 91	191.792 8	27.3	22.317 5	0.965 48	215.471 0
24.4	19.878 4	0.968 8	192.581 9	27.4	22.402	0.965 36	216.259 9
24.5	19.962 3	0.968 68	193.370 8	27.5	22.486 6	0.965 24	217.049 7
24.6	20.046 1	0.968 57	194.160 5	27.6	22.570 9	0.965 13	217.838 5
24.7	20.129 9	0.968 46	194.950 0	27.7	22.655 5	0.965 01	218.627 8
24.8	20.213 7	0.968 35	195.739 4	27.8	22.740 1	0.964 89	219.417 0
24.9	20.297 7	0.968 23	196.528 4	27.9	22.824 5	0.964 78	220.206 2
25	20.381 5	0.968 12	197.317 4	28	22.909 2	0.964 66	220.995 9
25.1	20.465 4	0.968 01	198.107 1	28.1	22.993 8	0.964 54	221.784 4
25.2	20.549 5	0.967 89	198.896 6	28.2	23.078 5	0.964 42	222.573 7
25.3	20.633 3	0.967 78	199.685 0	28.3	23.163 3	0.964 3	223.363 7

续表

体积分数/%	质量分数/%	密度/(g·mL⁻¹)	质量浓度/(g·L⁻¹)	体积分数/%	质量分数/%	密度/(g·mL⁻¹)	质量浓度/(g·L⁻¹)
28.4	23.248	0.964 18	224.152 6	31.4	25.802 5	0.960 49	247.830 4
28.5	23.332 8	0.964 06	224.942 2	31.5	25.888 2	0.960 36	248.619 9
28.6	23.417 6	0.963 94	225.731 6	31.6	25.973 9	0.960 23	249.409 2
28.7	23.502 4	0.963 82	226.520 8	31.7	26.059 6	0.960 1	250.198 2
28.8	23.587 2	0.963 7	227.309 8	31.8	26.145 1	0.959 98	250.987 7
28.9	23.672	0.963 58	228.098 7	31.9	26.230 9	0.959 85	251.777 3
29	23.756 9	0.963 46	228.888 2	32	26.316 7	0.959 72	252.566 6
29.1	23.841 8	0.963 34	229.677 6	32.1	26.402 5	0.959 59	253.355 7
29.2	23.926 7	0.963 22	230.466 8	32.2	26.488 6	0.959 45	254.144 9
29.3	24.011 9	0.963 09	231.256 2	32.3	26.574 5	0.959 32	254.934 5
29.4	24.096 8	0.962 97	232.045 0	32.4	26.660 4	0.959 19	255.723 9
29.5	24.181 8	0.962 85	232.834 5	32.5	26.746 3	0.959 06	256.513 1
29.6	24.266 8	0.962 73	233.623 8	32.6	26.832 5	0.958 92	257.302 2
29.7	24.351 8	0.962 61	234.412 9	32.7	26.918 4	0.958 79	258.090 9
29.8	24.437 1	0.962 48	235.202 2	32.8	27.004 4	0.958 66	258.880 4
29.9	24.522 2	0.962 36	235.991 8	32.9	27.090 7	0.958 52	259.669 8
30	24.607 3	0.962 24	236.781 3	33	27.176 7	0.958 39	260.458 8
30.1	24.692 4	0.962 12	237.570 5	33.1	27.262 8	0.958 26	261.248 5
30.2	24.777 8	0.961 99	238.360 0	33.2	27.349 1	0.958 12	262.037 2
30.3	24.862 9	0.961 87	239.148 8	33.3	27.435 5	0.957 68	262.744 3
30.4	24.948 3	0.961 74	239.937 8	33.4	27.521 7	0.957 85	263.616 6
30.5	25.033 5	0.961 62	240.727 1	33.5	27.607 8	0.957 72	264.405 4
30.6	25.118 7	0.961 5	241.516 3	33.6	27.694 3	0.957 58	265.195 1
30.7	25.204 2	0.961 37	242.305 6	33.7	27.780 7	0.957 44	265.983 5
30.8	25.289 5	0.961 25	243.095 3	33.8	27.867	0.957 31	266.773 6
30.9	25.375	0.961 12	243.884 2	33.9	27.953 2	0.957 18	267.562 4
31	25.460 3	0.961	244.673 5	34	28.039 8	0.957 04	268.352 1
31.1	25.545 9	0.960 87	245.462 9	34.1	28.126 4	0.956 9	269.141 5
31.2	25.631 5	0.960 74	246.252 1	34.2	28.213	0.956 76	269.930 7
31.3	25.716 9	0.960 62	247.041 7	34.3	28.299 6	0.956 62	270.719 6

体积分数 /%	质量分数 /%	密度 /(g·mL⁻¹)	质量浓度 /(g·L⁻¹)	体积分数 /%	质量分数 /%	密度 /(g·mL⁻¹)	质量浓度 /(g·L⁻¹)
34.4	28.386 3	0.956 48	271.509 3	37.4	31.003 8	0.952 1	295.187 2
34.5	28.472 9	0.956 34	272.297 7	37.5	31.091 6	0.951 95	295.976 5
34.6	28.56	0.956 19	273.087 9	37.6	31.179 4	0.951 8	296.765 5
34.7	28.646 7	0.956 05	273.876 8	37.7	31.267 3	0.951 65	297.555 3
34.8	28.733 5	0.955 91	274.666 4	37.8	31.355 5	0.951 49	298.344 4
34.9	28.820 2	0.955 77	275.454 8	37.9	31.443 4	0.951 34	299.133 6
35	28.907 1	0.955 63	276.244 9	38	31.531 3	0.951 19	299.922 6
35.1	28.993 9	0.955 49	277.033 8	38.1	31.619 3	0.951 04	300.712 2
35.2	29.081 1	0.955 35	277.826 3	38.2	31.707 6	0.950 88	301.501 2
35.3	29.168	0.955 2	278.612 7	38.3	31.795 9	0.950 72	302.290 0
35.4	29.255 2	0.955 05	279.401 8	38.4	31.884	0.950 57	303.079 7
35.5	29.342 1	0.954 91	280.190 6	38.5	31.972 1	0.950 42	303.869 2
35.6	29.429 1	0.954 77	280.980 2	38.6	32.060 5	0.950 26	304.65 1
35.7	29.516 4	0.954 62	281.769 5	38.7	32.149	0.950 1	305.447 6
35.8	29.603 4	0.954 48	282.558 5	38.8	32.237 1	0.949 95	306.236 3
35.9	29.690 8	0.954 33	283.348 2	38.9	32.325 4	0.949 8	307.026 6
36	29.777 8	0.954 19	284.136 8	39	32.413 9	0.949 64	307.815 4
36.1	29.865 3	0.954 04	284.926 9	39.1	32.502 5	0.949 48	308.604 7
36.2	29.952 7	0.953 89	285.715 8	39.2	32.591 1	0.949 32	309.393 8
36.3	30.039 8	0.953 75	286.504 6	39.3	32.679 4	0.949 17	310.183 1
36.4	30.127 3	0.953 6	287.293 9	39.4	32.768 1	0.949 01	310.972 5
36.5	30.214 9	0.953 45	288.084 0	39.5	32.856 8	0.948 85	311.761 7
36.6	30.302 4	0.953 3	288.872 8	39.6	32.945 5	0.948 69	312.550 7
36.7	30.39	0.953 15	289.662 3	39.7	33.034 3	0.948 53	313.340 2
36.8	30.477 3	0.953 01	290.451 7	39.8	33.122 7	0.948 38	314.129 1
36.9	30.564 9	0.952 86	291.240 7	39.9	33.211 6	0.948 22	314.919 0
37	30.652 5	0.952 71	292.029 4	40	33.300 4	0.948 06	315.707 8
37.1	30.740 2	0.952 56	292.818 8	40.1	33.389 3	0.947 9	316.497 2
37.2	30.827 9	0.952 41	293.608 0	40.2	33.478 2	0.947 74	317.286 3
37.3	30.916	0.952 25	294.397 6	40.3	33.567 5	0.947 57	318.075 6

续表

体积分数/%	质量分数/%	密度/(g·mL⁻¹)	质量浓度/(g·L⁻¹)	体积分数/%	质量分数/%	密度/(g·mL⁻¹)	质量浓度/(g·L⁻¹)
40.4	33.656 5	0.947 41	318.865 0	43.4	36.348 3	0.942 39	342.542 7
40.5	33.745 5	0.947 25	319.654 2	43.5	36.438 7	0.942 22	343.332 7
40.6	33.834 5	0.947 09	320.443 2	43.6	36.529 4	0.942 04	344.121 6
40.7	33.923 6	0.946 93	321.232 7	43.7	36.620 2	0.941 86	344.911 0
40.8	34.013 1	0.946 76	322.022 4	43.8	36.710 6	0.941 69	345.700 0
40.9	34.102 2	0.946 6	322.811 4	43.9	36.801 1	0.941 52	346.489 7
41	34.191 4	0.946 44	323.601 1	44	36.892	0.941 34	347.279 2
41.1	34.280 5	0.946 28	324.389 5	44.1	36.982 9	0.941 16	348.068 3
41.2	34.370 1	0.946 11	325.179 0	44.2	37.073 8	0.940 98	348.857 0
41.3	34.459 7	0.945 94	325.968 1	44.3	37.164 4	0.940 81	349.646 4
41.4	34.549	0.945 78	326.757 5	44.4	37.255 4	0.940 63	350.435 5
41.5	34.638 3	0.945 62	327.546 7	44.5	37.346 5	0.940 45	351.225 2
41.6	34.728	0.945 45	328.335 9	44.6	37.437 6	0.940 27	352.014 5
41.7	34.817 8	0.945 28	329.125 7	44.7	37.528 7	0.940 09	352.803 6
41.8	34.902 7	0.945 12	329.872 4	44.8	37.619 5	0.939 92	353.593 2
41.9	34.996 6	0.944 96	330.703 9	44.9	37.710 7	0.939 74	354.382 5
42	35.086 5	0.944 79	331.493 7	45	37.801 9	0.939 56	355.171 5
42.1	35.176 3	0.944 62	332.282 4	45.1	37.893 2	0.939 38	355.961 1
42.2	35.266 2	0.944 45	333.071 6	45.2	37.984 5	0.939 2	356.750 4
42.3	35.356 2	0.944 28	333.861 5	45.3	38.075 8	0.939 02	357.534
42.4	35.446 1	0.944 11	334.650 2	45.4	38.167 2	0.938 84	358.328 9
42.5	35.536 1	0.943 94	335.439 5	45.5	38.258 6	0.938 66	359.118 2
42.6	35.626 2	0.943 77	336.229 4	45.6	38.354	0.938 47	359.940 8
42.7	35.716 2	0.943 6	337.018 1	45.7	38.441 9	0.938 29	360.696 5
42.8	35.806 3	0.943 43	337.807 4	45.8	38.533 4	0.938 11	361.485 7
42.9	35.896 4	0.943 26	338.596 4	45.9	38.624 9	0.938 93	362.660 8
43	35.986 6	0.943 09	339.386 0	46	38.716 5	0.937 75	363.064 0
43.1	36.076 8	0.942 92	340.175 4	46.1	38.808 1	0.937 57	363.853 1
43.2	36.167 4	0.942 74	340.964 5	46.2	38.900 2	0.937 38	364.642 7
43.3	36.258 1	0.942 56	341.754 3	46.3	38.991 9	0.937 2	365.432 1

续表

体积分数/%	质量分数/%	密度/(g·mL⁻¹)	质量浓度/(g·L⁻¹)	体积分数/%	质量分数/%	密度/(g·mL⁻¹)	质量浓度/(g·L⁻¹)
46.4	39.084	0.937 01	366.221 0	51.4	43.743 4	0.927 42	405.685 0
46.5	39.175 8	0.936 83	367.010 6	51.5	43.837 9	0.927 22	406.473 8
46.6	39.267 6	0.936 65	367.800 0	51.6	43.933	0.927 01	407.263 3
46.7	39.359 8	0.936 46	368.588 8	51.7	44.027 6	0.926 81	408.052 2
46.8	39.451 7	0.936 28	369.378 4	51.8	44.122 3	0.926 61	408.841 6
46.9	39.544	0.936 09	370.167 4	51.9	44.217	0.926 41	409.630 7
47	39.636	0.935 91	370.957 3	52	44.311 8	0.926 21	410.420 3
47.1	39.728 4	0.935 72	371.746 6	52.1	44.406 6	0.926 01	411.209 6
47.2	39.820 4	0.935 54	372.535 8	52.2	44.501 9	0.925 8	411.998 6
47.3	39.912 8	0.935 35	373.324 4	52.3	44.596 8	0.925 6	412.788 0
47.4	40.005 3	0.935 16	374.113 6	52.4	44.691 8	0.925 4	413.577 9
47.5	40.097 5	0.934 98	374.903 6	52.5	44.786 7	0.925 2	414.366 5
47.6	40.19	0.934 79	375.692 1	52.6	44.882 2	0.924 99	415.155 9
47.7	40.282 7	0.934 6	376.482 1	52.7	44.977 3	0.924 79	415.945 6
47.8	40.375 3	0.934 41	377.270 8	52.8	45.072 4	0.924 59	416.734 9
47.9	40.467 6	0.934 23	378.060 5	52.9	45.168	0.924 38	417.524 0
50	42.425 2	0.930 19	394.635 0	53	45.263 2	0.924 18	418.313 4
50.1	42.519 2	0.929 99	395.424 3	53.1	45.358 9	0.923 97	419.102 6
50.2	42.612 8	0.929 8	396.213 0	53.2	45.454 1	0.923 77	419.891 3
50.3	42.706 8	0.929 6	397.002 4	53.3	45.549 9	0.923 56	420.680 7
50.4	42.801	0.929 4	397.792 5	53.4	45.645 3	0.923 39	421.484 1
50.5	42.894 7	0.929 2	398.577 6	53.5	45.741 2	0.923 15	422.259 9
50.6	42.988 8	0.929 01	399.370 3	53.6	45.837 1	0.922 94	423.048 9
50.7	43.083 1	0.928 81	400.160 1	53.7	45.932 5	0.922 74	423.837 6
50.8	43.177 3	0.928 61	400.948 7	53.8	46.028 6	0.922 53	424.627 6
50.9	43.272 1	0.928 42	401.746 8	53.9	46.124 1	0.922 33	425.416 4
51	43.365 6	0.928 22	402.528 2	54	46.220 2	0.922 12	426.205 7
51.1	43.459 9	0.928 02	403.316 6	54.1	46.316 4	0.921 91	426.995 5
51.2	43.554 4	0.927 82	404.106 4	54.2	46.412 5	0.921 7	427.784 0
51.3	43.648 9	0.927 62	404.895 9	54.3	46.508 8	0.921 49	428.573 9

续表

体积分数/%	质量分数/%	密度/(g·mL⁻¹)	质量浓度/(g·L⁻¹)	体积分数/%	质量分数/%	密度/(g·mL⁻¹)	质量浓度/(g·L⁻¹)
54.4	46.605	0.921 28	429.362 5	57.4	49.518 6	0.914 89	453.040 7
54.5	46.700 8	0.921 08	430.151 7	57.5	49.616 8	0.914 67	453.830 0
54.6	46.797 2	0.920 87	430.941 4	57.6	49.715 1	0.914 45	454.619 7
54.7	46.893 6	0.920 66	431.730 6	57.7	49.813 4	0.914 23	455.409 0
54.8	46.990 1	0.920 45	432.520 4	57.8	49.911 2	0.914 02	456.198 4
54.9	47.086 5	0.920 24	433.308 8	57.9	50.009 6	0.913 8	456.987 7
55	47.183 1	0.920 03	434.098 7	58	50.108	0.913 58	457.776 7
55.1	47.279 7	0.919 82	434.888 1	58.1	50.206 5	0.913 36	458.566 1
55.2	47.376 8	0.919 6	435.677 1	58.2	50.305	0.913 14	459.355 1
55.3	47.473 5	0.919 39	436.466 6	58.3	50.403 6	0.912 92	460.144 5
55.4	47.570 2	0.919 18	437.255 8	58.4	50.502 2	0.912 7	460.933 6
55.5	47.667 5	0.918 96	438.045 3	58.5	50.600 9	0.912 48	461.723 1
55.6	47.764 3	0.918 75	438.834 5	58.6	50.699 6	0.912 26	462.512 2
55.7	47.861 1	0.918 54	439.623 3	58.7	50.798 4	0.912 04	463.301 7
55.8	47.958	0.918 33	440.412 7	58.8	50.897 2	0.911 82	464.090 8
55.9	48.055 5	0.918 11	441.202 4	58.9	50.996 1	0.911 6	464.880 4
56	48.152 4	0.917 9	441.990 9	59	51.095	0.911 38	465.669 6
56.1	48.249 5	0.917 69	442.780 8	59.1	51.193 9	0.911 16	466.458 3
56.2	48.347 1	0.917 47	443.570 1	59.2	51.292 9	0.910 94	467.247 5
56.3	48.444 2	0.917 26	444.359 3	59.3	51.392 6	0.910 71	468.037 5
56.4	48.541 9	0.917 04	445.148 6	59.4	51.491 7	0.910 49	468.826 8
56.5	48.639 1	0.916 83	445.937 9	59.5	51.590 8	0.910 27	469.615 6
56.6	48.736 3	0.916 62	446.726 7	59.6	51.69	0.910 05	470.404 8
56.7	48.834 1	0.916 4	447.515 7	59.7	51.789 3	0.909 83	471.194 6
56.8	48.931 5	0.916 19	448.305 5	59.8	51.889 1	0.909 6	471.983 3
56.9	49.029 4	0.915 97	449.094 6	59.9	51.988 5	0.909 38	472.773 0
57	49.126 8	0.915 76	449.883 6	60	52.087 9	0.909 16	473.562 4
57.1	49.224 8	0.915 54	450.672 7	60.1	52.187 3	0.908 94	474.351 2
57.2	49.322 9	0.915 32	451.462 4	60.2	52.287 4	0.908 71	475.140 8
57.3	49.420 5	0.915 11	452.251 9	60.3	52.387 5	0.908 48	475.930 0

续表

体积分数/%	质量分数/%	密度/(g·mL⁻¹)	质量浓度/(g·L⁻¹)	体积分数/%	质量分数/%	密度/(g·mL⁻¹)	质量浓度/(g·L⁻¹)
60.4	52.487 1	0.908 26	476.719 3	63.4	55.513 9	0.901 39	500.396 7
60.5	52.586 7	0.908 04	477.508 3	63.5	55.615 7	0.901 16	501.186 4
60.6	52.687	0.907 81	478.297 9	63.6	55.718 1	0.900 92	501.975 5
60.7	52.787 3	0.907 58	479.087 0	63.7	55.82	0.900 69	502.765 2
60.8	52.887 1	0.907 36	479.876 4	63.8	55.921 9	0.900 46	503.554 3
60.9	52.986 9	0.907 14	480.665 4	63.9	56.024 5	0.900 22	504.343 8
61	53.087 4	0.906 91	481.454 9	64	56.126 5	0.899 99	505.132 9
61.1	53.187 9	0.906 68	482.244 1	64.1	56.228 6	0.899 76	505.922 5
61.2	53.288 5	0.906 45	483.033 6	64.2	56.331 3	0.899 52	506.711 3
61.3	53.388 5	0.906 23	483.822 6	64.3	56.434 1	0.899 28	507.500 6
61.4	53.489 2	0.906	484.612 2	64.4	56.536 3	0.899 05	508.289 6
61.5	53.589 9	0.905 77	485.401 2	64.5	56.638 6	0.898 82	509.079 1
61.6	53.690 7	0.905 54	486.190 8	64.6	56.741 6	0.898 58	509.868 7
61.7	53.791 5	0.905 31	486.979 8	64.7	56.844 6	0.898 34	510.657 8
61.8	53.891 8	0.905 09	487.769 3	64.8	56.947	0.898 11	511.446 7
61.9	53.992 7	0.904 86	488.558 3	64.9	57.049 5	0.897 88	512.236 1
62	54.093 7	0.904 63	489.347 8	65	57.152 7	0.897 64	513.025 5
62.1	54.194 7	0.904 4	490.136 9	65.1	57.255 9	0.897 4	513.814 4
62.2	54.295 8	0.904 17	490.926 3	65.2	57.359 2	0.897 16	514.603 8
62.3	54.396 9	0.903 94	491.715 3	65.3	57.461 9	0.896 93	515.393 0
62.4	54.498 1	0.903 71	492.504 8	65.4	57.565 3	0.896 69	516.182 3
62.5	54.599 3	0.903 48	493.293 8	65.5	27.668 8	0.896 45	248.037 0
62.6	54.701 2	0.903 24	494.083 1	65.6	57.772 3	0.896 21	517.761 1
62.7	54.802 5	0.903 01	494.872 1	65.7	57.875 9	0.895 97	518.550 7
62.8	54.903 9	0.902 78	495.661 4	65.8	57.978 8	0.895 74	519.339 3
62.9	55.005 4	0.902 55	496.451 2	65.9	58.082 5	0.895 5	520.128 8
63	55.106 8	0.902 32	497.239 7	66	58.186 2	0.895 26	520.917 8
63.1	55.208 4	0.902 09	498.029 5	66.1	58.29	0.895 02	521.707 2
63.2	55.310 6	0.901 85	498.818 6	66.2	58.393 9	0.894 78	522.496 9
63.3	55.412 2	0.901 62	499.607 5	66.3	58.497 8	0.894 54	523.286 2

续表

体积分数/%	质量分数/%	密度/(g·mL⁻¹)	质量浓度/(g·L⁻¹)	体积分数/%	质量分数/%	密度/(g·mL⁻¹)	质量浓度/(g·L⁻¹)
66.4	58.601 7	0.894 3	524.075 0	69.4	61.753 5	0.887	547.753 5
66.5	58.705 7	0.894 06	524.864 2	69.5	61.859 9	0.886 75	548.542 7
66.6	58.809 8	0.893 82	525.653 8	69.6	61.966 4	0.886 5	549.332 1
66.7	58.913 9	0.893 58	526.442 8	69.7	62.072 9	0.886 25	550.121 1
66.8	59.018 1	0.893 34	527.232 3	69.8	62.178 8	0.886 01	550.910 4
66.9	59.122 3	0.893 1	528.021 3	69.9	62.285 5	0.885 76	551.700 0
67	59.226 6	0.892 86	528.810 6	70	62.392 2	0.885 51	552.489 2
67.1	59.331	0.892 62	529.600 4	70.1	62.499	0.885 26	553.278 6
67.2	59.435 4	0.892 38	530.389 6	70.2	62.605 8	0.885 01	554.067 6
67.3	59.539 8	0.892 14	531.178 4	70.3	62.712 7	0.884 76	554.856 9
67.4	59.644 4	0.891 9	531.968 4	70.4	62.819 6	0.884 51	555.645 6
67.5	59.748 9	0.891 66	532.757 0	70.5	62.926 7	0.884 26	556.435 6
67.6	59.854 2	0.891 41	533.546 3	70.6	63.033	0.884 02	557.224 3
67.7	59.958 9	0.891 17	534.335 7	70.7	63.140 2	0.883 77	558.014 1
67.8	60.063 6	0.890 93	535.124 6	70.8	63.247 4	0.883 52	558.803 4
67.9	60.168 4	0.890 69	535.913 9	70.9	63.354 6	0.88 327	559.592 2
68	60.273 3	0.890 45	536.703 6	71	63.461 9	0.883 02	560.381 3
68.1	60.378 7	0.890 2	537.491 2	71.1	63.569 3	0.882 77	561.170 7
68.2	60.483 9	0.889 96	538.282 5	71.2	63.676 8	0.882 52	561.960 5
68.3	60.589 6	0.889 71	539.071 7	71.3	63.784 3	0.882 27	562.749 7
68.4	60.694 6	0.889 47	539.860 3	71.4	63.891 8	0.882 02	563.538 5
68.5	60.800 5	0.889 22	540.650 2	71.5	64.000 2	0.881 76	564.328 2
68.6	60.906 4	0.888 97	541.439 6	71.6	64.107 9	0.881 51	565.117 5
68.7	61.011 6	0.888 73	542.228 4	71.7	64.215 6	0.881 26	565.906 4
68.8	61.117 6	0.888 48	543.017 7	71.8	64.323 4	0.881 01	566.695 6
68.9	61.223	0.888 24	543.807 2	71.9	64.431 3	0.880 76	567.485 1
69	61.329 1	0.887 99	544.596 3	72	64.532 9	0.880 51	568.218 6
69.1	61.435 3	0.887 74	545.385 7	72.1	64.647 2	0.880 26	569.063 4
69.2	61.541 5	0.887 49	546.174 7	72.2	64.756	0.88	569.852 8
69.3	61.647 1	0.887 25	546.963 9	72.3	64.864	0.879 74	570.634 6

体积分数 /%	质量分数 /%	密度 /(g·mL⁻¹)	质量浓度 /(g·L⁻¹)	体积分数 /%	质量分数 /%	密度 /(g·mL⁻¹)	质量浓度 /(g·L⁻¹)
72.4	64.973 1	0.879 49	571.431 9	75.4	68.268 4	0.871 72	595.109 3
72.5	65.081 3	0.879 24	572.220 8	75.5	68.379 4	0.871 46	595.899 1
72.6	65.190 3	0.878 98	573.009 7	75.6	68.490 4	0.871 2	596.688 4
72.7	65.299 4	0.878 72	573.798 9	75.7	68.601 4	0.870 94	597.477 0
72.8	65.407 9	0.878 47	574.588 8	75.8	68.713 4	0.870 67	598.267 0
72.9	65.516 4	0.878 22	575.378 1	75.9	68.824 6	0.870 41	599.056 2
73	65.625 7	0.877 96	576.167 4	76	68.935 8	0.870 15	599.844 9
73.1	65.735	0.877 7	576.956 1	76.1	69.047 2	0.869 89	600.634 7
73.2	65.844 5	0.877 44	577.746 0	76.2	69.159 4	0.869 62	601.424 0
73.3	65.953 2	0.877 19	578.534 9	76.3	69.270 8	0.869 36	602.212 6
73.4	66.062 8	0.876 93	579.324 5	76.4	69.383 2	0.869 09	603.002 5
73.5	66.172 4	0.876 67	580.113 6	76.5	69.495 5	0.868 82	603.790 8
73.6	66.282 1	0.876 41	580.903 0	76.6	69.607 3	0.868 56	604.581 2
73.7	66.391 8	0.876 15	581.691 8	76.7	69.719	0.868 3	605.370 1
73.8	66.500 9	0.876 9	583.146 4	76.8	69.831 6	0.868 03	606.159 2
73.9	66.610 8	0.875 64	583.270 8	76.9	69.944 3	0.867 76	606.948 7
74	66.720 7	0.875 38	584.059 7	77	70.056 2	0.867 5	607.737 5
74.1	66.830 7	0.875 12	584.848 8	77.1	70.169 1	0.867 23	608.527 5
74.2	66.940 8	0.874 86	585.638 3	77.2	70.28 2	0.866 96	609.316 8
74.3	67.051	0.874 6	586.428 0	77.3	70.394 9	0.866 69	610.105 6
74.4	67.161 2	0.874 34	587.217 2	77.4	70.507 9	0.866 42	610.894 5
74.5	67.271 4	0.874 08	588.005 9	77.5	70.621	0.866 15	611.683 8
74.6	67.382 5	0.873 81	588.795 0	77.6	70.734 2	0.865 88	612.473 3
74.7	67.493	0.873 55	589.585 1	77.7	70.847 5	0.865 61	613.263 0
74.8	67.603 4	0.873 29	590.373 7	77.8	70.960 8	0.865 34	614.052 2
74.9	67.714	0.873 03	591.163 5	77.9	71.074 2	0.865 07	614.841 6
75	67.824 6	0.872 77	591.952 8	78	71.187 6	0.864 8	615.630 4
75.1	67.935 2	0.872 51	592.741 4	78.1	71.301 2	0.864 53	616.420 3
75.2	68.046	0.872 25	593.531 2	78.2	71.415 6	0.864 25	617.209 3
75.3	68.157 6	0.871 98	594.320 6	78.3	71.529 2	0.863 98	617.998 0

续表

体积分数 /%	质量分数 /%	密度 /(g·mL⁻¹)	质量浓度 /(g·L⁻¹)	体积分数 /%	质量分数 /%	密度 /(g·mL⁻¹)	质量浓度 /(g·L⁻¹)
78.4	71.643	0.863 71	618.787 8	81.4	75.107 9	0.855 39	642.465 5
78.5	71.756 8	0.863 44	619.576 9	81.5	75.224 8	0.855 11	643.254 8
78.6	71.871 5	0.863 16	620.366 0	81.6	75.341 8	0.854 83	644.044 3
78.7	71.985 5	0.862 89	621.155 7	81.7	75.459 7	0.854 54	644.833 3
78.8	72.099 5	0.862 62	621.944 7	81.8	75.576 9	0.854 26	645.623 2
78.9	72.214 4	0.862 34	622.733 7	81.9	75.694 9	0.853 97	646.411 7
79	72.328 6	0.862 07	623.523 2	82	75.812 2	0.853 69	647.201 2
79.1	72.442 9	0.861 8	624.312 9	82.1	75.930 5	0.853 4	647.990 9
79.2	72.558	0.861 52	625.101 7	82.2	76.047 9	0.853 12	648.779 8
79.3	72.672 4	0.861 24	625.883 8	82.3	76.166 3	0.852 83	649.569 1
79.4	72.787 7	0.860 97	626.680 3	82.4	76.284 8	0.852 54	650.358 4
79.5	72.902 2	0.860 7	627.469 2	82.5	76.402 5	0.852 26	651.147 9
79.6	73.017 7	0.860 42	628.258 9	82.6	76.521 1	0.851 97	651.936 8
79.7	73.133 2	0.860 14	629.047 9	82.7	76.639 9	0.851 68	652.726 7
79.8	73.248	0.859 87	629.837 6	82.8	76.758 7	0.851 39	653.515 9
79.9	73.362 8	0.85 96	630.626 6	82.9	76.876 7	0.851 11	654.305 3
80	73.478 6	0.859 32	631.416 3	83	76.995 6	0.850 82	655.094 0
80.1	73.594 4	0.859 04	632.205 3	83.1	77.114 7	0.850 53	655.883 7
80.2	73.710 3	0.858 76	632.994 6	83.2	77.233 8	0.850 24	656.672 7
80.3	73.826 3	0.858 48	633.784 0	83.3	77.353	0.849 95	657.461 8
80.4	73.942 3	0.858 2	634.572 8	83.4	77.472 3	0.948 66	734.948 7
80.5	74.058 5	0.857 92	635.362 7	83.5	77.592 6	0.849 36	659.040 5
80.6	74.173 8	0.857 65	636.151 6	83.6	77.712 1	0.849 07	659.830 1
80.7	74.290 1	0.857 37	636.941 0	83.7	77.831 6	0.848 78	660.619 1
80.8	74.406 4	0.857 09	637.729 8	83.8	77.951 2	0.848 49	661.408 1
80.9	74.522 9	0.856 81	638.519 7	83.9	78.070 9	0.848 2	662.197 4
81	74.639 4	0.856 53	639.308 9	84	78.190 7	0.847 91	662.986 8
81.1	74.756	0.856 25	640.098 3	84.1	78.311 5	0.847 61	663.776 1
81.2	74.873 5	0.855 96	640.887 2	84.2	78.431 4	0.847 32	664.564 9
81.3	74.990 2	0.855 68	641.676 1	84.3	78.552 4	0.847 02	665.354 5

续表

体积分数 /%	质量分数 /%	密度 /(g·mL^{-1})	质量浓度 /(g·L^{-1})	体积分数 /%	质量分数 /%	密度 /(g·mL^{-1})	质量浓度 /(g·L^{-1})
84.4	78.672 5	0.846 73	666.143 7	87.4	82.355	0.837 62	689.822 0
84.5	78.793 7	0.846 43	666.933 5	87.5	82.480 7	0.837 3	690.610 9
84.6	78.914 9	0.846 13	667.722 6	87.6	82.605 6	0.836 99	691.400 6
84.7	79.035 2	0.845 84	668.511 3	87.7	82.730 5	0.836 68	692.189 5
84.8	79.156 6	0.845 54	669.300 7	87.8	82.855 6	0.836 37	692.979 4
84.9	79.277 2	0.845 25	670.090 5	87.9	82.981 7	0.836 05	693.768 5
85	79.398 7	0.844 95	670.879 3	88	83.106 9	0.835 74	694.557 6
85.1	79.520 4	0.844 65	671.669 1	88.1	83.233 2	0.835 42	695.346 8
85.2	79.642 1	0.844 35	672.458 1	88.2	83.359 6	0.835 1	696.136 0
85.3	79.763 9	0.844 05	673.247 2	88.3	83.486 1	0.834 78	696.925 3
85.4	79.885 8	0.843 75	674.036 4	88.4	83.612 7	0.834 46	697.714 5
85.5	80.008 8	0.843 44	674.826 2	88.5	83.739 4	0.834 14	698.503 8
85.6	80.130 8	0.843 14	675.614 8	88.6	83.866 2	0.833 82	699.293 1
85.7	80.253	0.842 84	676.404 4	88.7	83.993 1	0.833 5	700.082 5
85.8	80.375 3	0.842 54	677.194 1	88.8	84.120 1	0.833 18	700.871 8
85.9	80.497 6	0.842 24	677.983 0	88.9	84.247 2	0.832 86	701.661 2
86	80.62	0.841 94	678.772 0	89	84.374 4	0.832 54	702.450 6
86.1	80.743 5	0.841 63	679.561 5	89.1	84.502 7	0.832 21	703.239 9
86.2	80.866 1	0.841 33	680.350 8	89.2	84.631 1	0.831 88	704.029 2
86.3	80.989 8	0.841 02	681.140 4	89.3	84.758 5	0.831 56	704.817 8
86.4	81.113 5	0.840 71	681.929 3	89.4	84.887 1	0.831 23	705.607 0
86.5	81.237 3	0.840 4	682.718 3	89.5	85.015 9	0.830 9	706.397 1
86.6	81.360 3	0.840 1	683.507 9	89.6	85.144 7	0.830 57	707.186 3
86.7	81.484 3	0.839 79	684.297 0	89.7	85.273 6	0.830 24	707.975 5
86.8	81.608 4	0.839 48	685.086 2	89.8	85.401 6	0.829 92	708.765 0
86.9	81.731 6	0.839 18	685.875 2	89.9	85.530 7	0.829 59	709.554 1
87	81.855 9	0.838 87	686.664 6	90	85.659 9	0.829 26	710.343 3
87.1	81.980 3	0.838 56	687.454 0	90.1	85.790 2	0.828 92	711.132 1
87.2	82.105 8	0.838 24	688.243 7	90.2	85.919 6	0.828 59	711.921 2
87.3	82.230 3	0.837 93	689.032 4	90.3	86.050 2	0.828 25	712.710 8

续表

体积分数 /%	质量分数 /%	密度 /(g·mL⁻¹)	质量浓度 /(g·L⁻¹)	体积分数 /%	质量分数 /%	密度 /(g·mL⁻¹)	质量浓度 /(g·L⁻¹)
90.4	86.179 8	0.827 92	713.499 8	93.4	90.179 1	0.817 46	737.178 1
90.5	86.310 6	0.827 58	714.289 3	93.5	90.315 4	0.817 1	737.967 1
90.6	86.441 5	0.827 24	715.078 7	93.6	90.453	0.816 73	738.756 8
90.7	86.571 4	0.826 91	715.867 6	93.7	90.590 7	0.816 36	739.546 2
90.8	86.702 5	0.826 57	716.656 9	93.8	90.728 5	0.815 99	740.335 5
90.9	86.832 7	0.826 24	717.446 5	93.9	90.865 3	0.815 63	741.124 6
91	86.964	0.825 9	718.235 7	94	91.003 3	0.815 26	741.913 5
91.1	87.095 4	0.825 56	719.024 8	94.1	91.142 6	0.814 88	742.702 8
91.2	87.228	0.825 21	719.814 2	94.2	91.282 1	0.814 5	743.492 7
91.3	87.359 6	0.824 87	720.603 1	94.3	91.422 7	0.814 11	744.281 3
91.4	87.491 4	0.824 53	721.392 8	94.4	91.562 6	0.813 73	745.070 7
91.5	84.624 3	0.824 18	697.456 6	94.5	91.702 2	0.813 35	745.859 8
91.6	87.756 3	0.823 84	722.971 5	94.6	91.842 2	0.812 97	746.649 5
91.7	87.888 4	0.823 5	723.761 0	94.7	91.982 3	0.812 59	747.439 0
91.8	88.020 5	0.823 16	724.549 5	94.8	92.123 6	0.812 2	748.227 9
91.9	88.153 9	0.822 81	725.339 1	94.9	92.264	0.811 82	749.017 6
92	88.286 3	0.822 47	726.128 3	95	92.404 4	0.811 44	749.806 3
92.1	88.419 9	0.822 12	726.917 7	95.1	92.547 3	0.811 04	750.595 6
92.2	88.554 7	0.821 76	727.707 1	95.2	92.689 2	0.810 65	751.385 0
92.3	88.688 5	0.821 41	728.496 2	95.3	92.832 4	0.810 25	752.174 5
92.4	88.823 5	0.821 05	729.285 3	95.4	92.974 5	0.809 86	752.963 3
92.5	88.957 6	0.820 7	730.075 0	95.5	93.118	0.809 46	753.753 0
92.6	89.091 7	0.820 35	730.863 8	95.6	93.261 6	0.809 06	754.542 3
92.7	89.227 1	0.819 99	731.653 3	95.7	93.404 2	0.808 67	755.331 7
92.8	89.361 5	0.819 64	732.442 6	95.8	93.548	0.808 27	756.120 4
92.9	89.497 1	0.819 28	733.231 8	95.9	93.690 9	0.807 88	756.910 0
93	89.631 7	0.818 93	734.020 9	95.9	93.690 9	0.807 88	756.910 0
93.1	89.768 7	0.818 56	734.810 7	96.1	93.980 5	0.807 07	758.488 4
93.2	89.904 6	0.818 2	735.599 4	96.2	94.127 3	0.806 65	759.277 9
93.3	90.041 8	0.817 83	736.388 9	96.3	94.273	0.806 24	760.066 6

体积分数 /%	质量分数 /%	相对密度 /(g·mL⁻¹)	质量浓度 /(g·L⁻¹)	体积分数 /%	质量分数 /%	相对密度 /(g·mL⁻¹)	质量浓度 /(g·L⁻¹)
96.4	94.420 1	0.805 82	760.856 0	98.3	97.277	0.797 57	775.852 2
96.5	94.566 2	0.805 41	761.645 6	98.4	97.432 2	0.797 11	776.641 8
96.6	94.712 4	0.805	762.434 8	98.5	97.588 7	0.796 64	777.430 6
96.7	94.859 9	0.804 58	763.223 8	98.6	97.745 5	0.796 17	778.220 3
96.8	95.006 4	0.804 17	764.013 0	98.7	97.901 2	0.795 71	779.009 6
96.9	95.154 3	0.803 75	764.802 7	98.8	98.058 3	0.795 24	779.798 8
97	95.301 1	0.803 34	765.591 9	98.9	98.214 4	0.794 78	780.588 4
97.1	95.451 6	0.802 9	766.380 9	99	98.371 8	0.794 31	781.377 0
97.2	95.601 1	0.802 47	767.170 1	99.1	98.533 2	0.793 81	782.166 4
97.3	95.752	0.802 03	767.959 8	99.2	98.696 1	0.793 3	782.956 2
97.4	95.903	0.801 59	768.748 9	99.3	98.857 9	0.792 8	783.745 4
97.5	96.053	0.801 16	769.538 2	99.4	99.081 1	0.792 29	785.009 6
97.6	96.204 4	0.800 72	770.327 9	99.5	99.183 3	0.791 79	785.323 5
97.7	96.355 9	0.800 28	771.117 0	99.6	99.345 7	0.791 29	786.112 6
97.8	96.507 6	0.799 84	771.906 4	99.7	99.509 6	0.790 78	786.902 0
97.9	96.658 2	0.799 41	772.695 3	99.8	99.672 5	0.790 28	787.691 8
98	96.810 2	0.798 97	773.484 5	99.9	99.836 8	0.789 77	788.481 1
98.1	96.966	0.798 5	774.273 5	100	100	0.789 27	789.270 0
98.2	97.120 8	0.798 04	775.062 8				

二、酒精计温度浓度质量分数换算表

溶液温度/℃	酒精计读数											
	100		99		98		97		96		95	
	温度在 +20 ℃时用体积百分数或质量百分数表示酒精浓度											
	体积分数 /%	质量分数 /%	体积分数 /%	质量分数 /%	体积分数 /%	质量分数 /%	体积分数 /%	质量分数 /%	体积分数 /%	质量分数 /%	体积分数 /%	质量分数 /%
40	96.6	0.957 369	95.3	0.941 27	94	0.925 28	92.6	0.908 181	91.6	0.896 043	90.4	0.881 561
39	96.8	0.959 856	95.4	0.942 505	94.2	0.927 612	92.8	0.910 616	91.8	0.898 466	90.6	0.883 968
38	96.9	0.961 1	95.6	0.944 976	94.4	0.930 071	93	0.913 054	92	0.900 891	90.9	0.887 584

续表

溶液温度/℃	酒精计读数											
	100		99		98		97		96		95	
	温度在+20℃时用体积百分数或质量百分数表示酒精浓度											
	体积分数/%	质量分数/%	体积分数/%	质量分数/%	体积分数/%	质量分数/%	体积分数/%	质量分数/%	体积分数/%	质量分数/%	体积分数/%	质量分数/%
37	97.1	0.963 591	95.8	0.947 449	94.6	0.932 533	93.3	0.916 715	92.3	0.904 533	91.1	0.889 998
36	97.3	0.966 084	96	0.949 925	94.8	0.934 998	93.5	0.919 159	92.5	0.906 964	91.3	0.892 414
35	97.4	0.967 331	96.2	0.952 404	95	0.937 465	93.7	0.921 605	92.7	0.909 398	91.6	0.896 043
34	97.6	0.969 828	96.3	0.953 644	95.2	0.939 935	93.9	0.924 054	92.9	0.911 834	91.8	0.898 466
33	97.8	0.972 328	96.5	0.956 127	95.4	0.942 407	94.1	0.926 506	93.1	0.914 273	92	0.900 891
32	98	0.974 831	96.7	0.958 612	95.6	0.944 882	94.4	0.930 188	93.4	0.917 936	92.2	0.903 318
31	98.1	0.976 083	96.9	0.961 1	95.8	0.947 359	94.6	0.932 646	93.6	0.920 382	92.5	0.906 964
30	98.3	0.978 589	97.1	0.963 591	96	0.949 839	94.8	0.935 107	93.8	0.922 83	92.7	0.909 398
29	98.4	0.979 843	97.3	0.966 084	96.2	0.952 322	95.1	0.938 803	94	0.925 28	92.9	0.911 834
28	98.6	0.982 353	97.5	0.968 58	96.4	0.954 808	95.3	0.941 27	94.2	0.927 733	93.1	0.914 273
27	98.8	0.984 866	97.7	0.971 078	96.6	0.957 296	95.5	0.943 74	94.5	0.931 417	93.4	0.917 936
26	99	0.987 382	97.9	0.973 579	96.8	0.959 786	95.8	0.947 449	94.7	0.933 876	93.6	0.920 382
25	99.2	0.989 9	98.1	0.976 083	97	0.962 28	96	0.949 925	94.9	0.936 338	93.9	0.924 054
24	99.3	0.991 16	98.3	0.978 589	97.2	0.964 776	96.2	0.952 404	95.1	0.938 803	94.1	0.926 506
23	99.5	0.993 683	98.5	0.981 098	97.4	0.967 274	96.4	0.954 885	95.4	0.942 505	94.3	0.928 96
22	99.7	0.996 208	98.6	0.982 353	97.6	0.969 776	96.6	0.957 369	95.5	0.944 976	94.6	0.932 646
21	99.8	0.997 471	98.8	0.984 866	97.8	0.972 28	96.8	0.959 856	95.8	0.947 449	94.8	0.935 107
20	100	1	99	0.987 382	98	0.974 786	97	0.962 345	96	0.949 925	95	0.937 57
19			99.2	0.989 9	98.2	0.977 296	97.2	0.964 837	96.2	0.952 404	95.2	0.940 036
18			99.3	0.991 16	98.3	0.978 551	97.4	0.967 331	96.4	0.954 885	95.4	0.942 505
17			99.5	0.993 683	98.5	0.981 065	97.6	0.969 828	96.6	0.957 369	95.6	0.944 976
16			99.7	0.996 208	98.7	0.983 581	97.8	0.972 328	96.8	0.959 856	95.9	0.948 687
15			99.8	0.997 471	98.9	0.986 099	98	0.974 831	97	0.962 345	96.1	0.951 164
14			100	1	99.1	0.988 621	98.1	0.976 083	97.2	0.964 837	96.3	0.953 644
13					99.2	0.989 882	98.3	0.978 589	97.4	0.967 331	96.5	0.956 127
12					99.4	0.992 408	98.5	0.981 098	97.6	0.969 828	96.7	0.958 612
11					99.6	0.994 936	98.7	0.983 61	97.8	0.972 328	96.9	0.961 1

续表

溶液温度/℃	酒精计读数										
	100		99		98		97		96		95	
	温度在 +20 ℃时用体积百分数或质量百分数表示酒精浓度											
	体积分数/%	质量分数	体积分数/%	质量分数	体积分数/%	质量分数	体积分数/%	质量分数	体积分数/%	质量分数	体积分数/%	质量分数
10					99.7	0.996 201	98.9	0.986 124	98	0.974 831	97.1	0.963 591
9					99.9	0.998 733	99	0.987 382	98.2	0.977 336	97.3	0.966 084
8							99.2	0.989 9	98.3	0.978 589	97.5	0.968 58
7							99.3	0.991 16	98.5	0.981 098	97.6	0.969 828
6							99.4	0.992 421	98.7	0.983 61	97.8	0.9723 28
5							99.5	0.993 683	98.9	0.986 124	98	0.974 831
4							99.7	0.996 208	99	0.987 382	98.2	0.977 336
3							99.8	0.997 471	99.2	0.989 9	98.4	0.979 843
2							100	1	99.4	0.992 421	98.5	0.981 098
1									99.5	0.993 683	98.7	0.983 61
0									99.7	0.996 208	98.9	0.986 124

溶液温度/℃	酒精计读数										
	94		93		92		91		90		89	
	温度在 +20 ℃时用体积百分数或质量百分数表示酒精浓度											
	体积分数/%	质量分数	体积分数/%	质量分数	体积分数/%	质量分数	体积分数/%	质量分数	体积分数/%	质量分数	体积分数/%	质量分数
40	89.2	0.867 168	88	0.852 864	86.8	0.838 648	85.8	0.826 868	84.5	0.811 643	83.4	0.798 84
39	89.4	0.869 561	88.2	0.855 242	87.1	0.842 194	86.1	0.830 396	84.8	0.815 148	83.7	0.802 325
38	89.7	0.873 154	88.5	0.858 813	87.3	0.844 561	86.3	0.832 75	85.1	0.818 658	84	0.805 815
37	89.9	0.875 553	88.8	0.862 39	87.6	0.848 116	86.6	0.836 287	85.3	0.821	84.3	0.809 31
36	90.2	0.879 156	89	0.864 778	87.8	0.850 489	86.8	0.838 648	85.6	0.824 519	84.6	0.812 811
35	90.4	0.881 561	89.2	0.867 168	88.1	0.854 053	87.1	0.842 194	85.9	0.828 043	84.8	0.815 148
34	90.6	0.883 968	89.5	0.870 758	88.2	0.855 242	87.4	0.845 745	86.2	0.831 573	85	0.817 487
33	90.9	0.887 584	89.8	0.874 353	88.6	0.860 005	87.6	0.848 116	86.5	0.835 108	85.1	0.818 658
32	91.1	0.889 998	90	0.876 753	88.9	0.863 584	87.9	0.851 676	86.7	0.837 467	85.4	0.822 173
31	91.4	0.893 623	90.2	0.879 156	89.1	0.865 973	88.1	0.854 053	87	0.841 011	85.7	0.825 693

续表

溶液温度/℃	酒精计读数											
	94		93		92		91		90		89	
	温度在 +20 ℃时用体积百分数或质量百分数表示酒精浓度											
	体积分数/%	质量分数/%	体积分数/%	质量分数/%	体积分数/%	质量分数/%	体积分数/%	质量分数/%	体积分数/%	质量分数/%	体积分数/%	质量分数/%
30	91.6	0.896 043	90.5	0.882 764	89.4	0.869 561	88.4	0.857 622	87.3	0.844 561	86	0.829 219
29	91.8	0.898 466	90.8	0.886 378	89.7	0.873 154	88.6	0.860 005	87.6	0.848 116	86.3	0.832 75
28	92.1	0.902 104	91.1	0.889 998	90	0.876 753	88.9	0.863 584	87.9	0.851 676	86.5	0.835 108
27	92.3	0.904 533	91.3	0.892 414	90.2	0.879 156	89.2	0.867 168	88.1	0.854 053	86.8	0.838 648
26	92.6	0.908 181	91.5	0.894 833	90.5	0.882 764	89.4	0.869 561	88.4	0.857 622	87.1	0.842 194
25	92.8	0.910 616	91.8	0.898 466	90.7	0.885 173	89.7	0.873 154	88.7	0.861 197	87.4	0.845 745
24	93.1	0.914 273	92	0.900 891	91	0.888 791	90	0.876 753	89	0.864 778	87.7	0.849 302
23	93.3	0.916 715	92.3	0.904 533	91.3	0.892 414	90.2	0.879 156	89.2	0.867 168	88	0.852 864
22	93.5	0.919 159	92.5	0.906 964	91.5	0.894 833	90.5	0.882 764	89.5	0.870 758	88.4	0.857 622
21	93.8	0.922 83	92.8	0.910 616	91.8	0.898 466	90.7	0.885 173	89.7	0.873 154	88.7	0.861 197
20	94	0.925 28	93	0.913 054	92	0.900 891	91	0.888 791	90	0.876 753	89	0.864 778
19	94.2	0.927 733	93.2	0.915 494	92.2	0.903 318	91.2	0.891 206	90.3	0.880 358	89.3	0.868 364
18	94.4	0.930 188	93.5	0.919 159	92.5	0.906 964	91.5	0.894 833	90.6	0.883 968	89.5	0.870 758
17	94.6	0.932 646	93.7	0.921 605	92.7	0.909 398	91.7	0.897 254	90.8	0.886 378	89.8	0.874 353
16	94.9	0.936 338	93.9	0.924 054	93	0.913 054	92	0.900 891	91	0.888 791	90	0.876 753
15	95.1	0.938 803	94.2	0.927 733	93.2	0.915 494	92.2	0.903 318	91.3	0.892 414	90.3	0.880 358
14	95.3	0.941 27	94.3	0.928 96	93.4	0.917 936	92.5	0.906 964	91.5	0.894 833	90.5	0.882 764
13	95.5	0.943 74	94.6	0.932 646	93.6	0.920 382	92.7	0.909 398	91.7	0.897 254	90.8	0.886 378
12	95.7	0.946 212	94.8	0.935 107	93.9	0.924 054	92.9	0.911 834	92	0.900 891	91	0.888 791
11	96	0.949 925	95	0.937 57	94.1	0.926 506	93.2	0.915 494	92.2	0.903 318	91.3	0.892 414
10	96.2	0.952 404	95.2	0.940 036	94.3	0.928 96	93.4	0.917 936	92.5	0.906 964	91.5	0.894 833
9	96.4	0.954 885	95.5	0.943 74	94.5	0.931 417	93.6	0.920 382	92.8	0.910 616	91.8	0.898 466
8	96.6	0.957 369	95.7	0.946 212	94.8	0.935 107	93.9	0.924 054	92.1	0.902 104	92	0.900 891
7	96.8	0.959 856	95.9	0.948 687	95	0.937 57	94.1	0.926 506	93.2	0.915 494	92.2	0.903 318
6	97	0.962 345	96.1	0.951 164	95.2	0.940 036	94.3	0.928 96	93.4	0.917 936	92.5	0.906 964
5	97.1	0.963 591	96.3	0.953 644	95.4	0.942 505	94.5	0.931 417	93.6	0.920 382	92.7	0.909 398
4	97.3	0.966 084	96.5	0.956 127	95.6	0.944 976	94.7	0.933 876	93.8	0.92 283	92.9	0.911 834

续表

溶液温度/℃	酒精计读数 94		93		92		91		90		89	
	温度在 +20 ℃时用体积百分数或质量百分数表示酒精浓度											
	体积分数/%	质量分数	体积分数/%	质量分数	体积分数/%	质量分数	体积分数/%	质量分数	体积分数/%	质量分数	体积分数/%	质量分数
3	97.5	0.968 58	96.7	0.958 612	95.8	0.947 449	94.9	0.936 338	94.1	0.926 506	93.2	0.915 494
2	97.7	0.971 078	96.9	0.961 1	96	0.949 925	95.1	0.938 803	94.3	0.928 96	93.4	0.917 936
1	97.9	0.973 579	97	0.962 345	96.2	0.952 404	95.3	0.941 27	94.5	0.931 417	93.6	0.920 382
0	98.1	0.976 083	97.2	0.964 837	96.4	0.954 885	95.7	0.946 212	94.7	0.933 876	93.8	0.922 83

溶液温度/℃	酒精计读数 88		87		86		85		84		83	
	温度在 +20 ℃时用体积百分数或质量百分数表示酒精浓度											
	体积分数/%	质量分数	体积分数/%	质量分数	体积分数/%	质量分数	体积分数/%	质量分数	体积分数/%	质量分数	体积分数/%	质量分数
40	82.3	0.786 107	81.3	0.774 594	80.1	0.760 854	79.1	0.749 468	78	0.737 009	76.9	0.724 618
39	82.6	0.789 573	81.6	0.778 042	80.4	0.764 281	79.4	0.752 878	78.3	0.740 4	77.2	0.727 991
38	82.9	0.793 043	81.9	0.781 495	80.7	0.767 714	79.7	0.756 293	78.6	0.743 796	77.5	0.731 368
37	83.2	0.796 519	82.2	0.784 953	81	0.771 151	80	0.759 713	78.9	0.747 197	77.8	0.734 751
36	83.5	0.800 001	82.5	0.788 417	81.3	0.774 594	80.3	0.763 138	79.2	0.750 604	78.1	0.738 139
35	83.8	0.803 487	82.8	0.791 886	81.6	0.778 042	80.6	0.766 569	79.5	0.754 016	78.4	0.741 531
34	84	0.805 815	83	0.794 202	81.9	0.781 495	80.9	0.770 005	79.8	0.757 432	78.7	0.744 929
33	84.3	0.809 31	83.3	0.797 679	82.2	0.784 953	81.2	0.773 446	80.1	0.760 854	79.1	0.749 468
32	84.6	0.812 811	83.6	0.801 162	82.5	0.788 417	81.5	0.776 892	80.4	0.764 281	79.4	0.752 878
31	84.9	0.816 317	83.9	0.804 651	82.8	0.791 886	81.8	0.780 343	80.7	0.767 714	79.7	0.756 293
30	85.2	0.819 829	84.2	0.808 144	83.1	0.795 36	82.1	0.783 8	81	0.771 151	80	0.759 713
29	85.6	0.824 519	84.4	0.810 476	83.4	0.798 84	82.4	0.787 262	81.3	0.774 594	80.3	0.763 138
28	85.8	0.826 868	84.7	0.813 979	83.7	0.802 325	82.7	0.790 729	81.6	0.778 042	80.6	0.766 569
27	86.1	0.830 396	85	0.817 487	84	0.805 815	83	0.794 202	81.9	0.781 495	80.9	0.770 005
26	86.3	0.832 75	85.3	0.821	84.3	0.809 31	83.3	0.797 679	82.2	0.784 953	81.2	0.773 446
25	86.6	0.836 287	85.6	0.824 519	84.6	0.812 811	83.6	0.801 162	82.5	0.788 417	81.5	0.776 892
24	86.9	0.839 829	85.9	0.828 043	84.9	0.816 317	83.8	0.803 487	82.8	0.791 886	81.8	0.780 343

续表

溶液温度/℃	酒精计读数											
	88		87		86		85		84		83	
	温度在 +20 ℃时用体积百分数或质量百分数表示酒精浓度											
	体积分数/%	质量分数	体积分数/%	质量分数	体积分数/%	质量分数	体积分数/%	质量分数	体积分数/%	质量分数	体积分数/%	质量分数
23	87.2	0.843 377	86.2	0.831 573	85.1	0.818 658	84.1	0.806 979	83.1	0.795 36	82.1	0.783 8
22	87.4	0.845 745	86.4	0.833 929	85.2	0.819 829	84.4	0.810 476	83.4	0.798 84	82.4	0.787 262
21	87.7	0.849 302	86.7	0.837 467	85.7	0.825 693	84.7	0.813 979	83.7	0.802 325	82.7	0.790 729
20	88	0.852 864	87	0.841 011	86	0.829 219	85	0.817 487	84	0.805 815	83	0.794 202
19	88.3	0.856 432	87.3	0.844 561	86.3	0.832 75	85.3	0.821	84.3	0.809 31	83.3	0.797 679
18	88.5	0.858 813	87.5	0.846 93	86.5	0.835 108	85.5	0.823 346	84.6	0.812 811	83.6	0.801 162
17	88.8	0.862 39	87.8	0.850 489	86.8	0.838 648	85.8	0.826 868	84.8	0.815 148	83.9	0.804 651
16	89	0.864 778	88.1	0.854 053	87.1	0.842 194	86.1	0.830 396	85.1	0.818 658	84.2	0.808 144
15	89.3	0.868 364	88.3	0.856 432	87.4	0.845 745	86.4	0.833 929	85.4	0.822 173	84.4	0.810 476
14	89.6	0.871 956	88.6	0.860 005	87.6	0.848 116	86.7	0.837 467	85.7	0.825 693	84.7	0.813 979
13	89.8	0.874 353	88.9	0.863 584	87.9	0.851 676	86.9	0.839 829	86	0.829 219	85	0.817 487
12	90.1	0.877 954	89.1	0.865 973	88.2	0.855 242	87.2	0.843 377	86.2	0.831 573	85.3	0.821
11	90.3	0.880 358	89.4	0.869 561	88.3	0.856 432	87.5	0.846 93	86.5	0.835 108	85.6	0.824 519
10	90.6	0.883 968	89.6	0.871 956	88.7	0.861 197	87.7	0.849 302	86.8	0.838 648	85.8	0.826 868
9	90.8	0.886 378	89.9	0.875 553	89	0.864 778	88	0.852 864	87	0.841 011	86.1	0.830 396
8	91.1	0.889 998	90.1	0.877 954	89.3	0.868 364	88	0.852 864	87.3	0.844 561	86.4	0.833 929
7	91.3	0.892 414	90.4	0.881 561	89.5	0.870 758	88.5	0.858 813	87.6	0.848 116	86.6	0.836 287
6	91.6	0.896 043	90.6	0.883 968	89.8	0.874 353	88.8	0.862 39	87.8	0.850 489	86.9	0.839 829
5	91.8	0.898 466	90.9	0.887 584	90	0.876 753	89	0.864 778	88.1	0.854 053	87.2	0.843 377
4	92	0.900 891	91.1	0.889 998	90.3	0.880 358	89.3	0.868 364	88.4	0.857 622	87.4	0.845 745
3	92.2	0.903 318	91.3	0.892 414	90.5	0.882 764	89.5	0.870 758	88.6	0.860 005	87.7	0.849 302
2	92.5	0.906 964	91.6	0.896 043	90.8	0.886 378	89.8	0.874 353	88.8	0.862 39	87.9	0.851 676
1	92.7	0.909 398	91.8	0.898 466	91	0.888 791	90	0.876 753	89.1	0.865 973	88.2	0.855 242
0	92.9	0.911 834	92	0.900 891	91.2	0.891 206	90.2	0.879 156	89.4	0.869 561	88.4	0.857 622

续表

溶液温度/℃	酒精计读数											
	82		81		80		79		78		77	
	温度在 +20 ℃时用体积百分数或质量百分数表示酒精浓度											
	体积分数/%	质量分数	体积分数/%	质量分数	体积分数/%	质量分数	体积分数/%	质量分数	体积分数/%	质量分数	体积分数/%	质量分数
40	75.9	0.713 413	75	0.703 376	73.8	0.690 063	72.8	0.679 029	71.6	0.665 86	70.6	0.654 945
39	76.2	0.716 769	75.3	0.706 716	74.1	0.693 383	73.1	0.682 333	71.9	0.669 145	70.9	0.658 214
38	76.5	0.720 129	75.6	0.710 062	74.4	0.696 709	73.4	0.685 642	72.3	0.673 532	71.2	0.661 488
37	76.8	0.723 495	75.9	0.713 413	74.7	0.700 04	73.7	0.688 957	72.6	0.676 828	71.6	0.665 86
36	77.1	0.726 866	76.2	0.716 769	74.9	0.702 263	74	0.692 276	72.9	0.680 13	71.9	0.669 145
35	77.4	0.730 242	76.5	0.720 129	75.3	0.706 716	74.3	0.695 6	73.2	0.683 436	72.2	0.672 435
34	77.8	0.734 751	76.8	0.723 495	75.7	0.711 178	74.7	0.700 04	73.6	0.687 851	72.5	0.675 729
33	78.1	0.738 139	77.1	0.726 866	76	0.714 531	75	0.703 376	73.9	0.691 169	72.8	0.679 029
32	78.4	0.741 531	77.4	0.730 242	76.3	0.717 888	75.3	0.706 716	74.2	0.694 492	73.2	0.683 436
31	78.7	0.744 929	77.7	0.733 623	76.6	0.721 251	75.6	0.710 062	74.6	0.698 929	73.5	0.686 747
30	79	0.748 332	78	0.737 009	76.9	0.724 618	75.9	0.713 413	74.9	0.702 263	73.8	0.690 063
29	79.3	0.751 741	78.3	0.740 4	77.2	0.727 991	76.2	0.716 769	75.2	0.705 602	74.2	0.694 492
28	79.6	0.755 154	78.6	0.743 796	77.6	0.732 495	76.5	0.720 129	75.5	0.708 946	74.5	0.697 819
27	79.9	0.758 572	78.9	0.747 197	77.9	0.735 88	76.8	0.723 495	75.8	0.712 295	74.8	0.701 151
26	80.2	0.761 996	79.2	0.750 604	78.2	0.739 269	77.2	0.727 991	76.1	0.715 649	75.1	0.704 489
25	80.5	0.765 425	79.5	0.754 016	78.5	0.742 663	77.5	0.731 368	76.4	0.719 008	75.4	0.707 831
24	80.8	0.768 859	79.8	0.757 432	78.8	0.746 063	77.8	0.734 751	76.8	0.723 495	75.8	0.712 295
23	81.1	0.772 298	80.1	0.760 854	79.1	0.749 468	78.1	0.738 139	77.1	0.726 866	76.1	0.715 649
22	81.4	0.775 743	80.4	0.764 281	79.4	0.752 878	78.4	0.741 531	77.4	0.730 242	76.4	0.719 008
21	81.7	0.779 192	80.7	0.767 714	79.7	0.756 293	78.7	0.744 929	77.7	0.733 623	76.7	0.722 373
20	82	0.782 647	81	0.771 151	80	0.759 713	79	0.748 332	78	0.737 009	77	0.725 742
19	82.3	0.786 107	81.3	0.774 594	80.3	0.763 138	79.3	0.751 741	78.3	0.740 4	77.3	0.729 116
18	82.6	0.789 573	81.6	0.778 042	80.6	0.766 569	79.6	0.755 154	78.6	0.74 3796	77.6	0.732 495
17	82.9	0.793 043	81.9	0.781 495	80.9	0.770 005	79.9	0.758 572	78.9	0.747 197	77.9	0.735 88
16	83.2	0.796 519	82.2	0.784 953	81.2	0.773 446	80.2	0.761 996	79.2	0.750 604	78.2	0.739 269
15	83.4	0.798 84	82.5	0.788 417	81.5	0.776 892	80.5	0.765 425	79.5	0.754 016	78.5	0.742 663
14	83.7	0.802 325	82.8	0.791 886	81.8	0.780 343	80.8	0.768 859	79.8	0.757 432	78.8	0.746 063

续表

溶液温度/℃	酒精计读数											
	82		81		80		79		78		77	
	温度在 +20 ℃时用体积百分数或质量百分数表示酒精浓度											
	体积分数/%	质量分数/%	体积分数/%	质量分数/%	体积分数/%	质量分数/%	体积分数/%	质量分数/%	体积分数/%	质量分数/%	体积分数/%	质量分数/%
13	84	0.805 815	83.1	0.795 36	82.1	0.783 8	81.1	0.772 298	80.1	0.760 854	79.1	0.749 468
12	84.3	0.809 31	83.3	0.797 679	82.4	0.787 262	81.4	0.775 743	80.4	0.764 281	79.4	0.752 878
11	84.6	0.812 811	83.6	0.801 162	82.7	0.790 729	81.7	0.779 192	80.7	0.767 714	79.7	0.756 293
10	84.9	0.816 317	83.9	0.804 651	83	0.794 202	82	0.782 647	81	0.771 151	80	0.759 713
9	85.2	0.819 829	84.2	0.808 144	83.2	0.796 519	82.3	0.786 107	81.3	0.774 594	80.3	0.763 138
8	85.4	0.822 173	84.5	0.811 643	83.5	0.800 001	82.6	0.789 573	81.6	0.778 042	80.6	0.766 569
7	85.7	0.825 693	84.8	0.815 148	83.8	0.803 487	82.8	0.791 886	81.9	0.781 495	80.8	0.768 859
6	86	0.829 219	85	0.817 487	84.1	0.806 979	83.1	0.795 36	82.2	0.784 953	81.1	0.772 298
5	86.2	0.831 573	85.3	0.821	84.3	0.809 31	83.4	0.798 84	82.4	0.787 262	81.2	0.773 446
4	86.5	0.835 108	85.6	0.824 519	84.6	0.812 811	83.7	0.802 325	82.7	0.790 729	81.6	0.778 042
3	86.8	0.838 648	85.8	0.826 868	84.9	0.816 317	84	0.805 815	83	0.794 202	81.9	0.781 495
2	87	0.841 011	86.1	0.830 396	85.2	0.819 829	84.2	0.808 144	83.3	0.797 679	82.4	0.787 262
1	87.3	0.844 561	86.4	0.833 929	85.4	0.822 173	84.5	0.811 643	83.5	0.801 162	82.6	0.789 573
0	87.5	0.846 93	86.6	0.836 287	85.7	0.825 693	84.8	0.815 148	83.8	0.803 487	82.9	0.793 043

溶液温度/℃	酒精计读数											
	76		75		74		73		72		71	
	温度在 +20 ℃时用体积百分数或质量百分数表示酒精浓度											
	体积分数/%	质量分数/%	体积分数/%	质量分数/%	体积分数/%	质量分数/%	体积分数/%	质量分数/%	体积分数/%	质量分数/%	体积分数/%	质量分数/%
40	69.5	0.643 001	68.6	0.633 276	67.5	0.621 448	66.4	0.609 684	65.4	0.599 043	64.3	0.587 399
39	69.8	0.646 252	68.9	0.636 513	67.8	0.624 668	66.7	0.612 886	65.7	0.602 23	64.6	0.590 568
38	70.2	0.650 594	69.2	0.639 755	68.1	0.627 892	67.1	0.617 163	66	0.605 422	65	0.594 802
37	70.5	0.653 857	69.6	0.644 084	68.5	0.632 198	67.4	0.620 376	66.4	0.609 684	65.4	0.599 043
36	70.8	0.657 124	69.9	0.647 337	68.8	0.635 433	67.8	0.624 668	66.7	0.612 886	65.7	0.602 23
35	71.2	0.661 488	70.2	0.650 594	69.1	0.638 673	68.1	0.627 892	67	0.616 093	66.1	0.606 486
34	71.5	0.664 766	70.6	0.654 945	69.5	0.643 001	68.4	0.631 121	67.4	0.620 376	66.4	0.609 684

续表

溶液温度/℃	酒精计读数											
	76		75		74		73		72		71	
	温度在 +20 ℃时用体积百分数或质量百分数表示酒精浓度											
	体积分数/%	质量分数	体积分数/%	质量分数	体积分数/%	质量分数	体积分数/%	质量分数	体积分数/%	质量分数	体积分数/%	质量分数
33	71.8	0.668 049	70.9	0.658 214	69.8	0.646 252	68.8	0.635 433	67.7	0.623 594	66.7	0.612 886
32	72.1	0.671 337	71.2	0.661 488	70.1	0.649 508	69.1	0.638 673	68	0.626 817	67	0.616 093
31	72.5	0.675 729	71.5	0.664 766	70.5	0.653 857	69.5	0.643 001	68.4	0.631 121	67.4	0.620 376
30	72.8	0.679 029	71.8	0.668 049	70.8	0.657 124	69.8	0.646 252	68.7	0.634 355	67.7	0.623 594
29	73.1	0.682 333	72.1	0.671 337	71.1	0.660 396	70.1	0.649 508	69.1	0.638 673	68	0.626 817
28	73.5	0.686 747	72.4	0.674 63	71.4	0.663 673	70.4	0.652 769	69.4	0.641 918	68.4	0.631 121
27	73.8	0.690 063	72.8	0.679 029	71.7	0.666 954	70.7	0.656 034	69.7	0.645 168	68.7	0.634 355
26	74.1	0.693 383	73.1	0.682 333	72.1	0.671 337	71.1	0.660 396	70.1	0.649 508	69.1	0.638 673
25	74.4	0.696 709	73.4	0.685 642	72.4	0.674 63	71.4	0.663 673	70.4	0.652 769	69.4	0.641 918
24	74.7	0.700 04	73.7	0.688 957	72.7	0.677 928	71.7	0.666 954	70.7	0.656 034	69.7	0.645 168
23	75.1	0.704 489	74.1	0.693 383	73	0.681 231	72	0.670 241	71	0.659 305	70	0.648 422
22	75.4	0.707 831	74.4	0.696 709	73.4	0.685 642	72.4	0.674 63	71.4	0.663 673	70.4	0.652 769
21	75.7	0.711 178	74.7	0.700 04	73.7	0.688 957	72.7	0.677 928	71.7	0.666 954	70.7	0.656 034
20	76	0.714 531	75	0.703 376	74	0.692 276	73	0.681 231	72	0.670 241	71	0.659 305
19	76.3	0.717 888	75.3	0.706 716	74.3	0.695 6	73.3	0.684 539	72.3	0.673 532	71.3	0.662 58
18	76.6	0.721 251	75.6	0.710 062	74.6	0.698 929	73.6	0.687 851	72.6	0.676 828	71.6	0.665 86
17	76.9	0.724 618	75.9	0.713 413	74.9	0.702 263	74	0.692 276	73	0.681 231	72	0.670 241
16	77.2	0.727 991	76.2	0.716 769	75.3	0.706 716	74.3	0.695 6	73.3	0.684 539	72.3	0.673 532
15	77.6	0.732 495	76.6	0.721 251	75.6	0.710 062	74.6	0.698 929	73.6	0.687 851	72.6	0.676 828
14	77.9	0.735 88	76.9	0.724 618	75.9	0.713 413	75	0.703 376	73.9	0.691 169	72.9	0.680 13
13	78.2	0.739 269	77.2	0.727 991	76.2	0.716 769	75.4	0.707 831	74.2	0.694 492	73.2	0.683 436
12	78.5	0.742 663	77.5	0.731 368	76.5	0.720 129	75.6	0.710 062	74.5	0.697 819	73.6	0.687 851
11	78.8	0.746 063	77.8	0.734 751	76.8	0.723 495	75.8	0.712 295	74.9	0.702 263	73.9	0.691 169
10	79.1	0.749 468	78.1	0.738 139	77.1	0.726 866	76.2	0.716 769	75.2	0.705 602	74.2	0.694 492
9	79.4	0.752 878	78.4	0.741 531	77.4	0.730 242	76.5	0.720 129	75.5	0.708 946	74.5	0.697 819
8	79.7	0.756 293	78.7	0.744 929	77.7	0.733 623	76.8	0.723 495	76	0.714 531	74.8	0.701 151
7	80	0.759 713	79	0.748 332	78	0.737 009	77.1	0.726 866	76.4	0.719 008	75.1	0.704 489

续表

溶液温度/℃	酒精计读数											
	76		75		74		73		72		71	
	温度在 +20 ℃时用体积百分数或质量百分数表示酒精浓度											
	体积分数/%	质量分数	体积分数/%	质量分数	体积分数/%	质量分数	体积分数/%	质量分数	体积分数/%	质量分数	体积分数/%	质量分数
6	80.2	0.761 996	79.3	0.751 741	78.3	0.740 4	77.4	0.730 242	76.7	0.722 373	75.4	0.707 831
5	80.5	0.765 425	79.6	0.755 154	78.6	0.743 796	77.7	0.733 623	77	0.725 742	75.8	0.712 295
4	80.8	0.768 859	79.9	0.758 572	79.2	0.750 604	78	0.737 009	77.3	0.729 116	76	0.714 531
3	81.1	0.772 298	80.2	0.761 996	79.5	0.754 016	78.3	0.740 4	77.6	0.732 495	76.4	0.719 008
2	81.4	0.775 743	80.4	0.764 281	79.8	0.757 432	78.6	0.743 796	77.8	0.734 751	76.6	0.721 251
1	81.7	0.779 192	80.7	0.767 714	80.1	0.760 854	78.8	0.746 063	77.9	0.735 88	77	0.725 742
0	82	0.782 647	81	0.771 151	80.4	0.764 281	79.1	0.749 468	78.2	0.739 269	77.2	0.727 991

溶液温度/℃	酒精计读数											
	70		69		68		67		66		65	
	温度在 +20 ℃时用体积百分数或质量百分数表示酒精浓度											
	体积分数/%	质量分数	体积分数/%	质量分数	体积分数/%	质量分数	体积分数/%	质量分数	体积分数/%	质量分数	体积分数/%	质量分数
40	63.3	0.576 866	62.2	0.565 339	61.1	0.553 873	60.1	0.543 501	59.1	0.533 18	58.1	0.522 907
39	63.6	0.580 02	62.6	0.569 523	61.5	0.558 035	60.5	0.547 644	59.5	0.537 302	58.5	0.527 01
38	64	0.584 233	62.9	0.572 667	61.8	0.561 162	60.8	0.550 756	59.8	0.540 4	58.8	0.530 093
37	64.3	0.587 399	63.2	0.575 816	62.2	0.565 339	61.2	0.554 913	60.2	0.544 536	59.2	0.534 21
36	64.7	0.591 626	63.6	0.580 02	62.6	0.569 523	61.6	0.559 077	60.5	0.547 644	59.6	0.538 334
35	65	0.594 802	64	0.584 233	62.9	0.572 667	61.8	0.561 162	60.9	0.551 794	59.9	0.541 433
34	65.3	0.597 982	64.3	0.587 399	63.2	0.575 816	62.2	0.565 339	61.2	0.554 913	60.2	0.544 536
33	65.7	0.602 23	64.6	0.590 568	63.6	0.580 02	62.5	0.568 477	61.6	0.559 077	60.6	0.548 681
32	66	0.605 422	65	0.594 802	63.9	0.583 179	62.9	0.572 667	61.6	0.562 206	60.9	0.551 794
31	66.4	0.609 684	65.4	0.599 043	94.3	0.928 96	63.3	0.576 866	62.3	0.566 384	61.3	0.555 953
30	66.7	0.612 886	65.6	0.601 167	64.6	0.590 568	63.6	0.580 02	62.6	0.569 523	61.6	0.559 077
29	67	0.616 093	66	0.605 422	65	0.594 802	64	0.584 233	62.9	0.572 667	61.9	0.562 206
28	67.4	0.620 376	66.3	0.608 618	65.3	0.597 982	64.3	0.587 399	63.3	0.576 866	62.3	0.566 384
27	67.7	0.623 594	66.7	0.612 886	65.7	0.602 23	64.7	0.591 626	63.6	0.580 02	62.6	0.569 523

附　录　235

续表

溶液温度/℃	酒精计读数											
	70		69		68		67		66		65	
	温度在 +20 ℃时用体积百分数或质量百分数表示酒精浓度											
	体积分数/%	质量分数	体积分数/%	质量分数	体积分数/%	质量分数	体积分数/%	质量分数	体积分数/%	质量分数	体积分数/%	质量分数
26	68	0.626 817	67	0.616 093	66	0.605 422	65	0.594 802	64	0.584 233	63	0.573 716
25	68.4	0.631 121	67.3	0.619 305	66.3	0.608 618	65.3	0.597 982	64.3	0.587 399	63.3	0.576 866
24	68.7	0.634 355	67.7	0.623 594	66.7	0.612 886	65.7	0.602 23	64.6	0.590 568	63.6	0.580 02
23	69	0.637 593	68	0.626 817	67	0.616 093	66	0.605 422	65	0.594 802	64	0.584 233
22	69.3	0.640 836	68.3	0.630 044	67.3	0.619 305	66.3	0.608 618	65.3	0.597 982	64.3	0.587 399
21	69.7	0.645 168	68.7	0.634 355	67.7	0.623 594	66.7	0.612 886	65.7	0.602 23	64.6	0.590 568
20	70	0.648 422	69	0.637 593	68	0.626 817	67	0.616 093	66	0.605 422	65	0.594 802
19	70.3	0.651 681	69.3	0.640 836	68.3	0.630 044	67.3	0.619 305	66.3	0.608 618	65.3	0.597 982
18	70.6	0.654 945	69.6	0.644 084	68.7	0.634 355	67.7	0.623 594	66.7	0.612 886	65.7	0.602 23
17	71	0.659 305	70	0.648 422	69	0.637 593	68	0.626 817	67	0.616 093	66	0.605 422
16	71.3	0.662 58	70.3	0.651 681	69.3	0.640 836	68.3	0.630 044	67.3	0.619 305	66.3	0.608 618
15	71.6	0.665 86	70.6	0.654 945	69.6	0.644 084	68.6	0.633 276	67.7	0.623 594	66.7	0.612 886
14	72	0.670 241	71	0.659 305	70	0.648 422	69	0.637 593	68	0.626 817	67	0.616 093
13	72.3	0.673 532	71.3	0.662 58	70.3	0.651 681	69.3	0.640 836	68.3	0.630 044	67.4	0.620 376
12	72.6	0.676 828	71.6	0.665 86	70.6	0.654 945	69.6	0.644 084	68.7	0.634 355	67.7	0.623 594
11	72.9	0.680 13	71.9	0.669 145	71	0.659 305	70	0.648 422	69	0.637 593	68	0.626 817
10	73.2	0.683 436	72.2	0.672 435	71.3	0.662 58	70.3	0.651 681	69.3	0.640 836	68.3	0.630 044
9	73.5	0.686 747	72.6	0.676 828	71.9	0.669 145	70.6	0.654 945	69.6	0.644 084	68.7	0.634 355
8	73.8	0.690 063	72.9	0.680 13	71.9	0.669 145	70.9	0.658 214	70	0.648 422	69	0.637 593
7	74.2	0.694 492	73.2	0.683 436	72.2	0.672 435	71.3	0.662 58	70.3	0.651 681	69.3	0.640 836
6	74.5	0.697 819	73.5	0.686 747	72.5	0.675 729	71.6	0.665 86	70.6	0.654 945	69.6	0.644 084
5	74.8	0.701 151	73.8	0.690 063	72.9	0.680 13	71.9	0.669 145	70.9	0.658 214	70	0.648 422
4	75.1	0.704 489	74.1	0.693 383	73.2	0.683 436	72.2	0.672 435	71.2	0.661 488	70.3	0.651 681
3	75.4	0.707 831	74.4	0.696 709	73.5	0.686 747	72.5	0.675 729	71.6	0.665 86	70.6	0.654 945
2	75.7	0.711 178	74.7	0.700 04	73.8	0.690 063	72.8	0.679 029	71.9	0.669 145	70.9	0.658 214
1	76	0.714 531	75	0.703 376	74	0.692 276	73.1	0.682 333	72.2	0.672 435	71.2	0.661 488
0	76.3	0.717 888	75.4	0.707 831	74.1	0.693 383	73.4	0.685 642	72.5	0.675 729	71.5	0.664 766

续表

溶液温度/℃	酒精计读数											
	64		63		62		61		60		59	
	温度在 +20 ℃时用体积百分数或质量百分数表示酒精浓度											
	体积分数/%	质量分数	体积分数/%	质量分数	体积分数/%	质量分数	体积分数/%	质量分数	体积分数/%	质量分数	体积分数/%	质量分数
40	57.1	0.512 684	56	0.501 494	55	0.491 372	54	0.481 298	52.8	0.469 271	51.8	0.459 301
39	57.5	0.516 767	56.4	0.505 556	55.3	0.494 403	54.4	0.485 321	53.2	0.473 272	52.2	0.463 284
38	57.8	0.519 835	56.7	0.508 608	55.7	0.498 452	54.7	0.488 344	53.5	0.476 278	52.5	0.466 275
37	58.2	0.523 932	57.1	0.512 684	56	0.501 494	55.1	0.492 382	53.9	0.480 293	52.9	0.470 271
36	58.5	0.527 01	57.4	0.515 745	56.3	0.504 54	55.5	0.496 427	54.2	0.483 309	53.2	0.473 272
35	58.9	0.531 121	57.8	0.519 835	56.8	0.509 626	55.8	0.499 465	54.6	0.487 336	53.6	0.477 281
34	59.2	0.534 21	58.1	0.522 907	57.1	0.512 684	56.1	0.502 509	55	0.491 372	54	0.481298
33	59.6	0.538 334	58.5	0.527 01	57.4	0.515 745	56.5	0.506 573	55.3	0.494 403	54.3	0.484 315
32	59.9	0.541 433	58.8	0.530 093	57.7	0.518 812	56.8	0.509 626	55.7	0.498 452	54.7	0.488 344
31	60.3	0.545 572	59.2	0.534 21	58.1	0.522 907	57.2	0.513 704	56	0.501 494	55	0.491 372
30	60.6	0.548 681	59.5	0.537 302	58.5	0.527 01	57.5	0.516 767	56.4	0.505 556	55.4	0.495 415
29	60.9	0.551 794	59.9	0.541 433	58.8	0.530 093	57.8	0.519 835	56.8	0.509 626	55.8	0.499 465
28	61.2	0.554 913	60.2	0.544 536	59.2	0.534 21	58.2	0.523 932	57.2	0.513 704	56.1	0.502 509
27	61.6	0.559 077	60.6	0.548 681	59.6	0.538 334	58.5	0.527 01	57.5	0.516 767	56.5	0.506 573
26	62	0.563 25	60.9	0.551 794	59.9	0.541 433	58.9	0.531 121	57.9	0.520 858	56.9	0.510 645
25	62.2	0.565 339	61.3	0.555 953	60.3	0.545 572	59.2	0.534 21	58.2	0.523 932	57.2	0.513 704
24	62.6	0.569 523	61.6	0.559 077	60.6	0.548 681	59.6	0.538 334	58.6	0.528 037	57.6	0.517 789
23	63	0.573 716	62	0.563 25	61	0.552 833	60	0.542 467	58.9	0.531 121	57.9	0.520 858
22	63.3	0.576 866	62.3	0.566 384	61.3	0.555 953	60.3	0.545 572	59.3	0.535 24	58.3	0.524 958
21	63.6	0.580 02	62.6	0.569 523	61.6	0.559 077	60.6	0.548 681	59.6	0.538 334	58.6	0.528 037
20	64	0.584 233	63	0.573 716	62	0.563 25	61	0.552 833	60	0.542 467	59	0.532 15
19	64.3	0.587 399	63.3	0.576 866	62.3	0.566 384	61.3	0.555 953	60.4	0.546 607	59.4	0.536 271
18	64.7	0.591 626	63.7	0.581 073	92.7	0.909 398	61.7	0.560 119	60.7	0.549 718	59.7	0.539 367
17	65	0.594 802	64	0.584 233	63	0.573 716	62	0.563 25	61	0.552 833	60	0.542 467
16	65.4	0.599 043	64.4	0.588 455	63.4	0.577 917	62.4	0.567 43	61.4	0.556 994	60.4	0.546 607
15	65.7	0.602 23	64.7	0.591 626	63.7	0.581 073	62.7	0.570 571	61.7	0.560 119	60.8	0.550 756
14	66	0.605 422	65	0.594 802	64.1	0.585 288	63.1	0.574 766	62	0.563 25	61.1	0.553 873

续表

溶液温度/℃	酒精计读数											
	64		63		62		61		60		59	
	温度在 +20 ℃时用体积百分数或质量百分数表示酒精浓度											
	体积分数/%	质量分数	体积分数/%	质量分数	体积分数/%	质量分数	体积分数/%	质量分数	体积分数/%	质量分数	体积分数/%	质量分数
13	66.4	0.609 684	65.4	0.599 043	64.4	0.588 455	63.4	0.577 917	62.4	0.567 43	61.4	0.556 994
12	66.7	0.612 886	65.7	0.602 23	64.7	0.591 626	63.8	0.582 126	62.8	0.571 619	61.8	0.561 162
11	67	0.616 093	66	0.605 422	65.1	0.595 861	64.1	0.585 288	63.1	0.574 766	62.1	0.564 294
10	67.4	0.620 376	66.4	0.609 684	65.4	0.599 043	64.4	0.588 455	63.5	0.578 968	62.5	0.568 477
9	67.7	0.623 594	66.7	0.612 886	65.7	0.602 23	64.8	0.592 684	63.8	0.582 126	62.8	0.571 619
8	68	0.626 817	67	0.616 093	66.1	0.606 486	65.1	0.595 861	64.1	0.585 288	63.2	0.575 816
7	68.4	0.631 121	67.4	0.620 376	66.4	0.609 684	65.4	0.599 043	64.1	0.589 511	63.5	0.578 968
6	68.7	0.634 355	67.7	0.623 594	66.7	0.612 886	65.8	0.603 293	64.8	0.592 684	63.8	0.582 126
5	69	0.637 593	68	0.626 817	67.1	0.617 163	66.1	0.606 486	65.1	0.595 861	64.2	0.586 343
4	69.3	0.640 836	68.4	0.631 121	67.4	0.620 376	66.4	0.609 684	65.5	0.600 105	64.5	0.589 511
3	69.6	0.644 084	68.7	0.634 355	67.7	0.623 594	66.8	0.613 955	65.8	0.603 293	64.8	0.592 684
2	70	0.648 422	69	0.637 593	68	0.626 817	67.1	0.617 163	66.1	0.606 486	65.2	0.596 922
1	70.3	0.651 681	69.3	0.640 836	68.4	0.631 121	67.4	0.620 376	66.4	0.609 684	65.5	0.600 105
0	70.6	0.654 945	69.6	0.644 084	68.7	0.634 355	67.7	0.623 594	66.8	0.613 955	65.8	0.603 293

溶液温度/℃	酒精计读数											
	58		57		56		55		54		53	
	温度在 +20 ℃时用体积百分数或质量百分数表示酒精浓度											
	体积分数/%	质量分数	体积分数/%	质量分数	体积分数/%	质量分数	体积分数/%	质量分数	体积分数/%	质量分数	体积分数/%	质量分数
40	50.8	0.449 378	49.7	0.438 516	48.6	0.427 71	47.6	0.417 934	46.6	0.408 203	45.5	0.397 552
39	51.1	0.452 35	50.1	0.442 459	49	0.431 633	48	0.421 839	47	0.412 09	45.9	0.401 419
38	51.5	0.456 319	50.4	0.445 422	49.3	0.434 58	48.3	0.424 772	47.3	0.415 01	46.3	0.405 293
37	51.9	0.460 296	50.8	0.449 378	49.7	0.438 516	48.7	0.428 69	47.7	0.418 909	46.6	0.408 203
36	52.2	0.463 284	51.2	0.453 342	50.1	0.442 459	49.1	0.432 615	48.1	0.422 816	47	0.412 09
35	52.6	0.467 273	51.6	0.457 313	50.5	0.446 41	49.5	0.436 547	48.5	0.426 73	47.4	0.415 984
34	53	0.471 271	51.9	0.460 296	50.8	0.449 378	49.8	0.439 501	48.8	0.429 67	47.8	0.419 885

续表

溶液温度/℃	酒精计读数											
	58		57		56		55		54		53	
	温度在 +20 ℃时用体积百分数或质量百分数表示酒精浓度											
	体积分数/%	质量分数	体积分数/%	质量分数	体积分数/%	质量分数	体积分数/%	质量分数	体积分数/%	质量分数	体积分数/%	质量分数
33	53.3	0.474 274	52.3	0.464 28	51.2	0.453 342	50.2	0.443 446	49.2	0.433 597	48.2	0.423 794
32	53.7	0.478 285	52.7	0.468 272	51.6	0.457 313	50.6	0.447 399	49.6	0.437 531	48.6	0.427 71
31	54	0.481 298	53	0.471 271	51.9	0.460 296	50.9	0.450 368	49.9	0.440 487	48.9	0.430 651
30	54.4	0.485 321	53.4	0.475 276	52.3	0.464 28	51.3	0.454 334	50.3	0.444 434	49.3	0.434 58
29	54.8	0.489 353	53.7	0.478 285	52.7	0.468 272	51.7	0.458 307	50.7	0.448 388	49.6	0.437 531
28	55.1	0.492 382	54.1	0.482 303	53.1	0.472 271	52.1	0.462 287	51	0.451 359	50	0.441 473
27	55.5	0.496 427	54.5	0.486 329	53.4	0.475 276	52.4	0.465 278	51.4	0.455 326	50.4	0.445 422
26	55.8	0.499 465	54.8	0.489 353	53.8	0.479 288	52.8	0.469 271	51.8	0.459 301	50.8	0.449 378
25	56.2	0.503 524	55.2	0.493 392	54.2	0.483 309	53.2	0.473 272	52.2	0.463 284	51.1	0.452 35
24	56.6	0.507 59	55.6	0.497 439	54.5	0.486 329	53.5	0.476 278	52.5	0.466 275	51.5	0.456 319
23	56.9	0.510 645	55.9	0.500 479	54.9	0.490 362	53.9	0.480 293	52.9	0.470 271	51.9	0.460 296
22	57.3	0.514 724	56.3	0.504 54	55.3	0.494 403	54.3	0.484 315	53.3	0.474 274	52.2	0.463 284
21	57.6	0.517 789	56.6	0.507 59	55.6	0.497 439	54.6	0.487 336	53.6	0.477 281	52.6	0.467 273
20	58	0.521 883	57	0.511 664	56	0.501 494	55	0.491 372	54	0.481 298	53	0.471 271
19	58.4	0.525 984	57.4	0.515 745	56.4	0.505 556	55.4	0.495 415	54.4	0.485 321	53.4	0.475 276
18	58.7	0.529 065	57.7	0.518 812	56.7	0.508 608	55.7	0.498 452	54.7	0.488 344	53.7	0.478 285
17	59.1	0.533 18	58.1	0.522 907	57.1	0.512 684	56.1	0.502 509	55.1	0.492 382	54.1	0.482 303
16	59.5	0.537 302	58.5	0.527 01	57.5	0.516 767	56.5	0.506 573	55.5	0.496 427	54.5	0.486 329
15	59.8	0.540 4	58.8	0.530 093	57.8	0.519 835	56.8	0.509 626	55.8	0.499 465	54.8	0.489 353
14	60.1	0.543 501	59.1	0.533 18	58.2	0.523 932	57.2	0.513 704	56.2	0.503 524	55.2	0.493 392
13	60.5	0.547 644	59.5	0.537 302	58.5	0.527 01	57.5	0.516 767	56.6	0.507 59	55.6	0.497 439
12	60.8	0.550 756	59.8	0.540 4	58.8	0.530 093	57.9	0.520 858	56.9	0.510 645	55.9	0.500 479
11	61.2	0.554 913	60.2	0.544 536	59.1	0.533 18	58.2	0.523 932	57.2	0.513 704	56.3	0.504 54
10	61.5	0.558 035	60.5	0.547 644	59.6	0.538 334	58.6	0.528 037	57.6	0.517 789	56.6	0.507 59
9	61.9	0.562 206	60.9	0.551 794	59.9	0.541 433	58.9	0.531 121	58	0.521 883	57	0.511 664
8	62.2	0.565 339	61.2	0.554 913	60.3	0.545 572	59.3	0.535 24	58.3	0.524 958	57.4	0.515 745
7	62.5	0.568 477	61.6	0.559 077	60.6	0.548 681	59.6	0.538 334	58.7	0.529 065	57.7	0.518 812

续表

溶液温度/℃	酒精计读数											
	58		57		56		55		54		53	
	温度在 +20 ℃时用体积百分数或质量百分数表示酒精浓度											
	体积分数/%	质量分数	体积分数/%	质量分数	体积分数/%	质量分数	体积分数/%	质量分数	体积分数/%	质量分数	体积分数/%	质量分数
6	62.9	0.572 667	61.9	0.562 206	61	0.552 833	60	0.542 467	59	0.532 15	58.1	0.522 907
5	63.2	0.575 816	62.3	0.566 384	61.3	0.555 953	60.3	0.545 572	59.4	0.536 271	58.4	0.525 984
4	63.6	0.580 02	62.6	0.569 523	61.6	0.559 077	60.7	0.549 718	59.7	0.539 367	58.8	0.530 093
3	63.9	0.583 179	62.9	0.572 667	62	0.563 25	61	0.552 833	60.1	0.543 501	59.1	0.533 18
2	64.2	0.586 343	63.3	0.576 866	62.3	0.566 384	61.4	0.556 994	60.4	0.546 607	59.4	0.536 271
1	64.6	0.590 568	63.6	0.580 02	62.6	0.569 523	61.7	0.560 119	60.7	0.549 718	59.8	0.540 4
0	64.9	0.593 743	63.9	0.583 179	63	0.573 716	62	0.563 25	61.1	0.553 873	60.1	0.543 501

溶液温度/℃	酒精计读数											
	52		51		50		49		48		47	
	温度在 +20 ℃时用体积百分数或质量百分数表示酒精浓度											
	体积分数/%	质量分数	体积分数/%	质量分数	体积分数/%	质量分数	体积分数/%	质量分数	体积分数/%	质量分数	体积分数/%	质量分数
40	44.4	0.386 955	43.4	0.377 368	42.4	0.367 824	41.4	0.358 325	40.4	0.348 869	39.2	0.337 579
39	44.8	0.390 802	43.8	0.381 197	42.7	0.370 683	41.8	0.362 12	40.8	0.352 646	39.6	0.341 336
38	45.2	0.394 656	44.2	0.385 034	43.1	0.374 5	42.2	0.365 921	41.2	0.356 43	40	0.345 099
37	45.5	0.397 552	44.5	0.387 916	43.5	0.378 324	42.5	0.368 777	41.5	0.359 273	40.4	0.348 869
36	45.9	0.401 419	44.9	0.391 765	43.9	0.382 156	42.9	0.372 59	41.9	0.363 069	40.8	0.352 646
35	46.3	0.405 293	45.3	0.395 621	44.3	0.385 994	43.3	0.376 411	42.3	0.366 873	41.2	0.356 43
34	46.7	0.409 174	45.7	0.399 485	44.7	0.389 84	43.7	0.380 239	42.7	0.370 683	41.5	0.359 273
33	47.1	0.413 063	46.1	0.403 355	45	0.392 728	44.1	0.384 074	43.1	0.374 5	41.9	0.363 069
32	47.4	0.415 984	46.4	0.406 263	45.4	0.396 586	44.4	0.386 955	43.4	0.377 368	42.4	0.367 824
31	47.8	0.419 885	46.8	0.410 146	45.8	0.400 452	44.8	0.390 802	43.8	0.381 197	42.7	0.370 683
30	48.2	0.423 794	47.2	0.414 036	46.2	0.404 324	45.2	0.394 656	44.2	0.385 034	43.1	0.374 5
29	48.6	0.427 71	47.6	0.417 934	46.6	0.408 203	45.6	0.398 518	44.5	0.387 916	43.5	0.378 324
28	49	0.431 633	48	0.421 839	47	0.412 09	45.9	0.401 419	44.9	0.391 765	43.9	0.382 156
27	49.4	0.435 563	48.3	0.424 772	47.3	0.415 01	46.3	0.405 293	45.3	0.395 621	44.3	0.385 994

续表

溶液温度/℃	酒精计读数											
	52		51		50		49		48		47	
	温度在 +20 ℃时用体积百分数或质量百分数表示酒精浓度											
	体积分数/%	质量分数	体积分数/%	质量分数	体积分数/%	质量分数	体积分数/%	质量分数	体积分数/%	质量分数	体积分数/%	质量分数
26	49.7	0.438 516	48.7	0.428 69	47.7	0.418 909	46.7	0.409 174	45.7	0.399 485	44.7	0.389 84
25	50.1	0.442 459	49.1	0.432 615	48.1	0.422 816	47.1	0.413 063	46.1	0.403 355	45.1	0.393 692
24	50.4	0.445 422	49.5	0.436 547	48.5	0.426 73	47.5	0.416 959	46.4	0.406 263	45.4	0.396 586
23	50.9	0.450 368	49.9	0.440 487	48.9	0.430 651	47.8	0.419 885	46.8	0.410 146	45.8	0.400 452
22	51.2	0.453 342	50.2	0.443 446	49.2	0.433 597	48.2	0.423 794	47.2	0.414 036	46.2	0.404 324
21	51.6	0.457 313	50.6	0.447 399	49.6	0.437 531	48.6	0.427 71	47.6	0.417 934	46.6	0.408 203
20	52.2	0.463 284	51	0.451 359	50	0.441 473	49	0.431 633	48	0.421 839	47	0.412 09
19	52.4	0.465 278	51.4	0.455 326	50.4	0.445 422	49.4	0.435 563	48.4	0.425 751	47.4	0.415 984
18	52.7	0.468 272	51.7	0.458 307	50.7	0.448 388	49.8	0.439 501	48.8	0.429 67	47.8	0.419 885
17	53.1	0.472 271	52.1	0.462 287	51.1	0.452 35	50.1	0.442 459	49.2	0.433 597	48.2	0.423 794
16	53.5	0.476 278	52.5	0.466 275	51.5	0.456 319	50.5	0.446 41	49.5	0.436 547	48.6	0.427 71
15	53.9	0.480 293	52.9	0.470 271	51.9	0.460 296	50.9	0.450 368	49.9	0.440 487	48.9	0.430 651
14	54.3	0.484 315	53.2	0.473 272	52.2	0.463 284	51.3	0.454 334	50.3	0.444 434	49.3	0.434 58
13	54.6	0.487 336	53.6	0.477 281	52.6	0.467 273	51.6	0.457 313	50.7	0.448 388	49.7	0.438 516
12	55	0.491 372	54	0.481 298	53	0.471 271	52	0.461 291	51	0.451 359	50.1	0.442 459
11	55.3	0.494 403	54.3	0.484 315	53.4	0.475 276	52.4	0.465 278	51.4	0.455 326	50.4	0.445 422
10	55.7	0.498 452	54.7	0.488 344	53.7	0.478 285	52.8	0.469 271	51.8	0.459 301	50.8	0.449 378
9	56	0.501 494	55.1	0.492 382	54.1	0.482 303	53.1	0.472 271	52.2	0.463 284	51.2	0.453 342
8	56.4	0.505 556	55.4	0.495 415	54.5	0.486 329	53.5	0.476 278	52.5	0.466 275	51.6	0.457 313
7	56.8	0.509 626	55.8	0.499 465	54.8	0.489 353	53.9	0.480 293	52.9	0.470 271	51.9	0.460 296
6	57.1	0.512 684	56.1	0.502 509	55.2	0.493 392	54.2	0.483 309	53.2	0.473 272	52.3	0.464 28
5	57.4	0.515 745	56.5	0.506 573	55.5	0.496 427	54.5	0.487 336	53.6	0.477 281	52.7	0.468 272
4	57.8	0.519 835	56.8	0.509 626	55.9	0.500 479	54.9	0.490 362	54	0.481 298	53	0.471 271
3	58.2	0.523 932	57.2	0.513 704	56.2	0.503 524	55.3	0.494 403	54.3	0.484 315	53.4	0.475 276
2	58.5	0.527 01	57.5	0.516 767	56.6	0.507 59	55.6	0.497 439	54.7	0.488 344	53.8	0.479 288
1	58.8	0.530 093	57.9	0.520 858	57	0.511 664	56	0.501 494	55	0.491 372	54.1	0.482 303
0	59.2	0.534 21	58.2	0.523 932	57.3	0.514 724	56.4	0.505 556	55.4	0.495 415	54.5	0.486 329

溶液温度/℃	酒精计读数											
	46		45		44		43		42		41	
	温度在 +20 ℃时用体积百分数或质量百分数表示酒精浓度											
	体积分数/%	质量分数	体积分数/%	质量分数	体积分数/%	质量分数	体积分数/%	质量分数	体积分数/%	质量分数	体积分数/%	质量分数
40	38.2	0.328 218	37	0.317 041	36.1	0.308 698	35	0.298 547	34	0.289 363	33	0.280 22
39	38.4	0.330 087	37.4	0.320 76	36.5	0.312 402	35.4	0.302 232	34.4	0.293 031	33.4	0.283 872
38	39	0.335 704	37.8	0.324 486	36.9	0.316 112	35.8	0.305 924	34.8	0.296 707	33.8	0.287 531
37	39.4	0.339 457	38.2	0.328 218	37.3	0.319 83	36.2	0.309 623	35.2	0.300 389	34.2	0.291 196
36	39.8	0.343 217	38.6	0.331 957	37.7	0.323 554	36.6	0.313 329	35.6	0.304 078	34.6	0.294 868
35	40.2	0.346 983	39	0.335 704	38.1	0.327 284	37	0.317 041	36	0.307 773	35	0.298 547
34	40.5	0.349 813	39.5	0.340 396	38.5	0.331 022	37.4	0.320 76	36.4	0.311 475	35.4	0.302 232
33	40.9	0.353 592	39.9	0.344 158	38.9	0.334 766	37.8	0.324 486	36.8	0.315 184	35.8	0.305 924
32	41.3	0.357 378	40.3	0.347 926	39.3	0.338 518	38.2	0.328 218	37.2	0.318 9	36.2	0.309 623
31	41.7	0.361 17	40.7	0.351 701	39.7	0.342 276	38.6	0.331 957	37.6	0.322 622	36.6	0.313 329
30	42.1	0.364 97	41.1	0.355 484	40.1	0.346 041	39	0.335 704	38	0.326 351	37	0.317 041
29	42.5	0.368 777	41.5	0.359 273	40.6	0.350 757	39.4	0.339 457	38.4	0.330 087	37.4	0.320 76
28	42.9	0.372 59	41.9	0.363 069	40.8	0.352 646	39.8	0.343 217	38.8	0.333 83	37.8	0.324 486
27	43.3	0.376 411	42.3	0.366 873	41.2	0.356 43	40.2	0.346 983	39.2	0.337 579	38.2	0.328 218
26	43.7	0.380 239	42.7	0.370 683	41.6	0.360 221	40.6	0.350 757	39.6	0.341 336	38.6	0.331 957
25	44.1	0.384 074	43	0.373 545	42	0.364 019	41	0.354 538	40	0.345 099	39	0.335 704
24	44.4	0.386 955	43.4	0.377 368	42.4	0.367 824	41.4	0.358 325	40.4	0.348 869	39.4	0.339 457
23	44.8	0.390 802	43.8	0.381 197	42.8	0.371 636	41.8	0.362 12	40.8	0.352 646	39.8	0.343 217
22	45.2	0.394 656	44.2	0.385 034	43.2	0.375 455	42.2	0.365 921	41.2	0.356 43	40.2	0.346 983
21	45.6	0.398 518	44.6	0.388 877	43.6	0.379 281	42.6	0.369 73	41.6	0.360 221	40.6	0.350 757
20	46	0.402 387	45	0.392 728	44	0.383 115	43	0.373 545	42	0.364 019	41	0.354 538
19	46.4	0.406 263	45.4	0.396 586	44.4	0.386 955	43.4	0.377 368	42.4	0.367 824	41.4	0.358 325
18	46.8	0.410 146	45.8	0.400 452	44.8	0.390 802	43.8	0.381 197	42.8	0.371 636	41.8	0.362 12
17	47.2	0.414 036	46.2	0.404 324	45.2	0.394 656	44.2	0.385 034	43.2	0.375 455	42.2	0.365 921
16	47.6	0.417 934	46.6	0.408 203	45.6	0.398 518	44.6	0.388 877	43.6	0.379 281	42.6	0.369 73
15	47.9	0.420 862	47	0.412 09	46	0.402 387	45	0.392 728	44	0.383 115	43	0.373 545
14	48.3	0.424 772	47.3	0.415 01	46.4	0.406 263	45.4	0.396 586	44.4	0.386 955	43.4	0.377 368

续表

溶液温度/℃	酒精计读数											
	46		45		44		43		42		41	
	温度在 +20 ℃时用体积百分数或质量百分数表示酒精浓度											
	体积分数/%	质量分数/%	体积分数/%	质量分数/%	体积分数/%	质量分数/%	体积分数/%	质量分数/%	体积分数/%	质量分数/%	体积分数/%	质量分数/%
13	48.7	0.428 69	47.7	0.418 909	46.7	0.409 174	45.8	0.400 452	44.8	0.390 802	43.8	0.381 197
12	49.1	0.432 615	48.1	0.422 816	47.1	0.413 063	46.1	0.403 355	45.2	0.394 656	44.2	0.385 034
11	49.5	0.436 547	48.5	0.426 73	47.5	0.416 959	46.5	0.407 233	45.6	0.398 518	44.6	0.388 877
10	49.8	0.439 501	48.9	0.430 651	47.9	0.420 862	46.9	0.411 118	46	0.402 387	45	0.392 728
9	50.2	0.443 446	49.2	0.433 597	48.3	0.424 772	47.3	0.415 01	46.4	0.406 263	45.4	0.396 586
8	50.6	0.447 399	49.6	0.437 531	48.6	0.427 71	47.7	0.418 909	46.7	0.409 174	45.8	0.400 452
7	51	0.451 359	50	0.441 473	49	0.431 633	48.1	0.422 816	47.1	0.413 063	46.2	0.404 324
6	51.3	0.454 334	50.4	0.445 422	49.4	0.435 563	48.4	0.425 751	47.5	0.416 959	46.5	0.407 233
5	51.7	0.458 307	50.8	0.449 378	49.8	0.439 501	48.8	0.429 67	47.9	0.420 862	46.9	0.411 118
4	52.1	0.462 287	51.1	0.452 35	50.2	0.443 446	49.2	0.433 597	48.2	0.423 794	47.3	0.415 01
3	52.4	0.465 278	51.5	0.456 319	50.5	0.446 41	49.6	0.437 531	48.6	0.427 71	47.7	0.418 909
2	52.8	0.469 271	51.8	0.459 301	50.9	0.450 368	49.9	0.440 487	49	0.431 633	48	0.421 839
1	53.2	0.473 272	52.2	0.463 284	51.3	0.454 334	50.3	0.444 434	49.4	0.435 563	48.4	0.425 751
0	53.5	0.476 278	52.6	0.467 273	51.6	0.457 313	50.7	0.448 388	49.7	0.438 516	48.8	0.429 67

溶液温度/℃	酒精计读数											
	40		39		38		37		36		35	
	温度在 +20 ℃时用体积百分数或质量百分数表示酒精浓度											
	体积分数/%	质量分数/%	体积分数/%	质量分数/%	体积分数/%	质量分数/%	体积分数/%	质量分数/%	体积分数/%	质量分数/%	体积分数/%	质量分数/%
40	33.2	8.626 472	31	0.262 057	30	0.253 036	29	0.244 056	28	0.235 115	26.8	0.224 439
39	32.4	0.274 754	31.4	0.265 676	30.4	0.256 639	29.4	0.247 643	28.4	0.238 687	27.2	0.227 992
38	32.8	0.278 396	31.8	0.269 302	30.8	0.260 249	29.8	0.251 237	28.8	0.242 264	27.7	0.232 441
37	33.2	0.282 045	32.2	0.272 935	31.2	0.263 866	30.2	0.254 837	29.2	0.245 849	28	0.235 115
36	33.6	0.285 7	32.6	0.276 574	31.6	0.267 488	30.6	0.258 444	29.6	0.249 439	28.4	0.238 687
35	34	0.289 363	33	0.280 22	32	0.271 118	31	0.262 057	30	0.253 036	28.8	0.242 264
34	34.4	0.293 031	33.4	0.283 872	32.4	0.274 754	31.4	0.265 676	30.4	0.256 639	29.3	0.246 746

续表

溶液温度/℃	酒精计读数											
	40		39		38		37		36		35	
	温度在 +20 ℃时用体积百分数或质量百分数表示酒精浓度											
	体积分数/%	质量分数	体积分数/%	质量分数	体积分数/%	质量分数	体积分数/%	质量分数	体积分数/%	质量分数	体积分数/%	质量分数
33	34.8	0.296 707	33.8	0.287 531	32.8	0.278 396	31.8	0.269 302	30.8	0.260 249	29.7	0.250 338
32	35.2	0.300 389	34.2	0.291 196	33.2	0.282 045	32.2	0.272 935	31.2	0.263 866	30.1	0.253 936
31	35.6	0.304 078	34.6	0.294 868	33.6	0.285 7	32.6	0.276 574	31.6	0.267 488	30.5	0.257 541
30	36	0.307 773	35	0.298 547	34	0.289 363	33	0.280 22	32	0.271 118	30.9	0.261 153
29	36.4	0.311 475	35.4	0.302 232	34.4	0.293 031	33.4	0.283 872	32.3	0.273 844	31.3	0.264 771
28	36.8	0.315 184	35.8	0.305 924	34.8	0.296 707	33.8	0.287 531	32.8	0.278 396	31.7	0.268 395
27	37.2	0.318 9	36.2	0.309 623	35.2	0.300 389	34.2	0.291 196	33.2	0.282 045	32.2	0.272 935
26	37.6	0.322 622	36.6	0.313 329	35.6	0.304 078	34.6	0.294 868	33.6	0.285 7	32.6	0.276 574
25	38	0.326 351	37	0.317 041	36	0.307 773	35	0.298 547	34	0.289 363	33	0.280 22
24	38.4	0.330 087	37.4	0.320 76	36.4	0.311 475	35.4	0.302 232	34.4	0.293 031	33.4	0.283 872
23	38.8	0.333 83	37.8	0.324 486	36.8	0.315 184	35.8	0.305 924	34.8	0.296 707	33.8	0.287 531
22	39.2	0.337 579	38.2	0.328 218	37.2	0.318 9	36.2	0.309 623	35.2	0.300 389	34.2	0.291 196
21	39.6	0.341 336	38.6	0.331 957	37.6	0.322 622	36.6	0.313 329	35.6	0.304 078	34.6	0.294 868
20	40	0.345 099	39	0.335 704	38	0.326 351	37	0.317 041	36	0.307 773	35	0.298 547
19	40.4	0.348 869	39.4	0.339 457	38.4	0.330 087	37.4	0.320 76	36.4	0.311 475	35.4	0.302 232
18	40.8	0.352 646	39.8	0.343 217	38.8	0.333 83	37.8	0.324 486	36.8	0.315 184	35.8	0.305 924
17	41.2	0.356 43	40.2	0.346 983	39.2	0.337 579	38.2	0.328 218	37.2	0.318 9	36.2	0.309 623
16	41.6	0.360 221	40.6	0.350 757	39.6	0.341 336	38.6	0.331 957	37.6	0.322 622	36.6	0.313 329
15	42	0.364 019	41	0.354 538	40	0.345 099	39	0.335 704	38	0.326 351	37	0.317 041
14	42.4	0.367 824	41.4	0.358 325	40.4	0.348 869	39.4	0.339 457	38.4	0.330 087	37.4	0.320 76
13	42.8	0.371 636	41.8	0.362 12	40.8	0.352 646	39.8	0.343 217	38.8	0.333 83	37.8	0.324 486
12	43.2	0.375 455	42.2	0.365 921	41.2	0.356 43	40.2	0.346 983	39.2	0.337 579	38.2	0.328 218
11	43.6	0.379 281	42.6	0.369 73	41.6	0.360 221	40.6	0.350 757	39.6	0.341 336	38.7	0.332 893
10	44	0.383 115	43	0.373 545	42	0.364 019	41	0.354 538	40.1	0.346 041	39.1	0.336 641
9	44.4	0.386 955	43.4	0.377 368	42.4	0.367 824	41.4	0.358 325	40.5	0.349 813	39.5	0.340 396
8	44.8	0.390 802	43.8	0.381 197	42.8	0.371 636	41.9	0.363 069	40.9	0.353 592	39.9	0.344 158
7	45.2	0.394 656	44.2	0.385 034	43.2	0.375 455	42.3	0.366 873	41.3	0.357 378	40.3	0.347 926

续表

溶液温度/℃	酒精计读数											
	40		39		38		37		36		35	
	温度在+20 ℃时用体积百分数或质量百分数表示酒精浓度											
	体积分数/%	质量分数/%	体积分数/%	质量分数/%	体积分数/%	质量分数/%	体积分数/%	质量分数/%	体积分数/%	质量分数/%	体积分数/%	质量分数/%
6	45.6	0.398 518	44.6	0.388 877	43.6	0.379 281	42.7	0.370 683	41.7	0.361 17	40.7	0.351 701
5	46	0.402 387	45	0.392 728	44	0.383 115	43.1	0.374 5	42.1	0.364 97	41.1	0.355 484
4	46.3	0.405 293	45.4	0.396 586	44.4	0.386 955	43.4	0.377 368	42.5	0.368 777	41.5	0.359 273
3	46.7	0.409 174	45.8	0.400 452	44.8	0.390 802	43.8	0.381 197	42.9	0.372 59	41.9	0.363 069
2	47.1	0.413 063	46.1	0.403 355	45.2	0.394 656	44.2	0.385 034	43.3	0.376 411	42.3	0.366 873
1	47.5	0.416 959	46.5	0.407 233	45.6	0.398 518	44.6	0.388 877	43.7	0.380 239	42.7	0.370 683
0	47.8	0.419 885	46.9	0.411 118	46	0.402 387	45	0.392 728	44	0.383 115	43.1	0.374 5

溶液温度/℃	酒精计读数											
	34		33		32		31		30		29	
	温度在+20 ℃时用体积百分数或质量百分数表示酒精浓度											
	体积分数/%	质量分数/%	体积分数/%	质量分数/%	体积分数/%	质量分数/%	体积分数/%	质量分数/%	体积分数/%	质量分数/%	体积分数/%	质量分数/%
40	25.8	0.215 586	24.8	0.206 772	24	0.199 749	23	0.191 004	22.2	0.184 036	21.2	0.175 361
39	26.2	0.219 123	25.2	0.210 293	24.4	0.203 257	23.4	0.194 497	22.6	0.187 517	21.6	0.178 827
38	26.7	0.223 552	25.7	0.214 703	24.8	0.206 772	23.8	0.197 997	23	0.191 004	22	0.182 298
37	27	0.226 215	26	0.217 354	25.2	0.210 293	24.2	0.201 502	23.4	0.194 497	22.4	0.185 776
36	27.4	0.229 77	26.4	0.220 893	25.6	0.213 82	24.6	0.205 014	23.8	0.197 997	22.8	0.189 26
35	27.8	0.233 332	26.8	0.224 439	26	0.217 354	25	0.208 532	24.2	0.201 502	23.2	0.192 75
34	28.3	0.237 793	27.3	0.228 881	26.4	0.220 893	25.4	0.212 056	24.5	0.204 135	23.5	0.195 372
33	28.7	0.241 369	27.7	0.232 441	26.8	0.224 439	25.8	0.215 586	24.9	0.207 652	23.9	0.198 872
32	29.1	0.244 952	28.1	0.236 008	27.2	0.227 992	26.2	0.219 123	25.3	0.211 174	24.3	0.202 379
31	29.5	0.248 541	28.5	0.239 581	27.6	0.231 55	26.6	0.222 666	25.7	0.214 703	24.7	0.205 893
30	29.9	0.252 136	28.9	0.243 16	28	0.235 115	27	0.226 215	26.1	0.218 238	25.1	0.209 412
29	30.3	0.255 738	29.4	0.247 643	28.4	0.238 687	27.4	0.229 77	26.4	0.220 893	25.5	0.212 938
28	30.7	0.259 346	29.7	0.250 338	28.8	0.242 264	27.8	0.233 332	26.8	0.224 439	25.9	0.216 47
27	31.2	0.263 866	30.2	0.254 837	29.2	0.245 849	28.2	0.236 9	27.2	0.227 992	26.3	0.220 008

续表

溶液温度/℃	酒精计读数											
	34		33		32		31		30		29	
	温度在+20℃时用体积百分数或质量百分数表示酒精浓度											
	体积分数/%	质量分数	体积分数/%	质量分数	体积分数/%	质量分数	体积分数/%	质量分数	体积分数/%	质量分数	体积分数/%	质量分数
26	31.6	0.267 488	30.6	0.258 444	29.6	0.249 439	28.6	0.240 475	27.6	0.231 55	26.6	0.222 666
25	32	0.271 118	31	0.262 057	30	0.253 036	29	0.244 056	28	0.235 115	27	0.226 215
24	32.4	0.274 754	31.4	0.265 676	30.4	0.256 639	29.4	0.247 643	28.4	0.238 687	27.4	0.229 77
23	32.8	0.278 396	31.8	0.269 302	30.8	0.260 249	29.8	0.251 237	28.8	0.242 264	27.8	0.233 332
22	33.2	0.282 045	32.2	0.272 935	31.2	0.263 866	30.2	0.254 837	29.2	0.245 849	28.2	0.236 9
21	33.6	0.285 7	32.6	0.276 574	31.6	0.267 488	30.6	0.258 444	29.6	0.249 439	28.6	0.240 475
20	34	0.289 363	33	0.280 22	32	0.271 118	31	0.262 057	30	0.253 036	29	0.244 056
19	34.4	0.293 031	33.4	0.283 872	32.4	0.274 754	31.4	0.265 676	30.4	0.256 639	29.4	0.247 643
18	34.8	0.296 707	33.8	0.287 531	32.8	0.278 396	31.8	0.269 302	30.8	0.260 249	29.8	0.251 237
17	35.2	0.300 389	34.2	0.291 196	33.2	0.282 045	32.2	0.272 935	31.2	0.263 866	30.2	0.254 837
16	35.6	0.304 078	34.6	0.294 868	33.6	0.285 7	32.6	0.276 574	31.6	0.267 488	30.6	0.258 444
15	36	0.307 773	35	0.298 547	34	0.289 363	33	0.280 22	32	0.271 118	31	0.262 057
14	36.4	0.311 475	35.4	0.302 232	34.4	0.293 031	33.4	0.283 872	32.4	0.274 754	31.4	0.265 676
13	36.8	0.315 184	35.9	0.306 849	34.9	0.297 627	33.9	0.288 446	32.8	0.278 396	31.8	0.269 302
12	37.3	0.319 83	326.3	8.158 007	35.3	0.301 31	34.3	0.292 114	33.3	0.282 958	32.3	0.273 844
11	37.7	0.323 554	36.7	0.314 256	35.7	0.305 001	34.7	0.295 787	33.7	0.286 615	32.7	0.277 485
10	38.1	0.327 284	37.1	0.317 97	36.1	0.308 698	35.1	0.299 468	34.1	0.290 279	33.1	0.281 132
9	38.5	0.331 022	37.5	0.321 691	36.5	0.312 402	35.5	0.303 155	34.5	0.293 95	33.5	0.284 786
8	38.9	0.334 766	37.9	0.325 418	36.9	0.316 112	36	0.307 773	35	0.298 547	33.9	0.288 446
7	39.3	0.338 518	38.3	0.329 152	37.3	0.319 83	36.4	0.311 475	35.4	0.302 232	34.4	0.293 031
6	39.7	0.342 276	38.8	0.333 83	37.8	0.324 486	36.8	0.315 184	35.8	0.305 924	34.8	0.296 707
5	40.1	0.346 041	39.2	0.337 579	38.2	0.328 218	37.2	0.318 9	36.2	0.309 623	35.2	0.300 389
4	40.5	0.349 813	39.6	0.341 336	38.6	0.331 957	37.6	0.322 622	36.6	0.313 329	35.6	0.304 078
3	40.9	0.353 592	40	0.345 099	39	0.335 704	38	0.326 351	37.1	0.317 97	36	0.307 773
2	41.3	0.357 378	40.4	0.348 869	39.4	0.339 457	38.4	0.330 087	37.5	0.321 691	36.5	0.312 402
1	41.7	0.361 17	40.8	0.352 646	39.8	0.343 217	38.9	0.334 766	37.9	0.325 418	36.9	0.316 112
0	42.1	0.364 97	41.2	0.356 43	40.2	0.346 983	39.3	0.338 518	38.3	0.329 152	37.3	0.319 83

续表

溶液温度/℃	酒精计读数											
	28		27		26		25		24		23	
	温度在 +20 ℃时用体积百分数或质量百分数表示酒精浓度											
	体积分数/%	质量分数/%	体积分数/%	质量分数/%	体积分数/%	质量分数/%	体积分数/%	质量分数/%	体积分数/%	质量分数/%	体积分数/%	质量分数/%
40	20.4	0.168 448	19.4	0.159 841	18.6	0.152 982	17.8	0.146 147	17	0.139 336	16.2	0.132 549
39	20.8	0.171 901	19.8	0.163 279	19	0.156 408	18.2	0.149 562	17.4	0.142 739	16.5	0.135 091
38	21.2	0.175 361	20.2	0.166 724	19.3	0.158 982	18.5	0.152 126	17.7	0.145 295	16.9	0.138 486
37	21.5	0.177 96	20.5	0.169 311	19.7	0.162 419	18.9	0.155 551	18	0.147 854	17.2	0.141 037
36	21.9	0.181 43	20.9	0.172 766	20.1	0.165 862	19.2	0.158 124	18.4	0.151 271	17.6	0.144 442
35	22.3	0.184 906	21.3	0.176 227	20.4	0.168 448	19.6	0.161 559	18.8	0.154 695	17.9	0.147
34	22.7	0.188 388	21.7	0.179 694	20.8	0.171 901	20	0.165 001	19.1	0.157 266	18.2	0.149 562
33	23.1	0.191 877	22.2	0.184 036	21.2	0.175 361	20.3	0.167 586	19.4	0.159 841	18.6	0.152 982
32	23.4	0.194 497	22.4	0.185 776	21.6	0.178 827	20.7	0.171 038	19.8	0.163 279	18.9	0.155 551
31	23.8	0.197 997	22.8	0.189 26	21.9	0.181 43	21	0.173 63	20.2	0.166 724	19.3	0.158 982
30	24.2	0.201 502	23.2	0.192 75	22.3	0.184 906	21.4	0.177 093	20.5	0.169 311	19.6	0.161 559
29	24.6	0.205 014	23.6	0.196 246	22.7	0.188 388	21.8	0.180 562	50.8	0.449 378	19.9	0.164 14
28	24.9	0.207 652	24	0.199 749	23	0.191 004	22.1	0.183 167	21.2	0.175 361	20.2	0.166 724
27	25.3	0.211 174	24.4	0.203 257	23.4	0.194 497	22.5	0.186 646	21.5	0.177 96	20.6	0.170 174
26	25.7	0.214 703	24.7	0.205 893	23.8	0.197 997	22.8	0.189 26	21.9	0.181 43	20.9	0.172 766
25	26.1	0.218 238	25.1	0.209 412	24.1	0.200 625	23.2	0.192 75	22.2	0.184 036	21.3	0.176 227
24	26.4	0.220 893	25.5	0.212 938	24.5	0.204 135	23.5	0.195 372	22.6	0.187 517	21.6	0.178 827
23	26.8	0.224 439	25.8	0.215 586	24.9	0.207 652	23.9	0.198 872	22.9	0.190 132	22	0.182 298
22	27.2	0.227 992	26.2	0.219 123	25.3	0.211 174	24.3	0.202 379	23.3	0.193 623	22.3	0.184 906
21	26.6	0.222 666	26.6	0.222 666	5.6	0.044 789	24.6	0.205 014	23.6	0.196 246	22.6	0.187 517
20	28	0.235 115	27	0.226 215	26	0.217 354	25	0.208 532	24	0.199 749	23	0.191 004
19	28.4	0.238 687	27.4	0.229 77	26.4	0.220 893	25.4	0.212 056	24.4	0.203 257	23.3	0.193 623
18	28.8	0.242 264	27.8	0.233 332	26.7	0.223 552	25.7	0.214 703	24.7	0.205 893	23.7	0.197 121
17	29.2	0.245 849	28.1	0.236 008	27.1	0.227 103	26.1	0.218 238	25.1	0.209 412	24	0.199 749
16	29.6	0.249 439	28.5	0.239 581	27.5	0.230 66	26.5	0.221 779	25.4	0.212 056	24.4	0.203 257
15	30	0.253 036	28.9	0.243 16	27.9	0.234 223	26.8	0.224 439	25.8	0.215 586	24.7	0.205 893
14	30.4	0.256 639	29.3	0.246 746	28.4	0.238 687	27.2	0.227 992	26.2	0.219 123	25.1	0.209 412

续表

酒精计读数											
28		27		26		25		24		23	
溶液温度/℃	温度在 +20 ℃时用体积百分数或质量百分数表示酒精浓度										
	体积分数/%	质量分数	体积分数/%	质量分数	体积分数/%	质量分数	体积分数/%	质量分数	体积分数/%	质量分数	体积分数/%	质量分数

溶液温度/℃	体积分数/%	质量分数	体积分数/%	质量分数	体积分数/%	质量分数	体积分数/%	质量分数	体积分数/%	质量分数	体积分数/%	质量分数
13	30.8	0.260 249	29.7	0.250 338	28.7	0.241 369	27.6	0.231 55	26.5	0.221 779	25.4	0.212 056
12	31.2	0.263 866	30.2	0.254 837	29.1	0.244 952	28	0.235 115	26.9	0.225 327	25.8	0.215 586
11	31.6	0.267 488	30.6	0.258 444	29.5	0.248 541	28.4	0.238 687	27.3	0.228 881	26.2	0.219 123
10	32	0.271 118	31	0.262 057	29.9	0.252 136	28.8	0.242 264	27.7	0.232 441	26.6	0.222 666
9	32.5	0.275 664	31.4	0.265 676	30.3	0.255 738	29.2	0.245 849	28.1	0.236 008	26.9	0.225 327
8	32.9	0.279 308	31.8	0.269 302	30.7	0.259 346	29.6	0.249 439	28.5	0.239 581	27.3	0.228 881
7	33.3	0.282 958	32.2	0.272 935	31.1	0.262 961	30	0.253 036	28.9	0.243 16	27.7	0.232 441
6	33.7	0.286 615	32.7	0.277 485	31.6	0.267 488	30.4	0.256 639	29.3	0.246 746	28.1	0.236 008
5	34.2	0.291 196	33.1	0.281 132	32	0.271 118	30.8	0.260 249	29.7	0.250 338	28.5	0.239 581
4	34.6	0.294 868	33.5	0.284 786	32.4	0.274 754	31.3	0.264 771	30.1	0.253 936	28.9	0.243 16
3	35	0.298 547	34	0.289 363	32.9	0.279 308	31.7	0.268 395	30.5	0.257 541	29.3	0.246 746
2	35.4	0.302 232	34.4	0.293 031	33.3	0.282 958	32.3	0.273 844	30.9	0.261 153	29.7	0.250 338
1	35.9	0.306 849	34.8	0.296 707	33.7	0.286 615	32.6	0.276 574	31.4	0.265 676	30.1	0.253 936
0	36.3	0.310 549	35.5	0.303 155	34.2	0.291 196	33	0.280 22	31.8	0.269 302	30.6	0.258 444

酒精计读数											
22		21		20		19		18		17	
溶液温度/℃	温度在 +20 ℃时用体积百分数或质量百分数表示酒精浓度										

溶液温度/℃	体积分数/%	质量分数	体积分数/%	质量分数	体积分数/%	质量分数	体积分数/%	质量分数	体积分数/%	质量分数	体积分数/%	质量分数
40	15.2	0.124 097	14.4	0.117 363	13.6	0.110 651	13	0.105 633	12.2	0.098 962	11.4	0.092 314
39	15.5	0.126 629	14.7	0.119 886	13.9	0.113 165	13.3	0.108 141	12.5	0.101 461	11.7	0.094 804
38	15.9	0.130 009	15.1	0.123 254	14.2	0.115 683	13.6	0.110 651	12.8	0.103 963	12	0.097 298
37	16.2	0.132 549	15.4	0.125 785	14.6	0.119 044	13.9	0.113 165	13.1	0.106 468	12.2	0.098 962
36	16.6	0.135 939	15.7	0.128 319	14.9	0.121 569	14.2	0.115 683	13.4	0.108 977	12.5	0.101 461
35	16.9	0.138 486	16	0.130 856	15.2	0.124 097	14.5	0.118 203	13.6	0.110 651	12.8	0.103 963
34	17.2	0.141 037	16.4	0.134 243	15.5	0.126 629	14.8	0.120 727	13.9	0.113 165	13.1	0.106 468

续表

溶液温度/℃	酒精计读数											
	22		21		20		19		18		17	
	温度在 +20 ℃时用体积百分数或质量百分数表示酒精浓度											
	体积分数/%	质量分数/%	体积分数/%	质量分数/%	体积分数/%	质量分数/%	体积分数/%	质量分数/%	体积分数/%	质量分数/%	体积分数/%	质量分数/%
33	17.6	0.144 442	16.7	0.136 788	15.8	0.129 164	15.1	0.123 254	14.2	0.115 683	13.4	0.108 977
32	17.9	0.147	17	0.139 336	16.2	0.132 549	15.4	0.125 785	14.5	0.118 203	13.6	0.110 651
31	18.3	0.150 416	17.4	0.142 739	16.5	0.135 091	15.7	0.128 319	14.8	0.120 727	13.9	0.113 165
30	18.6	0.152 982	17.7	0.145 295	16.8	0.137 637	16	0.130 856	15.1	0.123 254	14.2	0.115 683
29	19	0.156 408	18	0.147 854	17.2	0.141 037	16.3	0.133 396	15.4	0.125 785	14.5	0.118 203
28	19.3	0.158 982	18.4	0.151 271	17.5	0.143 59	16.6	0.135 939	15.7	0.128 319	14.8	0.120 727
27	19.6	0.161 559	18.7	0.153 838	17.8	0.146 147	16.9	0.138 486	16	0.130 856	15.1	0.123 254
26	20	0.165 001	19	0.156 408	18.1	0.148 708	17.2	0.141 037	16.3	0.133 396	15.4	0.125 785
25	20.3	0.167 586	19.4	0.159 841	18.4	0.151 271	17.5	0.143 59	16.6	0.135 939	15.6	0.127 474
24	20.7	0.171 038	19.7	0.162 419	18.7	0.153 838	17.8	0.146 147	16.9	0.138 486	15.9	0.130 009
23	21	0.173 63	20	0.165 001	19	0.156 408	18.1	0.148 708	17.1	0.140 186	16.2	0.132 549
22	21.3	0.176 227	20.4	0.168 448	19.4	0.159 841	18.4	0.151 271	17.4	0.142 739	16.5	0.135 091
21	21.7	0.179 694	20.7	0.171 038	19.7	0.162 419	18.7	0.153 838	17.7	0.145 295	16.7	0.136 788
20	22	0.182 298	21	0.173 63	20	0.165 001	19	0.156 408	18	0.147 854	17.1	0.140 186
19	22.3	0.184 906	21.3	0.176 227	20.3	0.167 586	19.3	0.158 982	18.3	0.150 416	17.3	0.141 888
18	22.6	0.187 517	21.6	0.178 827	20.6	0.170 174	19.6	0.161 559	18.6	0.152 982	17.6	0.144 442
17	23	0.191 004	22	0.182 298	20.9	0.172 766	19.9	0.164 14	18.9	0.155 551	17.8	0.146 147
16	23.3	0.193 623	22.3	0.184 906	21.2	0.175 361	20.2	0.166 724	19.2	0.158 124	18.1	0.148 708
15	23.7	0.197 121	22.6	0.187 517	21.6	0.178 827	20.5	0.169 311	19.5	0.158 124	18.3	0.150 416
14	24	0.199 749	23	0.191 004	21.9	0.181 43	20.8	0.171 901	19.7	0.162 419	18.6	0.152 982
13	24.4	0.203 257	23.3	0.193 623	22.2	0.184 036	21.1	0.174 496	20	0.165 001	18.8	0.154 695
12	24.7	0.205 893	23.6	0.196 246	22.5	0.186 646	21.4	0.177 093	20.2	0.166 724	19.1	0.157 266
11	25	0.208 532	23.9	0.198 872	22.8	0.189 26	21.7	0.179 694	20.5	0.169 311	19.4	0.159 841
10	25.4	0.212 056	24.3	0.202 379	23.1	0.191 877	22	0.182 298	20.8	0.171 901	19.6	0.161 559
9	25.8	0.215 586	24.6	0.205 014	23.4	0.194 497	22.3	0.184 906	21.1	0.174 496	19.9	0.164 14
8	26.1	0.218 238	24.9	0.207 652	23.8	0.197 997	22.6	0.187 517	21.3	0.176 227	20.1	0.165 862
7	26.5	0.221 779	25.3	0.211 174	24.1	0.200 625	22.8	0.189 26	21.6	0.178 827	20.4	0.168 448

续表

溶液温度/℃	酒精计读数											
	22		21		20		19		18		17	
	温度在 +20 ℃时用体积百分数或质量百分数表示酒精浓度											
	体积分数/%	质量分数	体积分数/%	质量分数	体积分数/%	质量分数	体积分数/%	质量分数	体积分数/%	质量分数	体积分数/%	质量分数
6	26.9	0.225 327	25.6	0.213 82	24.4	0.203 257	23.2	0.192 75	21.9	0.181 43	20.6	0.170 174
5	27.2	0.227 992	26	0.217 354	24.7	0.205 893	23.4	0.194 497	22.2	0.184 036	20.9	0.172 766
4	27.6	0.231 55	26.4	0.220 893	25.1	0.209 412	23.8	0.197 997	22.5	0.186 646	21.1	0.174 496
3	28	0.235 115	26.8	0.224 439	25.4	0.212 056	24.1	0.200 625	22.7	0.188 388	21.4	0.177 093
2	28.4	0.238 687	27.1	0.227 103	25.8	0.215 586	24.4	0.203 257	23	0.191 004	21.6	0.178 827
1	28.8	0.242 264	27.5	0.230 66	26.1	0.218 238	24.7	0.205 893	23.3	0.193 623	21.8	0.180 562
0	29.2	0.245 849	27.9	0.234 223	26.5	0.221 779	25.1	0.209 412	23.6	0.196 246	22	0.182 298

溶液温度/℃	酒精计读数											
	16		15		14		13		12		11	
	温度在 +20 ℃时用体积百分数或质量百分数表示酒精浓度											
	体积分数/%	质量分数	体积分数/%	质量分数	体积分数/%	质量分数	体积分数/%	质量分数	体积分数/%	质量分数	体积分数/%	质量分数
40	10.8	0.087 343	10	0.08 0734	9.2	0.074 149	8.4	0.067 585	7.6	0.061 044	6.8	0.054 526
39	11.1	0.089 827	10.2	0.082 384	9.4	0.075 793	8.6	0.069 224	7.8	0.062 678	7	0.056 153
38	11.3	0.091 484	10.5	0.084 862	9.7	0.078 262	8.9	0.071 685	8	0.064 312	7.2	0.057 782
37	11.6	0.093 974	10.8	0.087 343	9.9	0.079 91	9.1	0.073 327	8.3	0.066 766	7.4	0.059 413
36	11.8	0.095 635	11	0.088 998	10.2	0.082 384	9.3	0.074 971	8.5	0.068 404	7.6	0.061 044
35	12.1	0.098 13	11.2	0.090 655	10.4	0.084 036	9.6	0.077 439	8.7	0.070 044	7.9	0.063 495
34	12.4	0.100 627	11.5	0.093 144	10.6	0.085 688	9.8	0.079 086	8.9	0.071 685	8.1	0.065 13
33	12.6	0.102 295	11.8	0.095 635	10.9	0.088 17	10	0.080 734	9.1	0.073 327	8.3	0.066 766
32	12.9	0.104 798	12	0.097 298	11	0.088 998	10.2	0.082 384	9.4	0.075 793	8.5	0.068 404
31	13.1	0.106 468	12.2	0.098 962	11.4	0.092 314	10.5	0.084 862	9.6	0.077 439	8.7	0.070 044
30	13.4	0.108 977	12.5	0.101 461	11.6	0.093 974	10.7	0.086 515	9.8	0.079 086	8.9	0.071 685
29	13.6	0.110 651	12.7	0.103 129	11.8	0.095 635	10.9	0.08 817	10	0.080 734	9.1	0.073 327
28	13.9	0.113 165	13	0.105 633	12.1	0.098 13	11.2	0.090 655	10.3	0.083 21	9.3	0.074 971
27	14.2	0.115 683	13.2	0.107 304	12.3	0.099 795	11.4	0.092 314	10.5	0.084 862	9.5	0.076 616

续表

溶液温度/℃	酒精计读数											
	16		15		14		13		12		11	
	温度在 +20 ℃时用体积百分数或质量百分数表示酒精浓度											
	体积分数/%	质量分数/%	体积分数/%	质量分数/%	体积分数/%	质量分数/%	体积分数/%	质量分数/%	体积分数/%	质量分数/%	体积分数/%	质量分数/%
26	14.4	0.117 363	13.5	0.109 814	12.6	0.102 295	11.7	0.094 804	10.7	0.086 515	9.8	0.079 086
25	14.7	0.119 886	13.8	0.112 327	12.8	0.103 963	11.9	0.096 466	10.8	0.087 343	9.8	0.079 086
24	15	0.122 412	14	0.114 004	13.1	0.106 468	12.1	0.098 13	11.2	0.090 655	10.2	0.082 384
23	15.2	0.124 097	14.36	0.117 027	13.3	0.108 141	12.3	0.099 795	11.4	0.092 314	10.4	0.084 036
22	15.5	0.126 629	14.5	0.118 203	13.6	0.110 651	12.6	0.102 295	11.6	0.093 974	10.6	0.085 688
21	15.7	0.128 319	14.8	0.120 727	13.8	0.112 327	12.9	0.104 798	11.8	0.095 635	10.8	0.087 343
20	16	0.130 856	15	0.122 412	14	0.114 004	13	0.105 633	12	0.097 298	11	0.088 998
19	16.3	0.133 396	15.2	0.124 097	14.2	0.115 683	13.2	0.107 304	12.2	0.098 962	11.2	0.090 655
18	16.5	0.135 091	15.5	0.126 629	14.4	0.117 363	13.4	0.108 977	12.4	0.100 627	11.4	0.092 314
17	16.8	0.137 637	15.7	0.128 319	14.7	0.119 886	13.6	0.110 651	12.6	0.102 295	11.5	0.093 144
16	17	0.139 336	15.9	0.130 009	14.9	0.121 569	13.8	0.112 327	12.8	0.103 963	11.7	0.094 804
15	17.2	0.141 037	16.2	0.132 549	15.1	0.123 254	14	0.114 004	12.9	0.104 798	11.9	0.096 466
14	17.5	0.143 59	16.4	0.134 243	15.3	0.124 941	14.2	0.115 683	13.1	0.106 468	12	0.097 298
13	17.7	0.145 295	16.6	0.135 939	15.5	0.126 629	14.4	0.117 363	13.2	0.107 304	12.2	0.098 962
12	18	0.147 854	16.8	0.137 637	15.7	0.128 319	14.5	0.118 203	13.4	0.108 977	12.3	0.09 9795
11	18.2	0.149 562	17	0.139 336	15.8	0.129 164	14.7	0.119 886	13.6	0.110 651	12.4	0.100 627
10	18.4	0.151 271	17.2	0.141 037	16	0.130 856	14.9	0.121 569	13.7	0.111 489	12.6	0.102 295
9	18.6	0.152 982	17.4	0.142 739	16.2	0.132 549	15	0.122 412	13.8	0.112 327	12.7	0.103 129
8	18.9	0.155 551	17.6	0.144 442	16.4	0.134 243	15.1	0.123 254	14	0.114 004	12.8	0.103 963
7	19.1	0.157 266	17.8	0.146 147	16.5	0.135 091	15.3	0.124 941	14.1	0.114 843	12.9	0.104 798
6	19.3	0.158 982	18	0.147 854	16.7	0.136 788	15.4	0.125 785	14.2	0.115 683	13	0.105 633
5	19.5	0.160 7	18.2	0.149 562	16.8	0.137 637	15.6	0.127 474	14.3	0.116 523	13	0.105 633
4	19.7	0.162 419	18.3	0.150 416	17	0.139 336	15.7	0.128 319	14.4	0.117 363	13.1	0.106 468
3	19.9	0.164 14	18.5	0.152 126	17.1	0.140 186	15.8	0.129 164	14.5	0.118 203	13.2	0.107 304
2	20.1	0.165 862	8.6	0.069 224	17.2	0.141 037	15.9	0.130 009	14.5	0.118 203	13.2	0.107 304
1	20.3	0.167 586	18.8	0.154 695	17.3	0.141 888	15.9	0.130 009	14.6	0.119 044	13.3	0.108 141
0	20.5	0.169 311	19	0.156 408	17.5	0.143 59	16	0.130 856	14.6	0.119 044	13.3	0.108 141

续表

溶液温度/℃	酒精计读数											
	10		9		8		7		6		5	
	温度在+20℃时用体积百分数或质量百分数表示酒精浓度											
	体积分数/%	质量分数	体积分数/%	质量分数	体积分数/%	质量分数	体积分数/%	质量分数	体积分数/%	质量分数	体积分数/%	质量分数
40	5.8	0.046 409	5	0.039 94	4.2	0.033 493	3.4	0.027 067	2.4	0.019 066	1.6	0.012 689
39	6	0.048 029	5.2	0.041 555	4.4	0.035 102	3.6	0.028 672	2.6	0.020 664	1.8	0.014 281
38	6.2	0.049 651	5.4	0.04 3171	4.6	0.036 713	3.8	0.030 277	2.8	0.022 262	1.9	0.015 078
37	6.4	0.051 275	5.6	0.044 789	4.8	0.038 326	3.9	0.031 081	2.9	0.023 062	2.1	0.016 672
36	6.6	0.052 9	5.8	0.046 409	5	0.039 94	4.1	0.032 688	3.1	0.024 663	2.3	0.018 268
35	6.8	0.054 526	6	0.048 029	5.2	0.041 555	4.3	0.034 297	3.3	0.026 266	2.4	0.019 066
34	7.1	0.056 968	6.2	0.049 651	5.3	0.042 363	4.5	0.035 908	3.5	0.027 869	2.6	0.020 664
33	7.3	0.058 597	6.4	0.051 275	5.5	0.043 98	4.7	0.037 519	3.8	0.030 277	2.8	0.022 262
32	7.5	0.060 228	6.6	0.052 9	5.7	0.045 599	4.8	0.038 326	3.8	0.030 277	3	0.023 863
31	7.7	0.061 861	6.8	0.054 526	5.9	0.047 219	5	0.039 94	4	0.031 884	3.1	0.024 663
30	7.9	0.063 495	7	0.056 153	6.1	0.048 84	5.2	0.041 555	4.2	0.033 493	3.3	0.026 266
29	8.2	0.065 948	7.2	0.057 782	6.3	0.050 463	5.4	0.043 171	4.4	0.035 102	3.5	0.027 869
28	8.4	0.067 585	7.5	0.060 228	6.5	0.052 087	5.6	0.044 789	4.6	0.0367 13	3.7	0.029 474
27	8.6	0.069 224	7.7	0.061 861	6.7	0.053 713	5.8	0.046 409	4.8	0.038 326	3.9	0.031 081
26	8.8	0.070 864	7.9	0.063 495	6.9	0.055 339	6	0.048 029	5	0.039 94	4	0.031 884
25	9	0.072 506	8.1	0.065 13	7.1	0.056 968	6.2	0.049 651	5.2	0.041 555	4.2	0.033 493
24	9.2	0.074 149	8.3	0.066 766	7.3	0.058 597	6.3	0.050 463	5.4	0.043 171	4.4	0.035 102
23	9.4	0.075 793	8.4	0.067 585	7.5	0.060 228	6.5	0.052 087	5.5	0.043 98	4.6	0.036 713
22	9.6	0.077 439	8.6	0.069 224	7.7	0.061 861	6.7	0.053 713	5.7	0.045 599	4.7	0.037 519
21	9.8	0.079 086	8.8	0.070 864	7.8	0.062 678	6.8	0.054 526	5.8	0.046 409	4.8	0.038 326
20	10	0.080 734	9	0.072 506	8	0.064 312	7	0.056 153	6	0.048 029	5	0.039 94
19	10.2	0.082 384	9.2	0.074 149	8.2	0.065 948	7.2	0.057 782	6.1	0.048 84	5.1	0.040 747
18	10.4	0.084 036	9.3	0.074 971	8.3	0.066 766	7.3	0.058 597	6.3	0.050 463	5.3	0.042 363
17	10.5	0.084 862	9.5	0.076 616	8.5	0.068 404	7.4	0.059 413	6.4	0.051 275	5.4	0.043 171
16	10.7	0.086 515	9.6	0.077 439	8.6	0.069 224	7.6	0.061 044	6.5	0.052 087	5.5	0.043 98
15	10.8	0.087 343	9.8	0.079 086	8.8	0.070 864	7.7	0.061 861	6.6	0.052 9	5.6	0.044 789
14	11	0.088 998	9.9	0.079 91	8.9	0.071 685	7.8	0.062 678	6.7	0.053 713	5.7	0.045 599

续表

溶液温度/℃	酒精计读数											
	10		9		8		7		6		5	
	温度在 +20 ℃时用体积百分数或质量百分数表示酒精浓度											
	体积分数/%	质量分数/%	体积分数/%	质量分数/%	体积分数/%	质量分数/%	体积分数/%	质量分数/%	体积分数/%	质量分数/%	体积分数/%	质量分数/%
13	11.1	0.089 827	10	0.080 734	9	0.072 506	7.9	0.063 495	6.8	0.054 526	5.8	0.046 409
12	11.2	0.090 655	10.1	0.081 559	9.1	0.073 327	8	0.064 312	6.9	0.055 339	6.9	0.055 339
11	11.3	0.091 484	10.2	0.082 384	9.2	0.074 149	8.1	0.065 13	7	0.056 153	6	0.048 029
10	11.4	0.092 314	10.3	0.083 21	9.3	0.074 971	8.2	0.065 948	7.1	0.056 968	6	0.048 029
9	11.5	0.093 144	10.4	0.084 036	9.3	0.074 971	8.2	0.065 948	7.1	0.056 968	6	0.048 029
8	11.6	0.093 974	10.5	0.084 862	9.4	0.075 793	8.3	0.066 766	7.2	0.057 782	6	0.048 029
7	11.7	0.094 804	10.6	0.085 688	9.5	0.076 616	8.4	0.067 585	7.2	0.057 782	6.1	0.048 84
6	11.8	0.095 635	10.6	0.085 688	9.5	0.076 616	8.4	0.067 585	7.3	0.058 597	6.2	0.049 651
5	11.8	0.095 635	10.7	0.086 515	9.6	0.077 439	8.4	0.067 585	7.3	0.058 597	6.2	0.049 651
4	11.9	0.096 466	10.7	0.086 515	9.6	0.077 439	8.4	0.067 585	7.3	0.058 597	6.2	0.049 651
3	12	0.097298	10.8	0.087 343	9.6	0.077 439	8.4	0.067 585	7.3	0.058 597	6.2	0.049 651
2	12	0.097 298	10.8	0.087 343	9.6	0.077 439	8.4	0.067 585	7.2	0.057 782	6.1	0.048 84
1	12	0.097 298	10.8	0.087 343	9.6	0.077 439	8.4	0.067 585	7.2	0.057 782	6.1	0.048 84
0	12	0.097 298	10.8	0.087 343	9.6	0.077 439	8.4	0.067 585	7.2	0.057 782	6	0.048 029

溶液温度/℃	酒精计读数									
	4		3		2		1		0	
	温度在 +20 ℃时用体积百分数或质量百分数表示酒精浓度									
	体积分数/%	质量分数/%	体积分数/%	质量分数/%	体积分数/%	质量分数/%	体积分数/%	质量分数/%	体积分数/%	质量分数/%
40	0.8	0.006 334								
39	1	0.007 921								
38	1.1	0.008 715	0.1	0.000 791						
37	1.3	0.010 304	0.3	0.002 373						
36	1.4	0.011 098	0.4	0.003 164						
35	1.6	0.012 689	0.6	0.004 749						
34	1.8	0.014 281	0.8	0.006 334						

续表

溶液温度/℃	酒精计读数										
	4		3		2		1		0		
	温度在 +20 ℃时用体积百分数或质量百分数表示酒精浓度										
	体积分数/%	质量分数	体积分数/%	质量分数	体积分数/%	质量分数	体积分数/%	质量分数	体积分数/%	质量分数	
33	1.9	0.015 078	0.9	0.007 127							
32	2.1	0.016 672	1.1	0.008 715	0.1	0.000 791					
31	2.2	0.017 47	1.2	0.009 509	0.2	0.001 582					
30	2.4	0.019 066	1.4	0.011 098	0.4	0.003 164					
29	2.5	0.019 865	1.6	0.012 689	0.6	0.004 749					
28	2.7	0.021 463	1.8	0.014 281	0.8	0.006 334					
27	2.9	0.023 062	1.9	0.015 078	1	0.007 921					
26	3.1	0.024 663	2.1	0.016 672	1.1	0.008 715	0.1	0.000 791			
25	3.2	0.025 464	2.3	0.018 268	1.3	0.010 304	0.3	0.002 373			
24	3.4	0.027 067	2.4	0.019 066	1.4	0.011 098	0.4	0.0031 64			
23	3.6	0.028 672	2.6	0.020 664	1.6	0.0126 89	0.6	0.004 749			
22	3.7	0.029 474	2.7	0.021 463	1.7	0.013 485	0.7	0.005 541			
21	3.8	0.030 277	2.9	0.023 062	1.9	0.015 078	0.9	0.007 127			
20	4	0.031 884	3	0.023 863	2	0.015 875	1	0.007 921	0		
19	4.1	0.032 688	3.1	0.024 663	2.1	0.016 672	1.1	0.008 715	0.1	0.0007 91	
18	4.2	0.033 493	3.2	0.025 464	2.2	0.017 47	1.2	0.009 509	0.2	0.001 582	
17	4.4	0.035 102	3.4	0.027 067	2.4	0.019 066	1.3	0.010 304	0.3	0.002 373	
16	4.5	0.035 908	3.4	0.027 067	2.4	0.019 066	1.4	0.011 098	0.4	0.003 164	
15	4.6	0.036 713	3.6	0.028 672	2.6	0.020 664	1.5	0.011 894	0.6	0.004 749	
14	4.7	0.037 519	3.6	0.028 672	2.6	0.020 664	1.6	0.012 689	0.6	0.004 749	
13	4.8	0.038 326	3.7	0.029 474	2.7	0.021 463	1.7	0.013 485	0.7	0.005 541	
12	4.8	0.038 326	3.8	0.030 277	2.8	0.022 262	1.7	0.013 485	0.7	0.005 541	
11	4.9	0.039 133	3.9	0.031 081	2.9	0.023 062	1.8	0.014 281	0.8	0.006 334	
10	5	0.039 94	3.9	0.031 081	2.9	0.023 062	1.9	0.015 078	0.8	0.006 334	
9	5	0.039 94	4	0.031 884	2.9	0.023 062	1.9	0.015 078	0.9	0.007 127	
8	5	0.039 94	4	0.031 884	2.9	0.023 062	1.9	0.015 078	0.9	0.007 127	
7	5.1	0.040 747	4	0.031 884	3	0.023 863	1.9	0.015 078	0.9	0.007 127	

续表

溶液温度/℃	酒精计读数										
	4		3		2		1		0		
	温度在 +20 ℃时用体积百分数或质量百分数表示酒精浓度										
	体积分数/%	质量分数	体积分数/%	质量分数	体积分数/%	质量分数	体积分数/%	质量分数	体积分数/%	质量分数	
6	5.1	0.040 747	4	0.031 884	3	0.023 863	2	0.015 875	0.9	0.007 127	
5	5.1	0.040 747	4	0.031 884	3	0.023 863	2	0.015 875	0.9	0.007 127	
4	5.1	0.040 747	4	0.031 884	3	0.023 863	1.9	0.015 078	0.9	0.007 127	
3	5.1	0.040 747	4	0.031 884	3	0.023 863	1.9	0.015 078	0.9	0.007 127	
2	5	0.039 94	4	0.031 884	2.9	0.023 062	1.9	0.015 078	0.8	0.006 334	
1	5	0.039 94	4	0.031 884	2.9	0.023 062	1.8	0.014 281	0.8	0.006 334	
0	5	0.039 94	3.9	0.031 081	2.8	0.0222 62	1.8	0.014 281	0.8	0.006 334	

三、白酒及与白酒相关的主要国家标准汇总

在下文的相关标准中，由于篇幅所限，发布部门概用简称。具体简称情况如下：

①"中华人民共和国农业部"简称"农业部"；

②"中华人民共和国国家质量监督检验检疫总局"简称"质检总局"；

③"中国国家标准化管理委员会"简称"标委会"；

④"中华人民共和国工业和信息化部"简称"工信部"；

⑤"中华人民共和国商务部"简称"商务部"。

（一）基础标准

标准编号	标准名称	发布部门	发布日期	实施日期
NY/T 432—2014	绿色食品　白酒	农业部（现农业农村部）	2014-10-17	2015-01-01
GB/T 17204—2008	饮料酒分类	质检总局　标委会	2008-06-25	2009-06-01
GB/T 15109—2008	白酒工业术语	质检总局　标委会	2008-10-19	2009-06-01
QB/T 4258—2011	酿酒大曲术语	工信部	2011-12-20	2012-07-01
QB/T 4259—2011	浓香大曲	工信部	2011-12-20	2012-07-01
GB/T 191—2008	包装储运图示标志	质检总局　标委会	2008-04-01	2008-10-01
GB 10344—2005	预包装饮料酒标签通则	质检总局　标委会	2005-09-15	2006-10-01
SB/T 10391—2005	酒类商品批发经营管理规范	商务部	2005-05-17	2005-07-01
SB/T 10392—2005	酒类商品零售经营管理规范	商务部	2005-05-17	2005-07-01

续表

标准编号	标准名称	发布部门	发布日期	实施日期
GB/T 10346—2006	白酒检验规则和标志、包装、运输、贮存	质检总局　标委会	2006-07-18	2007-05-01
GB 23350—2009	限制商品过度包装要求食品和化妆品	质检总局　标委会	2009-03-31	2010-04-01
SN 0048—1992	出口白酒检验规程	国家进出口商品检验局	1992-11-16	1993-01-01
QB/T 1852—1993	白酒工业　劳动安全技术规程	轻工业部	1993-10-05	1994-06-01
HJ/T 402—2007	清洁生产标准　白酒制造业	国家环境保护总局	2007-12-20	2008-03-01
GB 27631—2011	发酵酒精和白酒工业水污染物排放标准	环境保护部　质检总局	2011-10-27	2012-01-01

（二）产品标准

标准编号	标准名称	发布部门	发布日期	实施日期
GB/T 26760—2011	酱香型白酒	质检总局　标委会	2011-07-20	2011-12-01
GB/T 10781.1—2006	浓香型白酒（含第1号修改单）	质检总局　标委会	2006-07-18	2007-05-01
GB/T 10781.2—2006	清香型白酒	质检总局　标委会	2006-07-18	2007-05-01
GB/T 10781.3—2006	米香型白酒	质检总局　标委会	2006-07-18	2007-05-01
GB/T 23547—2009	浓酱兼香型白酒	质检总局　标委会	2009-04-14	2009-12-01
GB/T 14867—2007	凤香型白酒	质检总局　标委会	2007-01-19	2007-07-01
GB/T 16289—2018	豉香型白酒	国家市场监管总局　标委会	2018-06-07	2019-01-01
GB/T 20823—2017	特香型白酒	质检总局　标委会	2017-09-07	2018-04-01
GB/T 20824—2007	芝麻香型白酒	质检总局　标委会	2007-01-19	2007-07-01
GB/T 20825—2007	老白干香型白酒	质检总局　标委会	2007-01-19	2007-07-01
GB/T 26761—2011	小曲固态法白酒	质检总局　标委会	2011-07-20	2011-12-01
GB/T 20821—2007	液态法白酒	质检总局　标委会	2007-01-29	2007-07-01
GB/T 20822—2007	固液法白酒	质检总局　标委会	2007-01-19	2007-07-01
GB 10343—2008	食用酒精	质检总局　标委会	2008-12-29	2009-10-01

（三）白酒相关卫生标准

标准编号	标准名称	发布部门	发布日期	实施日期
GB 2757—2012	食品安全国家标准 蒸馏酒及其配制酒	卫生部	2012-08-06	2013-02-01
GB 8951—2016	食品安全国家标准 蒸馏酒及其配制酒生产卫生规范	国家卫生计生委 国家食品药品监督管理局	2016-12-33	2017-12-23
CNCA/CTS 0022—2008	食品安全管理体系 白酒生产企业要求	中国认证认可协会	2008-09-11	2008-09-11
GB/T 23544—2009	白酒企业良好生产规范	质检总局 标委会	2009-04-14	2009-12-01
GB 2715—2016	食品安全国家标准 粮食	国家卫生计生委 国家食品药品监督管理局	2016-12-23	2017-06-23
GB 5749—2006	生活饮用水卫生标准	卫生部 标委会	2006-12-29	2007-07-01
GB 27631—2011	发酵酒精和白酒工业水污染物排放标准	环保部和质检总局	2011-10-27	2012-01-01
GB 4806.4—2016	食品安全国家标准 陶瓷制品	国家卫生计生委	2016-10-19	2017-04-19
GB 19778—2005	包装玻璃容器 铅、镉、砷、锑溶出允许限量	质检总局 标委会	2005-05-23	2005-12-01

（四）地理标志产品及地方标准

标准编号	标准名称	发布部门	发布日期	实施日期
GB/T 17924—2008	地理标志产品标准通用要求	质检总局 标委会	2008-06-27	2008-10-01
GB/T 19961—2005	地理标志产品 剑南春酒	质检总局	2005-11-17	2006-03-01
GB/T 18356—2007	地理标志产品 贵州茅台酒（含第 1 号修改单）	质检总局 标委会	2007-09-19	2008-05-01
GB/T 18624—2007	地理标志产品 水井坊酒（含第 1 号修改单）	质检总局 标委会	2007-09-19	2008-05-01
GB/T 19327—2007	地理标志产品 古井贡酒（含第 1 号修改单）	质检总局 标委会	2007-09-19	2008-05-01
GB/T 19328—2007	地理标志产品 口子窖酒（含第 1 号修改单）	质检总局 标委会	2007-09-19	2008-05-01
GB/T 19329—2007	地理标志产品 道光廿五贡酒（锦州道光廿五贡酒）	质检总局 标委会	2007-09-19	2008-05-01

续表

标准编号	标准名称	发布部门		发布日期	实施日期
GB/T 19331—2007	地理标志产品 互助青稞酒	质检总局	标委会	2007-09-19	2008-05-01
GB/T 19508—2007	地理标志产品 西凤酒	质检总局	标委会	2007-09-19	2008-05-01
GB/T 21261—2007	地理标志产品 玉泉酒	质检总局	标委会	2007-12-13	2008-05-01
GB/T 21263—2007	地理标志产品 牛栏山二锅头酒	质检总局	标委会	2007-12-13	2008-05-01
GB/T 21820—2008	地理标志产品 舍得白酒	质检总局	标委会	2008-05-05	2008-10-01
GB/T 21821—2008	地理标志产品 严东关五加皮酒	质检总局	标委会	2008-05-05	2008-10-01
GB/T 21822—2008	地理标志产品 沱牌白酒	质检总局	标委会	2008-05-05	2008-10-01
GB/T 22041—2008	地理标志产品 国窖1573白酒	质检总局	标委会	2008-06-25	2008-10-01
GB/T 22045—2008	地理标志产品 泸州老窖特曲酒	质检总局	标委会	2008-06-25	2008-10-01
GB/T 22046—2008	地理标志产品 洋河大曲酒	质检总局	标委会	2008-06-25	2008-10-01
GB/T 22211—2008	地理标志产品 五粮液酒	质检总局	标委会	2008-07-31	2008-11-01
GB/T 22735—2008	地理标志产品 景芝神酿酒	质检总局	标委会	2008-12-28	2009-06-01
GB/T 22736—2008	地理标志产品 酒鬼酒	质检总局	标委会	2008-12-28	2009-06-01
DB53/T 92—2008	云南小曲清香型白酒	质检总局	标委会	2008-03-16	2008-07-01

参考文献

[1] 吴国辉. 浅谈白酒的品评[J]. 中外食品工业(下半月),2014(2):82-83.

[2] 吕浩. 不同香型、不同风格白酒品评的人格化描述[J]. 酿酒,2009,36(4):96-98.

[3] 李雷,杨官荣,肖宏,等. 关于白酒品评训练过程[J]. 酿酒,2013,40(2):8-12.

[4] 李玉勤,葛向阳,孙庆海. 白酒品评浅析[J]. 酿酒,2017,44(2):33-35.

[5] 吴鸣. 浅谈调味品感官品评与品评员的培训方法[J]. 中国酿造,2008,(11):102-105.

[6] 王福之. 白酒的品评与鉴别(一)[J]. 食品与健康,2002(5):12-13.

[7] 查枢屏,葛向阳,李玉勤. 白酒品评要点及解析[J]. 酿酒科技,2017(2):75-77,81.

[8] 李进,梁丽静,薛正楷. 中国传统白酒酿造丢糟资源循环利用研究进展[J]. 酿酒科技,
2015(4):88-91.

[9] 孙庆文. 四川省第八届白酒感官质量省评委换届理论试题解析[J]. 酿酒科技,2012
(12):79-81.

[10] 李维青. 白酒品评考试答题要领[J]. 酿酒科技,2007(5):142-145.

[11] 张丽敏,张生万. 中国白酒与风味物质[J]. 酿酒科技,2002(3):41-42.

[12] 赵东,李阳华,向双全. 气相色谱-质谱法测定酒糟、白酒中的芳香族香味成分[J]. 酿
酒科技,2006(10):92-94.

[13] 周国红,李彩,董士海. 美拉德反应对白酒香味的影响[J]. 安徽农业科学,2012,40
(3):1461-1462.

[14] 张恩. 浓香型洋河天之蓝和清香型二锅头大曲白酒特征香气成分研究[D]. 无锡:江
南大学,2009.

[15] 崔绮嫦. 芳香食用植物精油抗菌活性及其在中药健康饮品中的应用[D]. 广州:广东工
业大学,2016.

[16] 张军. 葡萄及葡萄酒中有机酸和挥发性硫化物的研究[D]. 天津:天津科技大学,2004.

[17] 陈璨. 谷氨酸棒状杆菌对芳香族化合物耐受机制研究[D]. 咸阳:西北农林科技大
学,2017.

[18] 庄名扬. 白酒生产中的美拉德反应与工艺调控[J]. 酿酒科技,2010(4):56-58.

[19] 张书田,杨军山. 美拉德反应产物对白酒酿造的贡献[J]. 酿酒科技,2009(6):78-80.

[20] 庄名扬. 再论美拉德反应产物与中国白酒的香和味[J]. 酿酒科技,2005(5):34-38.

［21］沈海月．酱香型白酒香气物质研究［D］．无锡：江南大学，2010.

［22］吴建峰．白酒中四甲基吡嗪全程代谢机理研究［D］．无锡：江南大学，2013.

［23］赵书圣，范文来，徐岩，等．酱香型白酒生产酒醅中呋喃类物质研究［J］．中国酿造，2008，27（21）：10-13.

［24］徐岩，吴群，范文来，等．中国白酒中四甲基吡嗪的微生物产生途径的发现与证实［J］．酿酒科技，2011（7）：37-40.

［25］崔利．酱香型白酒中吡嗪类化合物的生成途径及环节［J］．酿酒，2007，34（5）：39-40.

［26］曾祖训．白酒香味成分的色谱分析［J］．酿酒，2006，33（2）：3-6.

［27］崔利．褐变反应与酱香型白酒（下）［J］．酿酒科技，2007（8）：45-50.

［28］刘明．感官分析、风味化学与智能感官技术评价白酒香气的研究［D］．南京：南京农业大学，2012.

［29］王婧．酱香大曲中产吡嗪类物质芽孢杆菌的筛选及其应用研究［D］．贵阳：贵州大学，2016.

［30］高传强．芝麻香型白酒风味物质及其生物活性研究［D］．武汉：湖北工业大学，2017.

［31］蔡志鹏．中国名酒中相关酯类的振动光谱研究［D］．开封：河南大学，2007.

［32］黄蕴利，黄永光，郭旭．白酒中的主要生物活性功能成分研究进展［J］．食品工业科技，2016，37（15）：375-379.

［33］吴建峰．中国白酒中健康功能性成分四甲基吡嗪的研究［J］．酿酒科技，2007（1）：117-120.

［34］陶雪容，曾黄麟．低分子有机酸酯在白酒骨架成分中的分析［J］．酿酒科技，2009（5）：33-35.

［35］侯孝元，顾如林，梁文龙，等．利用发酵法生产四甲基吡嗪研究进展［J］．生物技术通报，2016，32（1）：58-64.

［36］王瑞明，王渤．浓香型白酒生产中酯类生成规律初探［J］．齐鲁工业大学学报（自然科学版），1994（3）：57-61.

［37］王忠彦，尹昌树．白酒色谱骨架成分的含量及比例关系对香型和质量的影响［J］．酿酒科技，2000（6）：93-96.

［38］陆懋荪，关家锐，尹佩玉，等．大孔径阳离子交换树脂用于富集白酒中碱性含氮化合物的研究［J］．色谱，1989（6）：334-337.

［39］余晓，尹建军，胡国栋．白酒中含氮化合物的分析研究［J］．酿酒，1992（1）：71-76.

［40］王涛，胡先强，游玲，等．浓香型白酒酵母对发酵糟醅中乙醇及主要酸、酯生成的影响［J］．食品与发酵工业，2015，41（8）：18-22.

［41］王先桂，曾丹，郭坤亮．传统十种白酒香型骨架成分的亲缘性分析［J］．中国酿造，2013，32（9）：82-87.

［42］丁云连．汾酒特征香气物质的研究［D］．无锡：江南大学，2008.

［43］马燕红．白酒组成与品质关系的研究及应用［D］．太原：山西大学，2014.

［44］王东新．白酒中酯类化合物稳定性的研究及应用［D］．太原：山西大学，2005.

[45] 曹长江. 孔府家白酒风味物质研究[D]. 无锡:江南大学,2014.

[46] 于单. 中国不同香型白酒香气物质的鉴定研究[D]. 上海:上海应用技术大学,2015.

[47] 陶新功,孙国昌,朱瑞康,等. 从四大酯类含量分析糟烧白酒[J]. 中国酿造,2013,32(9):120-122.

[48] 徐柏田,林培,黎清华,等. 特香型白酒色谱骨架成分含量与感官评价关系的初步研究[J]. 酿酒科技,2017(2):44-48.

[49] 吴三多. 五大香型白酒的相互关系与微量成分浅析[J]. 酿酒科技,2001(4):82-85.

[50] 王莉,雷良波,吴建霞,等. 白酒中含氮类化合物定性分析方法[J]. 食品与生物技术学报,2014,33(8):891-895.

[51] 李莉,王秋叶,盛夏,等. 白酒中酯类对酒质的影响[J]. 食品安全导刊,2016(36):124.

[52] 康文怀,徐岩. 中国白酒风味分析及其影响机制的研究[J]. 北京工商大学学报(自然科学版),2012,30(3):53-58.

[53] 孟望霓,田志强. 酱香型白酒贮藏期主要香味成分的测定[J]. 酿酒科技,2015(6):80-87,91.

[54] 李习,方尚玲,刘超,等. 酱香型白酒风味物质主体成分研究进展[J]. 酿酒,2012,39(3):19-23.

[55] 周玮婧,江小明. 气相色谱法测定不同香型白酒中醇类与醛类物质含量[J]. 中国酿造,2017,36(4):180-183.

[56] 徐成勇,郭波,周莲,等. 白酒香味成分研究进展[J]. 酿酒科技,2002(3):38-40.

[57] 周庆云. 芝麻香型白酒风味物质研究[D]. 无锡:江南大学,2015.

[58] 张荣. 地衣芽孢杆菌固态发酵产地衣素及风味活性物质对白酒品质的影响[D]. 无锡:江南大学,2014.

[59] 王立钊. 固态白酒工艺中杂醇油生成影响因子的研究[D]. 保定:河北农业大学,2006.

[60] 孙宝国,吴继红,黄明泉,等. 白酒风味化学研究进展[J]. 中国食品学报,2015,15(9):1-8.

[61] 范文来,徐岩. 酱香型白酒中呈酱香物质研究的回顾与展望[J]. 酿酒,2012,39(3):8-16.

[62] 张建华. 白酒中有害成分的来源及控制[J]. 江苏食品与发酵,2001(1):20-22.

[63] 王睿智. 如何控制白酒中甲醇的含量[J]. 质量天地,2003(12):12.

[64] 孔君,张春厚. 论对白酒中有害成份甲醇的控制[J]. 质量天地,1998(7):27.

[65] 陈峻. 白酒、酒精生产中甲醇的生成和去除[J]. 酿酒科技,1985(4):22-23.

[66] 曾朝珍,张永茂,康三江,等. 发酵酒中高级醇的研究进展[J]. 中国酿造,2015,34(5):11-15.

[67] 柳军. 口子窖和剑南春白酒香气物质研究[D]. 无锡:江南大学,2008.

[68] 范文来,徐岩. 中国白酒风味物质研究的现状与展望[J]. 酿酒,2007,34(4):31-37.

[69] 管桂坤,万自然. 不同蒸馏气压对浓香型白酒质量的影响[J]. 酿酒科技,2016(7):

75-77.

[70] 李国红.浓香型大曲酒窖泥生产的研究(上)[J].酿酒科技,1997(6):30-33.

[71] 孙庆文,黄晓华,徐钦利,等.浓香型大曲原酒的鉴评[J].酿酒科技,2008,36(11):
62-64.

[72] 邵燕,张宿义,祝成,等.浓香型白酒风味物质与感官评定相关性研究[J].中国酿造,
2012,31(8):92-95.

[73] 程铁辕,李明春,张莹,等.主成分分析法在浓香型白酒酒质评价中的应用研究[J].中
国酿造,2011(1):89-90.

[74] 王振环.新建窖池生产浓香型大曲酒质量的稳定和提高[J].酿酒,2011,38(5):
30-33.

[75] 赵爽,杨春霞,窦屾,等.白酒风味化合物及其风味微生物研究进展[J].酿酒科技,
2012(3):85-88.

[76] 张永生,魏新军,韩伟元,等.白酒中微量成分的气相色谱-质谱分析与鉴定[J].酿酒科
技,2011(3):101-103.

[77] 胡沂淮,戴源,姜勇,等.浓香型白酒双轮底酒醅香气成分分析[J].酿酒科技,2013
(12):103-104.

[78] 柳军,范文来,徐岩,等.应用 GC-O 分析比较兼香型和浓香型白酒中的香气化合物
[J].酿酒,2008,35(3):103-107.

[79] 李建飞,王德良,LIJian-fei,等. SPME—GC—MS—SIM 联用检测白酒中含氮化合物
[J].酿酒科技,2010(9):89-92.

[80] 王瑞明.白酒勾兑技术[M].北京:化学工业出版社,2007.

[81] 徐占城.酒体风味设计学[M].北京:新华出版社,2003.

[82] 陆寿鹏,张安宁.白酒生产技术[M].北京:科学出版社,2004.

[83] 沈怡方.白酒生产技术全书[M].北京:中国轻工业出版社,2005.

[84] 张宿义,许德富.泸型酒技艺大全[M].北京:中国轻工业出版社,2011.

[85] 张国强,陶锐.试论白酒风味的成因[J].酿酒,2008,35(3):6-13.

[86] 王传荣.白酒的香型及其风味特征研究[J].酿酒,2008(9):49-52.

[87] 李大和.白酒勾兑调味的技术关键[J].酿酒科技,2003(3):29-33.

[88] 李国红,李国林,李大和.新型白酒生产技术(八)[J].酿酒科技,2001(4):110-115.

[89] 李国红,李国林,李大和.新型白酒生产技术(九)[J].酿酒科技,2001(5):106-109.

[90] 李国红,李国林,李大和.新型白酒生产技术(四)[J].酿酒科技,2000(6):103-105.

[91] 李国红,李国林,李大和.新型白酒生产技术(十)[J].酿酒科技,2001(6):116-120.

[92] 李国红,李国林,李大和.新型白酒生产技术(五)[J].酿酒科技,2001(1):114-119.

[93] 李国红,李国林,李大和.新型白酒生产技术(二)[J].酿酒科技,2000(4):103-106.

[94] 李国红,李国林,李大和.新型白酒生产技术(十一)[J].酿酒科技,2002(1):106-110.